CAD/CAM 技术应用（中望）

主　编　孙潘罡　刘红伟
副主编　杨　磊　王　雷
参　编　汪　珉　滕丽红
　　　　黎江龙　张亚龙
主　审　于万成

北京理工大学出版社
BEIJING INSTITUTE OF TECHNOLOGY PRESS

内容简介

本书共分为4个项目，主要针对1+X机械产品三维模型设计职业技能初级等级标准，结合企业实际应用适当增加部分中级标准内容，以满足企业的岗位需要。项目一介绍了中望CAD机械版软件的使用、软件的环境设置、轴类零件的绘制、盘盖类零件的绘制；项目二是典型零件建模，介绍了中望3D软件的使用、活塞零件建模、支撑座零件建模、手柄零件建模、上封盖零件建模和固定底座零件建模；项目三是组件装配与工程图绘制，以典型机械工具平口虎钳为例，进行了平口虎钳装配设计、零件二维工程图生成、装配图生成和输出的讲解；项目四是CAM编程加工，分别以车削和铣削两个典型的案例对零件的编程加工进行工艺过程和加工路径的讲解。

本书表述简练，内容通俗易懂，配有操作实例及示图，能够方便学者快速地掌握软件的使用技巧。

图书在版编目（CIP）数据

CAD/CAM技术应用：中望／孙潘罡，刘红伟主编
.-- 北京：北京理工大学出版社，2021.10
ISBN 978-7-5763-0570-8

Ⅰ.①C… Ⅱ.①孙… ②刘… Ⅲ.①机械设计－计算机辅助设计－应用软件 Ⅳ.①TH122

中国版本图书馆CIP数据核字（2021）第216231号

出版发行／北京理工大学出版社有限责任公司
社　　址／北京市海淀区中关村南大街5号
邮　　编／100081
电　　话／（010）68914775（总编室）
（010）82562903（教材售后服务热线）
（010）68944723（其他图书服务热线）
网　　址／http://www.bitpress.com.cn
经　　销／全国各地新华书店
印　　刷／定州市新华印刷有限公司
开　　本／889毫米×1194毫米　1/16
印　　张／12
字　　数／240千字
版　　次／2021年10月第1版　2021年10月第1次印刷
定　　价／45.00元

责任编辑／陆世立
文案编辑／陆世立
责任校对／周瑞红
责任印制／边心超

前言

当前，我国正全面提升智能制造创新能力，加快由“制造大国”向“制造强国”的转变。传统制造业不断吸收机械、信息、材料等方面的最新成果，并将其综合应用于产品开发与设计、制造、检测、管理及售后服务的制造全过程中。制造业呈现出高技术化、信息化、绿色化、极端化、服务增值等特点和趋势，逐步发展为智能制造业。工业软件作为智能制造的重要基础和核心支撑，与先进的工业产品及与国家大力推动的装备制造业走向高端密切融合到一起，这对于推动我国制造业转型升级，从而实现制造强国战略具有重要意义。

包含各类 CAD/CAM 软件的工业软件是加工制造业的基础核心技术，也是国内企业技术研发的关键。我国提出淘汰落后产能，以新旧动能转化为契机带动产业转型升级，传统的设计加工制造方式已经不能满足市场发展的需求，而大量运用 CAD/CAE/CAM 技术提高劳动生产率和技术含量是产业发展的必由之路。

本书以国产软件中望 CAD 机械版和中望 3D 为操作平台，以教学模式为编写思路，通过大量的实例辅助说明，根据图样或模型的实际操作步骤，在项目构思上采用主次分明、由浅入深、图文并茂的方式全面介绍了软件的使用方法及操作技巧。本书中的实例全部采用 1+X 机械产品三维模型设计职业技能初级等级标准样题和零部件测绘与 CAD 成图技术赛项技能大赛题目，使学习者更加贴近行业标准和规范要求。编写中结合学校的教学和相关培训教学的特点，在内容选取、实施步骤、知识扩展等方面都力求具有代表性。

本书按照二维图形的绘制、典型零件建模、组件装配与工程图绘制、CAM 编程加工四大项目共 15 个任务，通过对二维出图、三维造型、三维装配出图、CAM 编程加工等知识和技能进行综合运用。根据国家标准掌握 CAD 成图的程序和步骤，能够运用三维软件进行零部件的三维造型和装配，掌握零件图、装配图的绘制方法，掌握尺寸的分类及尺寸协调和圆整的原则和方法，理解零部件的材料、公差、配合、表面粗糙度及技术要求，从而提高学生的二维零件图、三维造型装配及装配图能力。

项目一：二维出图，运用中望 CAD 软件对轴类、盘盖类零件进行抄写绘制，展示图层、图线设置、视图布局、尺寸标注、尺寸公差、几何公差、表面粗糙度及技术要求、标题栏标注填写的步骤、方法及技巧。

项目二：通过对活塞、支撑、手柄、上封盖、固定底座等典型零件的建模，展示中望 3D 软件的拉伸、旋转、扫掠、打孔等常用建模功能，掌握准确规范完成零件的建模的步骤、方法及技巧。

项目三：通过平口虎钳三维装配的过程步骤、方法及技巧，能够进行装配操作；通过三维装配导出二维装配图后，运用中望 CAD 软件进行出图，掌握图层、图线设置、视图布局、尺寸的标注、装配图技术要求、序号及明细栏、标题栏的填写等步骤、方法及技巧。

项目四：通过车削类零件编程加工、铣削类零件编程加工掌握中望 3D 的 CAM 功能。

本书的项目任务设计注重培养学生严格遵守纪律、踏实工作、善于分析、一丝不苟的工作作风；提升学生综合运用所学知识解决实际问题的能力和独立分析的能力；同时贯彻培养全过程质量控制、团队协作的职业素养。

本书可以在机械制图的基础上进行学习，以使其可以和机械设计、公差配合与技术测量有很好的互补作用，对后续数控编程与操作、数控加工工艺、先进制造技术等课程也有很好的铺垫作用。本书是软件操作课程，一般机房都可以满足使用条件。本书由高校机械专业教师、中职学校专业教师和企业工程师参与联合编写，力求内容的科学性和实用性，既可以作为各中专院校机械专业大类教材使用，也可作为 1+X 机械产品三维模型设计职业技能初中级等级标准培训配套教材，还可供工程设计技术人员从事 CAD 二维绘图、CAD 三维造型、产品设计与开发、数控加工自动编程、产品工艺文件编制、生产运作与管理等相关工作入门和提高阶段使用。

本书由青岛工贸职业学校孙潘罡、青岛工程职业学院刘红伟任主编；青岛工程职业学院杨磊、王雷任副主编；上海工商信息学校汪珉、山东省轻工工程学校滕丽红、中望龙腾软件股份有限公司黎江龙、张亚龙参与编写。

本书在编写过程中得到了广州中望龙腾软件股份有限公司的大力支持，并提出了很多具有建设性的意见和建议，在此我们表示衷心的感谢。

由于本书编写时间仓促，加之编写人员的水平有限，因此在编写过程中难免有不足之处，在此，编写人员对广大读者表示歉意，望广大读者不吝赐教，对书中的不足之处给予指正。

目录

项目一
二维图形的绘制

工业软件，中国制造业的短板

软件是新一代信息技术的灵魂，是关系国民经济和社会全面发展的基础性、战略性产业。在云计算、物联网、数字孪生、大数据、人工智能等大融合的科技环境中，软件正在定义可以定义的一切。

工业软件是工业技术 / 知识、流程的程序化封装与复用，能够在数字空间和物理空间定义工业产品和生产设备的形状、结构，控制其运动状态，预测其变化规律，优化制造和管理流程，变革生产方式，提升全要素生产率，是现代工业的“灵魂”。

工业软件是工业技术软件化的结果，是智能制造、工业互联网的核心内容，是工业化和信息化深度融合的重要支撑，是推进我国工业化进程的重要手段。在“十四五”期间，工业和信息化部组织实施产业基础再造工程，将工业软件中的重要组成部分——工业基础软件与传统“四基”（即关键基础材料、基础零部件、先进基础工艺及产业技术基础）合并为新“五基”。

在全球工业进入新旧动能加速转换的关键阶段，工业软件已经渗透和广泛应用于几乎所有工业领域的核心环节，工业软件是现代产业体系之“魂”，是工业强国之重器。失去工业软件市场，将失去产业发展主导权，而掌握工业软件市场，则会极大地增加中国工业体系的韧性和抗打击性，为工业强国打下坚实的基础。

2020 年 12 月，中央经济工作会议提出，要增强产业链供应链自主可控能力，产业链供应链安全稳定是构建新发展格局的基础，要统筹推进补齐短板和锻造长板，针对产业薄弱环节，实施好关键核心技术攻关工程，尽快解决一批“卡脖子”问题，在产业优势领域精耕细作，搞出更多独门绝技。我国《国民经济和社会发展第十四个五年规划和 2035 年远景目标纲要》中强调，坚持经济性和安全性相结合，补齐短板、锻造长板，分行业做好供应链战略设计和精准施策，形成具有更强创新力、更高附加值、更安全可靠的产业链供应链。工业软件已经在贸易战中被外方用作断供、“卡脖子”的具体手段，直接关系到中国大批企业和重点产品的生存与发展，关系到产业链供应链的安全与稳定，关系到中国工业实现创新驱动转变的成败与否。

工业软件本身是工业技术软件化的产物，是工业化的顶级产品。它既是研制复杂产品的关键工具和生产要素，也是工业机械装备（“工业之母”）中的“软零件”“软装备”，是工业品的基本构成要素。当前，工业软件已经成为企业的研发利器、机器与产品的大脑，软件能力正在成为企业的核心竞争力之一。

我国工业软件存在关键技术缺失、高端人才短缺、产业规模较小、核心竞争力较差、发展生态环境脆弱、软件缺乏质量保证体系等问题。尽管合作共赢是国际主旋律，全球化分工是主要发展模式，但是，在某些关键产业和领域过度依赖国外工业软件，失去的不仅仅是工业软件市场，更存在丧失产业发展主动权和影响产业信息安全的风险。通过分析工业软件产业发展现状，对比国内外典型企业发展案例，找出我国工业软件发展中存在的问题，并研判工业软件发展趋势，最终提出促进我国工业软件快速发展、摆脱“卡脖子”的困境。

工业软件作为工业和软件产业的重要组成部分，是推动我国智能制造高质量发展的核心要素和重要支撑。工业软件的创新、研发、应用和普及已成为衡量一个国家制造业综合实力的重要标志之一。发展工业软件是工业智能化的前提，是工业实现要素驱动向创新驱动转变的动力，是推动我国由工业大国向工业强国转变的助推器，是提升工业国际竞争力的重要抓手，是确保工业产业链安全与韧性的根本所在。

中国制造业要迅速向数字化、网络化、智能化转型，自主研发工业软件将势在必行！

任务 1 中望 CAD 机械版软件介绍

任务描述

中望 CAD 机械版是市场上应用广泛的创新型机械设计专业软件，支持 GB、ISO、ANSI、DIN、JIS、BSI、CSN、GOST 等常用标准，具备齐全的机械设计专用功能，能够大幅度提高工程师的设计质量与效率；智能化的图库、图幅、图层、BOM 表等管理工具可实现绘图环境定制，并可同步到企业内部所有用户端，实现企业图纸文件的规范化、标准化管理。本任务主要是了解中望 CAD 机械版如何安装、激活，以及工作界面布局等。

学习目标

1. 熟悉中望 CAD 机械版的安装、激活。
2. 掌握中望 CAD 机械版的工作界面布局。

3. 培养解决专业问题的现代技术和方法，养成严谨认真的职业素养。

任务实施

1. 中望 CAD 机械版软硬件要求

中望 CAD 机械版推荐配置如表 1-1-1 所示。

表 1-1-1　中望 CAD 机械版推荐配置表

硬件与软件	要求
处理器	Intel® Core™ i3 CPU M 308 @ 2.53 GHz 及以上
内存	4.00 GB 及以上
显示器	1024 × 768 VGA 真彩色（最低要求）
硬盘	机械硬盘 256 GB 以上（固态硬盘效果最佳）
定点设备	鼠标、轨迹球或其他设备
操作系统	Windows7 64 位 /32 位及以上

2. 安装和启动

中望 CAD 机械版 2021 安装和启动过程如表 1-1-2 所示。

表 1-1-2　中望 CAD 机械版 2021 安装和启动过程

 1. 下载中望 CAD 机械版 2021	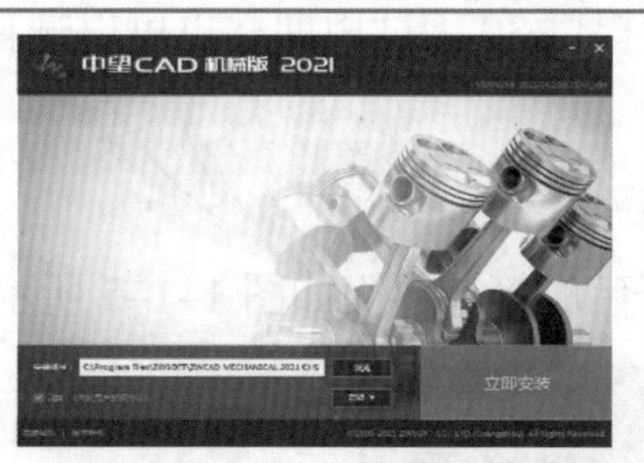 2. 双击安装文件，选择安装位置开始安装	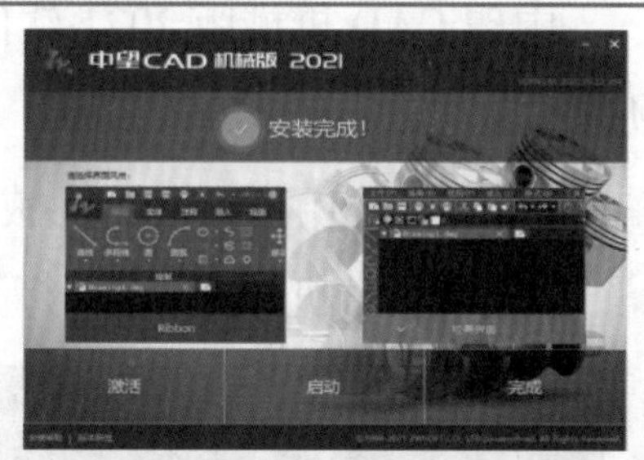 3. 安装完成中望 CAD 机械版 2021
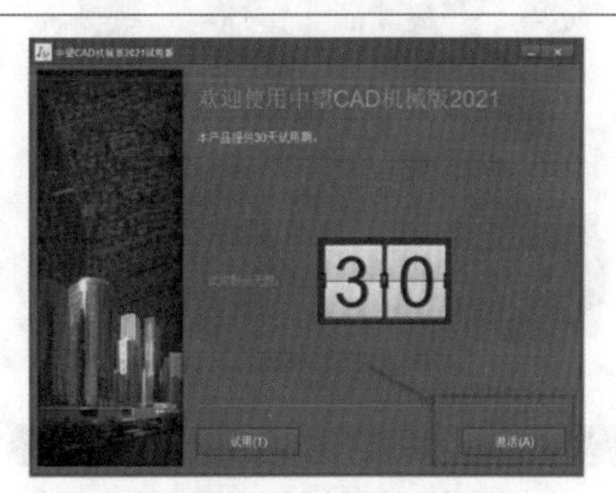 4. 选择激活或者试用软件	 5. 打开中望 CAD 机械版 2021	 6. 中望 CAD 机械版 2021 软件界面

（1）下载中望 CAD 机械版 2021

可以从中望官方网站下载中望 CAD 机械版 2021，注意电脑操作系统对应的位数，如表 1-1-1 所示。

图 1-1-1　下载软件

（2）双击安装文件，选择安装位置开始安装

下载相应版本的安装文件后，可以双击安装文件，选择电脑相应的硬盘，单击【立即安装】开始安装软件，如图 1-1-2 所示。

（3）安装完成中望 CAD 机械版 2021

中望 CAD 机械版 2021 安装完成界面如图 1-1-3 所示。

图 1-1-2　软件安装

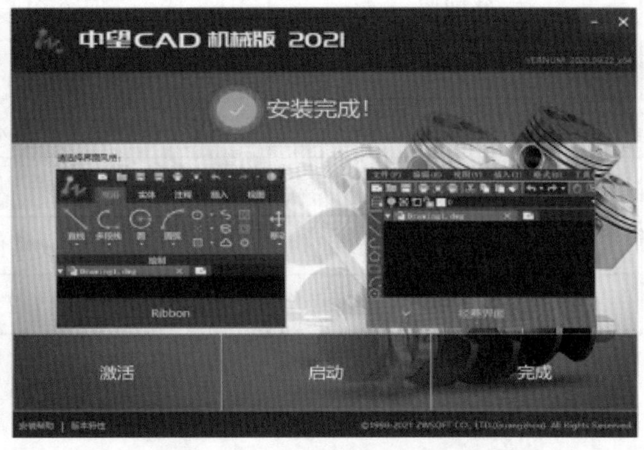

图 1-1-3　软件安装完成界面

（4）选择激活或者试用软件

中望 CAD 机械版 2021 软件提供 30 天试用期，也可以选择联系厂家购买激活，如图 1-1-4 所示。

（5）打开中望 CAD 机械版 2021

中望 CAD 机械版 2021 打开后的等待界面如图 1-1-5 所示。

图 1-1-4　软件的试用与激活

图 1-1-5　软件打开等待界面

（6）进入中望 CAD 机械版 2021 软件界面

中望 CAD 机械版 2021 提供了【中望 CAD 经典】和【二维草图与注释】两种界面，可以在【状态显示区】的【工作空间切换】中切换两种界面，【二维草图与注释】界面如图 1–1–6 所示。

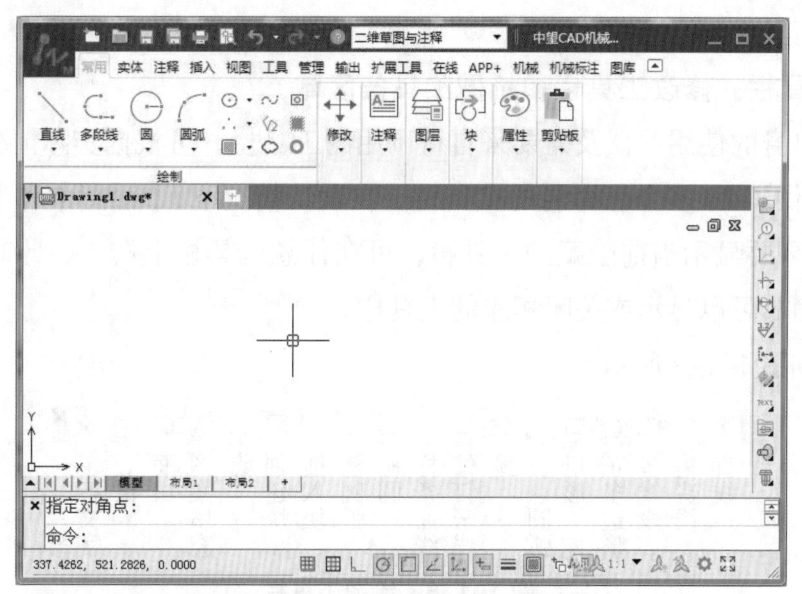

图 1–1–6　二维草图与注释界面

3. 中望 CAD 机械版 2021 工作界面

中望 CAD 机械版 2021 经典工作界面如图 1–1–7 所示。

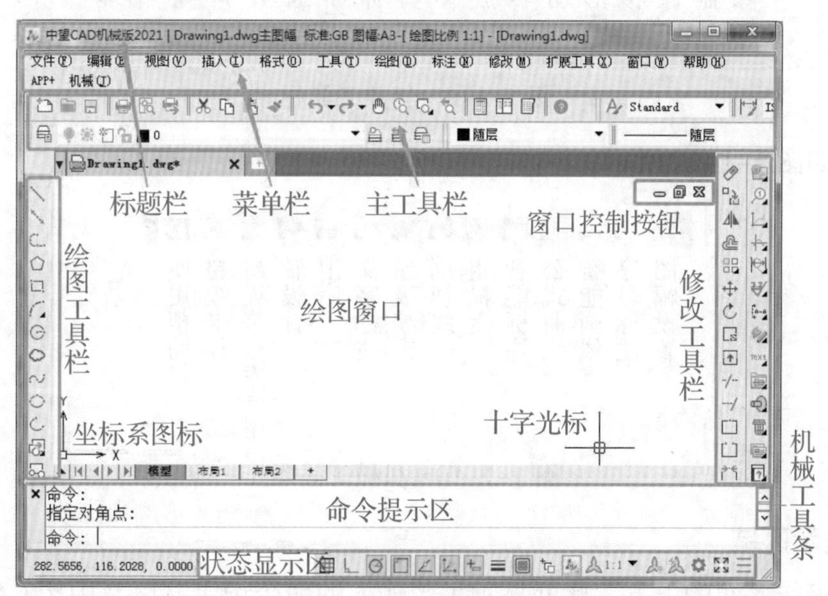

图 1–1–7　中望 CAD 机械版 2021 经典工作界面

（1）标题栏区域

显示软件版本信息、图幅名称、采用标准、图幅信息、绘图比例等。

（2）菜单栏区域

包括文件、编辑、视图等工具条，与传统的 AutoCAD 相比，中望 CAD 机械版 2021 增加了 APP+ 和机械两个工具条，通过使用中望 CAD 机械版，绘图效率对比中望 CAD 会提高 5~10 倍，同时也远高于其他同类型 CAD 产品。

（3）主工具栏区域

包括新建、打开、保存、打印等常规工具栏，增加了设计中心、工具选项板等可以增加绘图效率的个性化工具。

（4）绘图工具栏、修改工具栏和机械工具条区域

根据使用者自身的使用习惯及需要来自行调用的工具栏，可根据实际情况自由选择。在中望 CAD 中，共提供了 20 多个已命名的工具栏。在默认情况下，【绘图】和【修改】工具栏处于打开状态。 如果要显示当前隐藏的工具栏，可在任意工具栏上右击，此时将弹出一个快捷菜单，通过选择命令可以显示或关闭相应的工具栏。

绘图工具栏如图 1-1-8 所示。

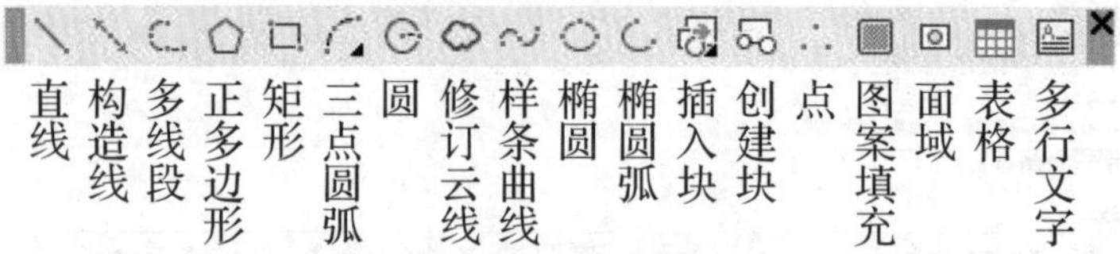

直线 构造线 多线段 正多边形 矩形 三点圆弧 圆 修订云线 样条曲线 椭圆 椭圆弧 插入块 创建块 点 图案填充 面域 表格 多行文字

图 1-1-8 绘图工具栏

修改工具栏如图 1-1-9 所示。

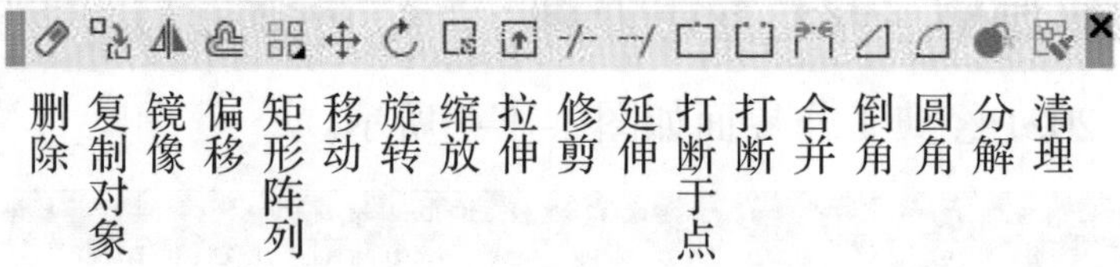

删除 复制对象 镜像 偏移 矩形阵列 移动 旋转 缩放 拉伸 修剪 延伸 打断于点 打断 合并 倒角 圆角 分解 清理

图 1-1-9 修改工具栏

机械工具条如图 1-1-10 所示。

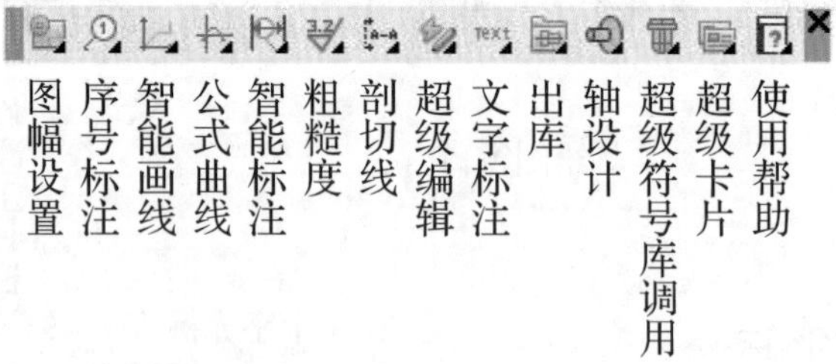

图幅设置 序号标注 智能画线 公式曲线 智能标注 粗糙度 剖切线 超级编辑 文字标注 出库 轴设计 超级符号库调用 超级卡片 使用帮助

图 1-1-10 机械工具条

（5）命令提示区域

命令栏位于工作界面的下方，此处显示了曾输入的命令记录，以及中望 CAD 对命令所进行的提示。当命令栏中显示【命令：】提示时，表明软件等待输入命令。当软件处于命令执行过程中，命令栏中显示各种操作提示。在绘图的整个过程中，要密切留意命令栏中的提示内容。

（6）状态显示区域

状态栏位于界面的最下方，同时还显示了常用的控制按钮，如捕捉、栅格、正交等，如

图 1-1-11 所示。单击一次按钮，表示启用该功能，再单击则关闭。

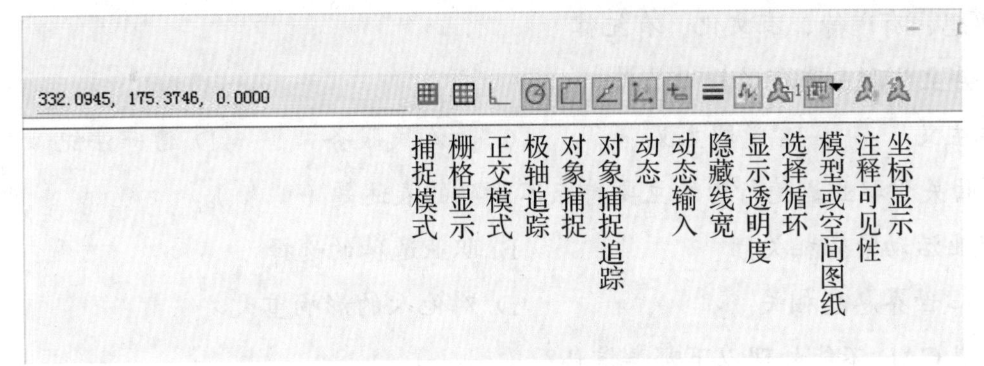

图 1-1-11 状态显示区域

（7）绘图窗口区域

绘图窗口区域位于屏幕中央的空白区域，所有的绘图操作都在该区域中完成。在绘图窗口区域的左下角显示了当前坐标系图标，向右方向为 X 轴正方向，向上方向为 Y 轴正方向。绘图窗口区域没有边界，无论多大的图形都可置于其中。鼠标移动到绘图窗口区域中，会变为十字光标，执行选择对象的时候，鼠标会变成一个方形的拾取框。

课后反思

中望 CAD 机械版的作图思路和工程人员的习惯完全一致，拥有机械制图专业知识的技术人员即使计算机操作不熟练也可在较短时间内学会，并熟练使用中望 CAD 机械版。中望 CAD 机械版以实用见长，融合了国内外各种机械软件的优点，通过使用中望 CAD 机械版，可以有效提升绘图效率。

任务小结

中望 CAD 机械版的安装、激活过程较为简单，方便安装和应用；同时中望 CAD 机械版的工作界面与 AutoCAD 等又有所不同，根据国内企事业单位人员的使用习惯做了很多优化。因此，只有熟悉界面环境才能更好地应用软件绘图。

思考练习（1+X 考核训练）

选择题

（1）社会主义道德的基本要求是（　　）。

A. 社会公德、职业道德、家庭美德

B. 爱国主义、集体主义和社会主义

C. 爱祖国、爱人民、爱劳动、爱科学、爱社会主义

D. 有理想、有道德、有文化、有纪律

（2）社会主义职业道德的核心是（　　）。

A. 集体主义　　B. 爱国主义　　C. 为人民服务　　D. 遵守法纪

（3）下面关于职业道德行为的主要特点不正确的表述是（　　）。

A. 与职业活动紧密相关　　B. 职业道德的选择

C. 与内心世界息息相关　　D. 对他人的影响重大

（4）中望 CAD 不能处理以下哪类信息？（　　）

A. 矢量图形　　B. 光栅图形　　C. 声音信息　　D. 文字信息

（5）CAD 标准文件的后缀名为（　　）。

A. dwg　　B. dxf　　C. dwt　　D. dws

（6）保存文件的快捷键是（　　）。

A. Ctrl+C　　B. Ctrl+S　　C. Ctrl+B　　D. Ctrl+E

（7）使用 Polygon 命令可以画出多少边的等边多边形？（　　）。

A. 512　　B. 256　　C. 1024　　D. 1000

（8）下列哪一项不属于对象的基本特性？（　　）。

A. 颜色　　B. 长度　　C. 线宽　　D. 打印样式

（9）下列哪个不是中望 CAD 的截面组成部分？（　　）。

A. 绘图工具栏　　B. 插入栏　　C. 菜单栏　　D. 状态栏

（10）中望 CAD 的坐标体系，包括世界坐标系和（　　）坐标系。

A. 绝对　　B. 平面　　C. 相对　　D. 用户

任务 2 环境设置

任务描述

中望 CAD 机械版 2021 是基于中望 CAD 平台开发的面向制造业的二维专业绘图软件，其功能涵盖了制造业二维绘图的全部领域，图纸、注释和零件图库符合国家标准，智能化的功能保证了绘制图纸快速、准确。本任务是熟悉中望 CAD 机械版 2021 的环境设置，为二维绘图打下良好的基础。

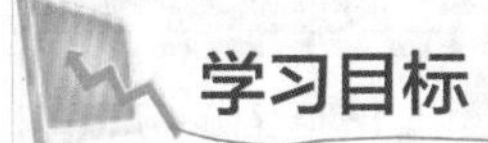

学习目标

1. 熟悉中望 CAD 机械版 2021 的图幅设置、标题栏的填写、图层设置。
2. 掌握中望 CAD 机械版 2021 的输入命令的方法，绘图、标注及填写技术要求的方法。
3. 通过系统方法的掌握，养成严谨认真的良好职业素养。

任务实施

1. 图幅设置

图幅大小在国标 GB/T 14689-2008《技术制图　图纸幅面和格式》中有明确规定。在软件中，可快速设定标准图幅和自定义尺寸图幅。

（1）图幅设置

单击【机械】命令→单击【图纸】按钮→单击【图幅设置】命令，进入图幅设置环境；或者在软件右侧修改工具栏中直接单击【图幅设置】命令；或者在命令栏中输入“TF”，如图 1-2-1 所示。

（2）图幅设置

图幅设置对话框如图 1-2-2 所示。

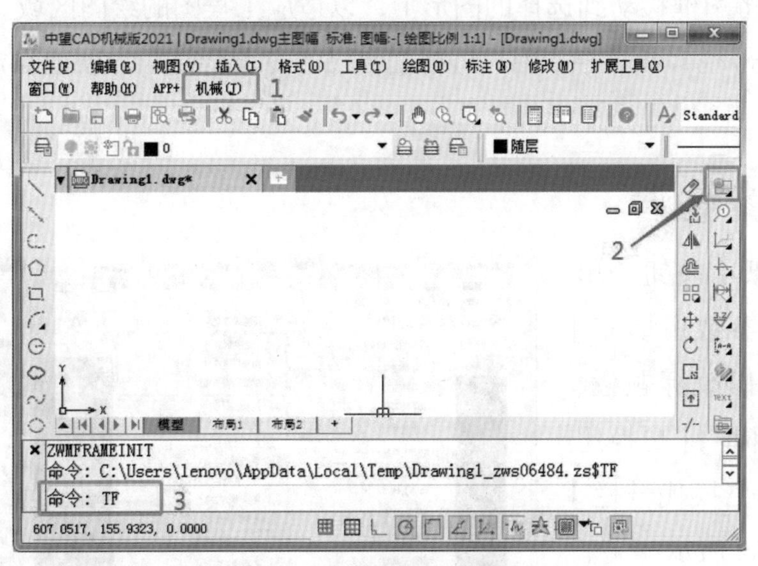

图 1-2-1　进入图幅设置命令方式

图 1-2-2　图幅设置对话框

设置说明如下。

①样式选择：列表中可选择您所使用的标准。单击“...”按钮开启标准样式配置对话框以查看和修改标准设置内容，一般选用 GB 国家标准。

②图幅大小：国标第一选择推荐的基本幅面 A0、A1、A2、A3、A4，可根据需要点选。其他图幅：列出了国标推荐的第二选择和第三选择的加长图幅列表。A3 图幅如图 1-2-3 所示。

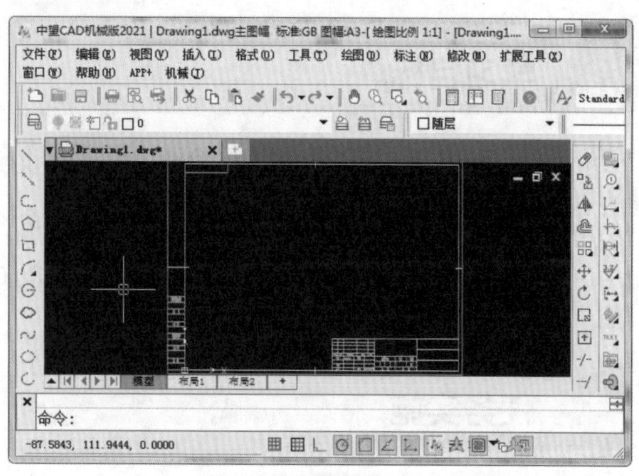
图 1-2-3　设置好的 A3 图幅

③图幅样式：在【样式选择】的下拉框中有【分区图框】和【无分区图框】两个选项，前者表示所选图框带分区，后者表示无分区，根据需要点取相应的样式即可，也可以自定义。

④图幅布置方式：在【布置方式】后面的矩形框内有【横置】和【纵置】两个选择，前者表示要将所选的图纸横置，后者表示要将图纸纵置，根据需要点取相应的布局即可。

⑤绘图比例：软件设计了两个可编辑的下拉框，可设置放大和缩小的比例系数，下拉框中列出了国标推荐使用的比例。可以自己设置比例因子，当设置了一个值时，另一个值自动还原为 1。在中望 CAD 机械版中为方便绘图，无论比例设置为多少，作图都是 1 ∶ 1 的。在设定图幅时，中望 CAD 机械版自动将其大小乘上比例因子的倒数，而打印输出时，再将输出比例设置为比例因子即可绘制出符合比例的图纸。

⑥测量比例“”按钮：选择绘图区域的对角线或绘制图形的包络区域后软件可自动计算当前图幅比例。

⑦自动更新标注符号的比例：当图纸比例发生改变后，可自动更新图框内尺寸文字等的显示比例，保持与图幅比例一致。

⑧移动图框以放置所选图形：可将图框移动到选择的图形上，以适应工程图的绘图区域。

⑨标题栏、明细表、附加栏、代号栏、参数栏：用户可根据自己的专业特点很方便地自定义，定义的数量没有限制。

2. 填充标题栏、附加栏、参数栏

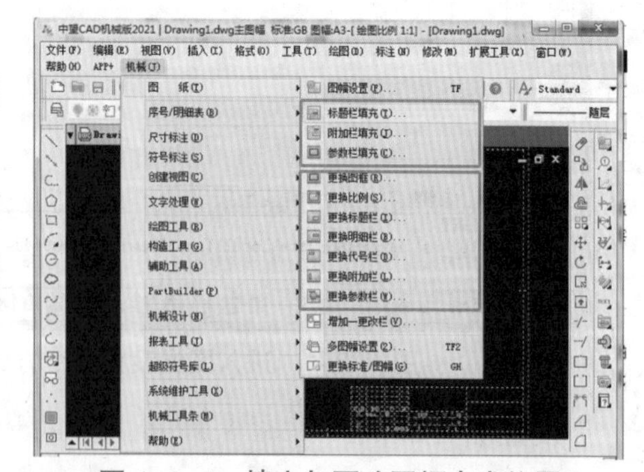
图 1-2-4　填充与更改图幅内容位置

单击【机械】命令→单击【图纸】按钮→单击【标题栏填充】【附加栏填充】【参数栏填充】命令，进入图幅设置环境，填写和修改标题栏、附加栏、参数栏内容。单击【更换图框】【更换比例】【更换标题栏】【更换明细栏】【更换代号栏】等命令，可进行相应更改，如图 1-2-4 所示。

3. 图层设置

在中望 CAD 机械版 2021 中，选择好了图幅，系统设置了常用的图层，赋予各类图线的线型、颜色等属性如表 1-2-1 所示。图层特征管理器如图 1-2-5 所示。

表 1-2-1　常用图层特征

序号	名称	颜色	线型	线宽
1	轮廓实线层	白色	连续	0.50 mm
2	细线层	青色	连续	0.25 mm
3	中心线层	红色	Center2	0.25 mm
4	虚线层	洋红色	Dashed2	0.25 mm
5	剖面线层	黄色	连续	0.25 mm
6	文字层	绿色	连续	0.25 mm
7	标注层	青色	连续	0.25 mm

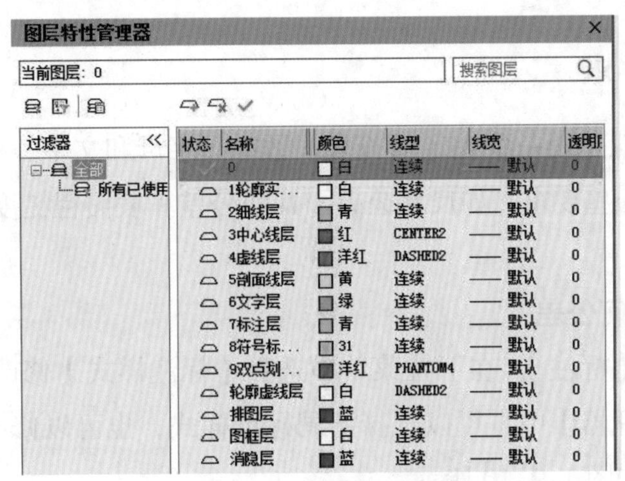

图 1-2-5　图层特征管理器

4. 输入命令的基本方法

中望 CAD 机械版 2021 输入命令有 4 种常用的方法。

①在命令窗口直接输入命令。在【命令】键盘输入命令的首字母后，将打开命令联想，与键入字母相近的命令将被命令联想列表展示，可通过键盘“↑↓”选择相应命令，单击回车键确定，如图 1-2-6 所示。

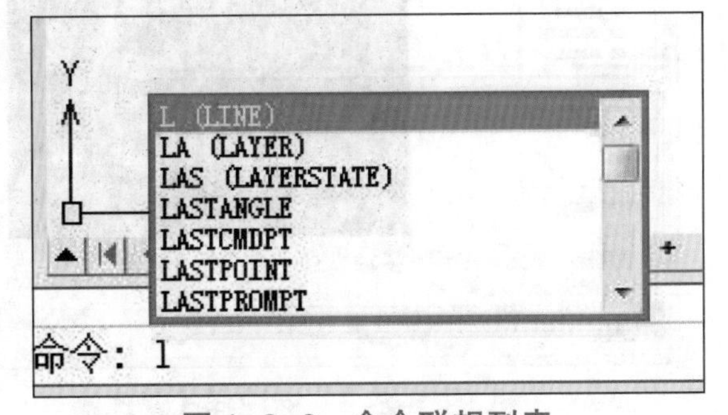

图 1-2-6　命令联想列表

②利用下拉菜单输入命令。单击菜单栏中的相应菜单，从中选择需要的命令单击打开，如图 1-2-7 所示。

③利用绘图工具栏和修改工具栏输入命令。将鼠标指针放在工具栏图标上，该图标被框选，单击即可启用该命令，如图 1-2-8 所示。

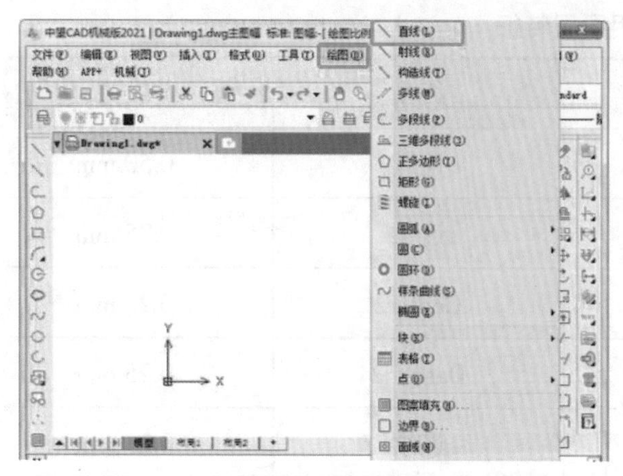

图 1-2-7 利用下拉菜单选择直线命令

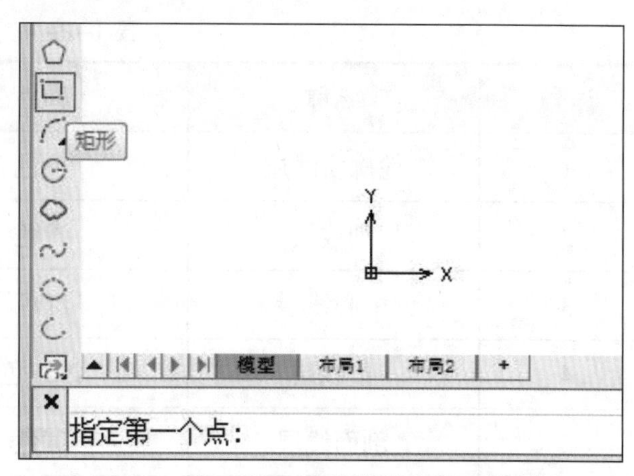

图 1-2-8 利用工具栏选择矩形命令

④利用键盘输入命令。如打印命令的快捷键是 Ctrl+P，选择样板文件命令的快捷键是 Ctrl+N。

5. 标注及技术要求

零件图的技术要求就是用一些规定的符号、数字、字母和文字，标注和说明零件在制造、检验、使用中应达到的一些要求，如尺寸公差、几何公差和表面粗糙度，以及其他常用的技术要求。

（1）尺寸公差和几何公差

可以在菜单栏单击【标注】，在下拉菜单中选择【标注样式】修改标注样式，如图 1-2-9 所示。在【标注样式管理器】中，可以选择不同标准样式，也可以修改样式中标注线、箭头、文字等的格式和大小，如图 1-2-10 所示。

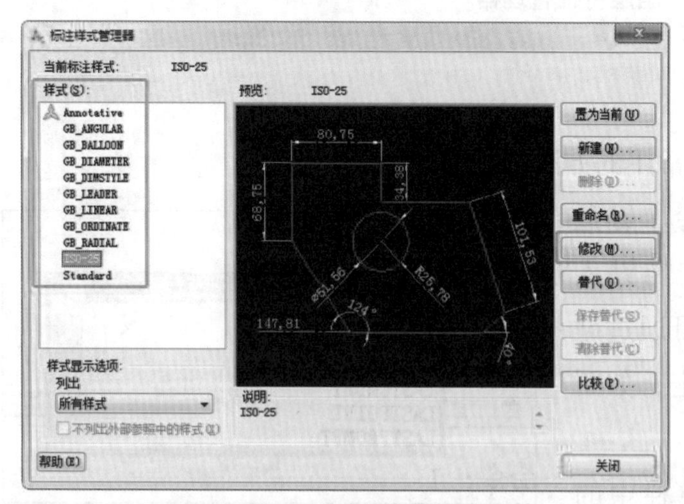

图 1-2-9 标注样式管理器

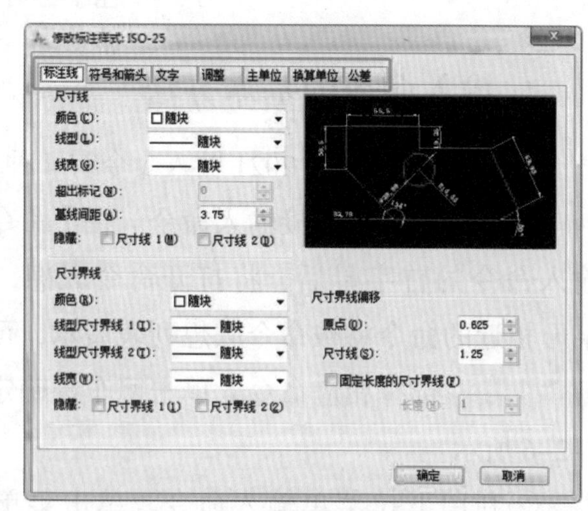

图 1-2-10 修改标注样式

可以在菜单栏单击【标注】，在下拉菜单中选择各种标注命令进行尺寸的标注。可双击标注的尺寸，对尺寸进行编辑，如加入上下公差或者特殊符号等，如图 1-2-11 所示。

可以在菜单栏单击【标注】，在下拉菜单中选择【公差】命令进行公差的标注，如图 1-2-12 所示。

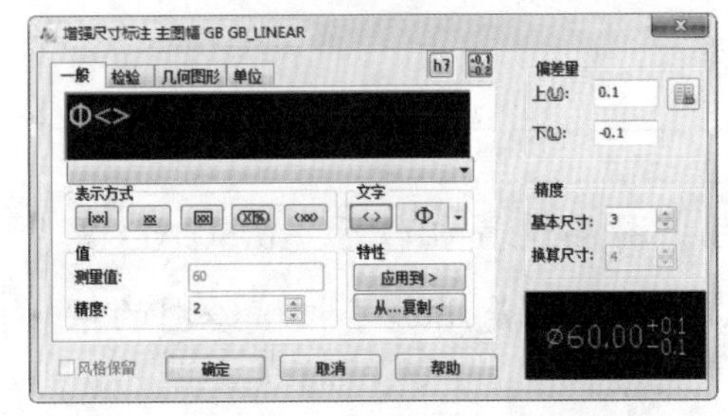

图 1-2-11　双击尺寸进行编辑

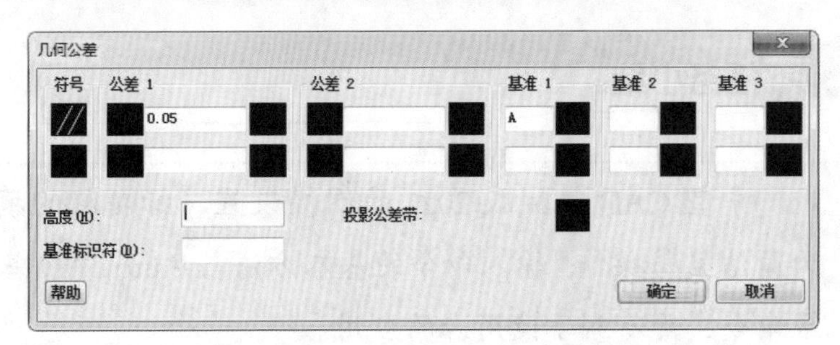

图 1-2-12　几何公差标注对话框

（2）表面粗糙度

可以在修改工具栏单击【粗糙度】图标，或者在【命令】区输入“CC”标注表面粗糙度，如图 1-2-13 所示。

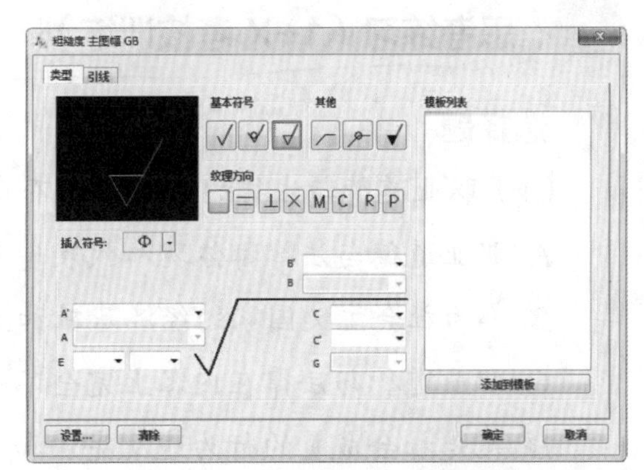

图 1-2-13　表面粗糙度标注对话框

（3）技术要求

技术要求包括：一般技术要求，如“未注倒角 C1”和“锐边倒钝”；未注公差技术要求，如“未注线性尺寸公差按 GB/T 1804-2000-m 级要求”和“未注几何公差按 GB/T 1184-1996-H 级要求”；其他技术要求，如材料、加工方法等。

可以在菜单栏单击【绘图】，在下拉菜单中选择【文字】命令中的【多行文字】命令；或者在左侧边的绘图工具栏单击【多行文字】图标，选择多行文字的放置位置，进行技术要求的输入和文字的编辑，如图 1-2-14 所示。

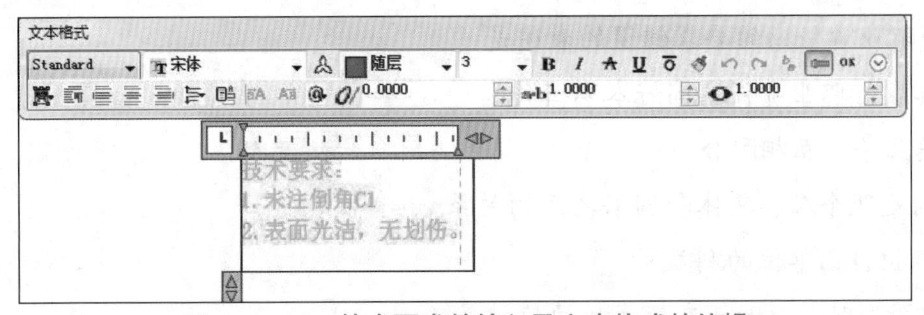

图 1-2-14　技术要求的输入及文本格式的编辑

课后反思

中望 CAD 机械版 2021 的环境设置中图纸、注释和零件图库符合国家标准，且根据我国用户的使用习惯做了优化，智能化的功能保证了图纸绘制快速准确。

任务小结

中望CAD机械版2021的图幅设置、标题栏的填写、图层设置相较于AutoCAD更为简洁且易操作；输入命令的基本方法与AutoCAD基本相同，但是增加了机械绘图的很多命令，更有利于使用者的应用。

思考练习（1+X考核训练）

选择题

（1）职业道德与法律的关系表述不正确的是（　　）。

A. 职业道德与法律都体现和代表着人民群众的观点、利益与意志

B. 都为社会主义国家的经济基础和上层建筑服务，起到巩固社会主义制度的作用

C. 职业道德与法律在内容上完全不一样

D. 凡是社会成员的行为违反宪法和法律，也是违反道德的

（2）对诚实守信说法不正确的是（　　）。

A. 诚实守信就是要求重承诺，信守诺言，忠实地履行自己应承担的义务

B. 诚实守信是市场经济的内在法则

C. 诚实守信要敢于讲真话，坚持真理

D. 诚实守信与市场经济的根本目的相矛盾

（3）增强职业责任感的要求错误的表述是（　　）。

A. 要认真履行职业责任，搞好本职工作

B. 要熟悉业务，互相配合

C. 要正确处理个人、集体和国家之间的关系

D. 要只维护自己单位的利益

（4）绘制图形时，打开正交模式的快捷键是（　　）。

A. F4　　B. F6　　C. F8　　D. F10

（5）测量一条斜线的长度，标注法是（　　）。

A. 线性标注　　B. 对齐标注　　C. 连续标注　　D. 基线标注

（6）原文件格式是（　　）。

A. *.dwg　　B. *.dxf　　C. *.dwt　　D. *.dws

（7）下列哪个命令可很快生成图形文件（　　）。

A. Save　　B. Explode　　C. Block　　D. Wblock

（8）画一个圆与三个对象相切，应使用Circle中哪一个选项？（　　）

A. 相切、相切、半径　　　　　　　　B. 相切、相切、相切

C. 3　　　　　　　　　　　　　　　D. 圆心、直径

（9）打开对象捕捉追踪的快捷功能键是（　　）。

A. F1　　　　B. F11　　　　C. F9　　　　D. F7

（10）在下列命令中，具有修剪功能的命令是（　　）。

A. 偏移命令　　B. 拉伸命令　　C. 拉长命令　　D. 倒直角

任务 3　轴类零件的绘制

任务描述

企业王师傅接到一批轴类零件的生产订单，需要将客户提供的图纸抄写打印多份提供给生产线，您能帮助王师傅运用中望 CAD 机械版 2021 完成图纸的抄绘吗？立轴二维图纸如图 1-3-1 所示。

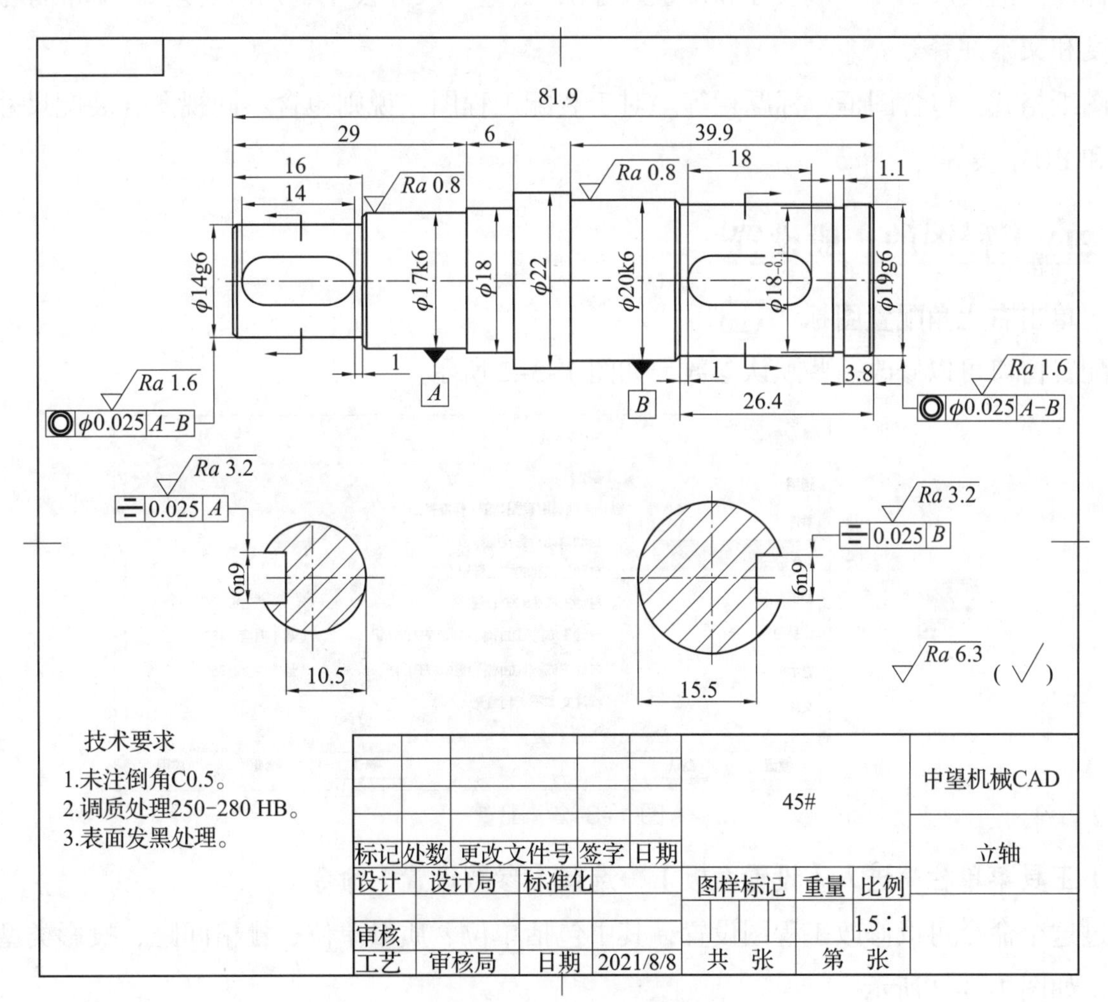

图 1-3-1　立轴二维图纸

学习目标

1. 熟悉轴类零件的结构特点，了解其功用及加工方法；熟悉零件的结构形状，了解零件的设计和工艺要求。

2. 掌握零件表达方法，正确、完整、清晰、合理地标注尺寸，正确填写标题栏和技术要求。

3. 通过有序、规范、严谨的抄绘过程，培养工程制图人员严谨认真的职业素养。

知识链接

1. 2D 工程图中的主要成分

通常来说，零件的 2D 工程图主要包含以下 3 个部分。

①视图：包含标准视图（俯 / 仰视图、前 / 后视图、左 / 右视图和轴测图）、投影视图、剖视图、局部视图等。

②标注：包含尺寸（外形尺寸和位置尺寸）、公差（尺寸公差、几何公差）、基准符号、表面粗糙度和文本注释等。

③图纸格式：包含图框、标题栏等。对于装配工程图来说则包含不同视图、装配尺寸、配合尺寸和 BOM 表等。

2. 2D 工程图的一般设置

（1）单击右上角配置图标“ ”

在配置窗口可以修改一些默认参数，如图 1-3-2 所示。

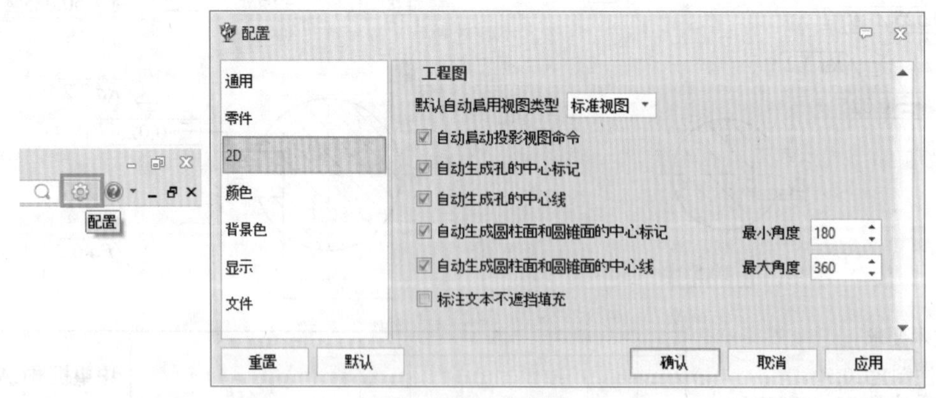

图 1-3-2 配置

（2）工具菜单栏→进入【设置面板】→选择【参数设置】命令

通过这个命令可以修改工程图设置，其中包括单位、质量单位、栅格间距、投影类型和投影公差，如图 1-3-3 所示。

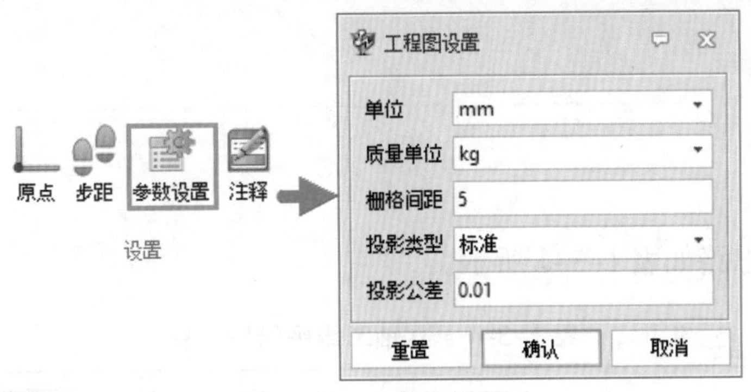

图 1–3–3　参数设置

（3）工具菜单栏→进入【属性面板】→选择【样式管理器】

通过样式管理器，可以自定义图纸样式，图 1–3–4 为样式管理器窗口。

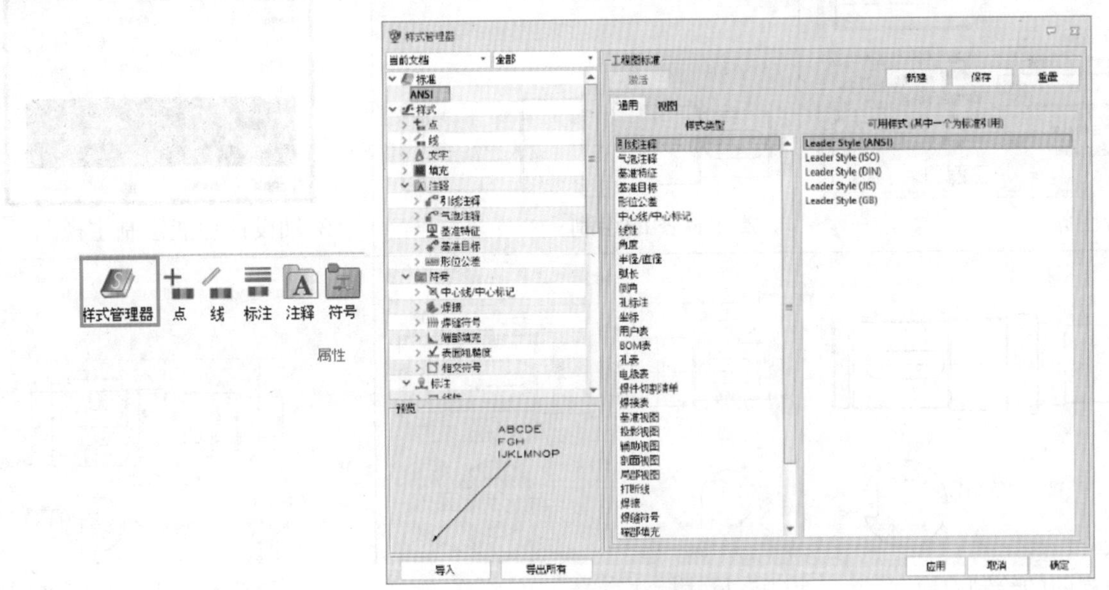

图 1–3–4　样式管理器窗口

（4）选择【图纸管理器】→单击【图纸 1】→鼠标右键菜单选择【属性】→进入【图纸属性】对话框

图纸属性是用来设置图纸名称、缩放比例、纸张颜色和选中图纸的其他属性，如图 1–3–5 所示。

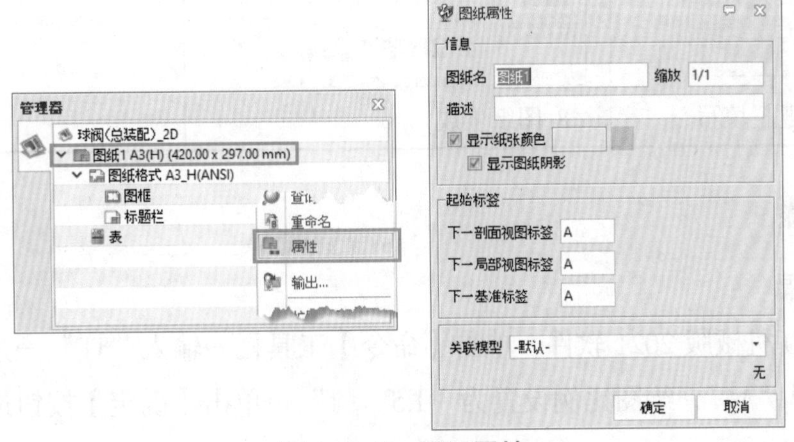

图 1–3–5　图纸属性

任务实施

1. 思路分析

立轴二维图绘图思路如表 1–3–1 所示。

表 1–3–1　立轴二维图绘图思路

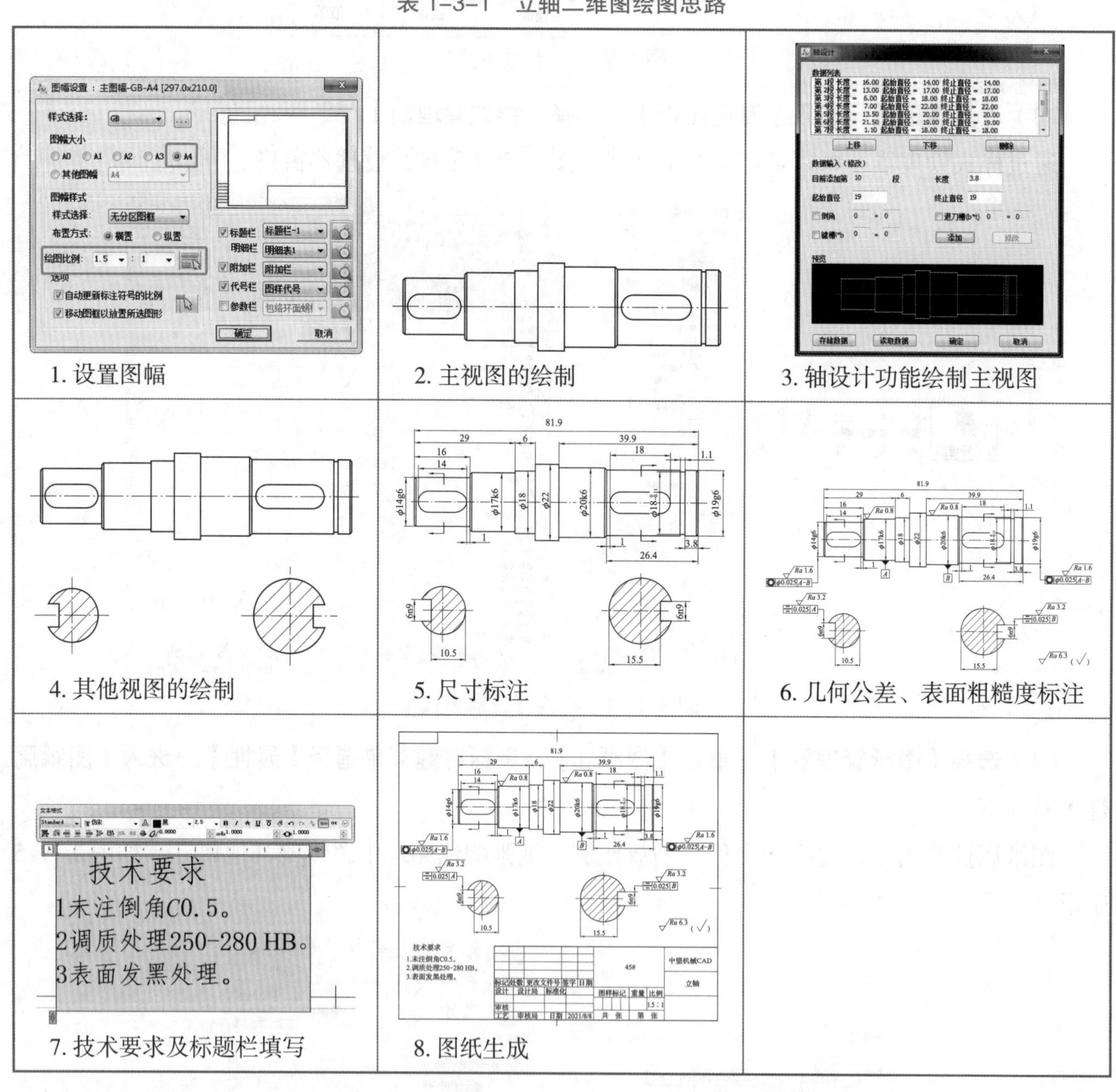

1. 设置图幅	2. 主视图的绘制	3. 轴设计功能绘制主视图
4. 其他视图的绘制	5. 尺寸标注	6. 几何公差、表面粗糙度标注
7. 技术要求及标题栏填写	8. 图纸生成	

2. 实施步骤

（1）设置图幅

打开中望 CAD 机械版 2021 软件，单击【命令】工具栏→输入“TF”→进入【图幅】对话框→图幅大小选择“A4”，绘图比例设置为“1.5 ： 1”→单击【确定】按钮进入绘图界面，如图 1–3–6 所示。

（2）主视图的绘制

单击绘图工具栏中【直线】命令或者输入“L”，按回车或空格键→在【状态显示区】单击【正交模式】或键盘输入“F8”→打开【正交模式】→画水平线段，长度大约为“100”→在【状态显示区】单击【对象捕捉】或键盘输入“F3”→打开【对象捕捉模式】→在距离水平直线端点较近处画垂直线段，长度大约为“20”，如图 1-3-7 所示。

图 1-3-6　图幅设置对话框

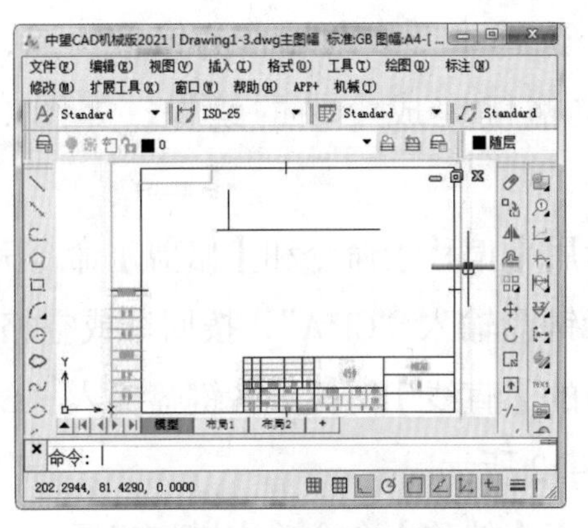

图 1-3-7　画垂直线段

单击右侧修改工具栏中的【偏移】图标或者键盘输入“O”，按回车或空格键→在命令区依次输入“16”“29”“81.9”，按回车或空格键→选择图中垂直线段→选择方向偏移出所需垂直线段→再根据已画竖直线段偏移出其他线段，如图 1-3-8 所示。

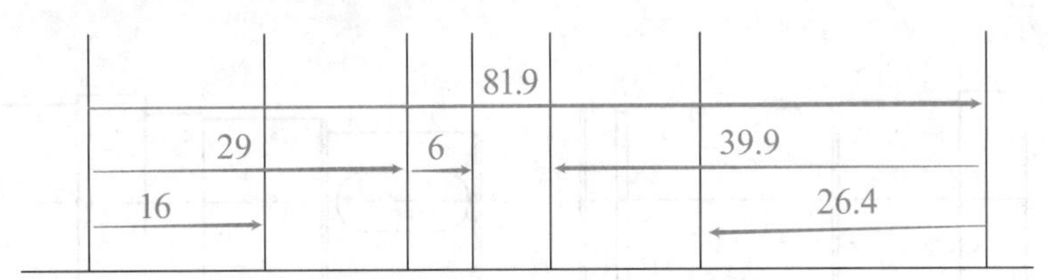

图 1-3-8　垂直线段的偏移

单击右侧修改工具栏中的【偏移】图标或者键盘输入“O”，按回车或空格键→在命令区依次输入“14/2”“17/2”“18/2”“22/2”“20/2”，按回车或空格键→选择图中水平线段→选择方向偏移出所需垂直线段，如图 1-3-9 所示。

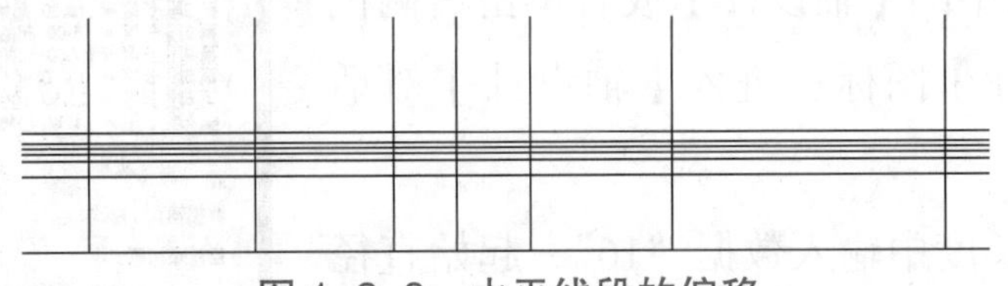

图 1-3-9　水平线段的偏移

单击右侧修改工具栏中的【修剪】图标或者键盘输入“TR”，按回车或空格键→根据命令提示修剪掉多余线段，如图 1-3-10 所示。

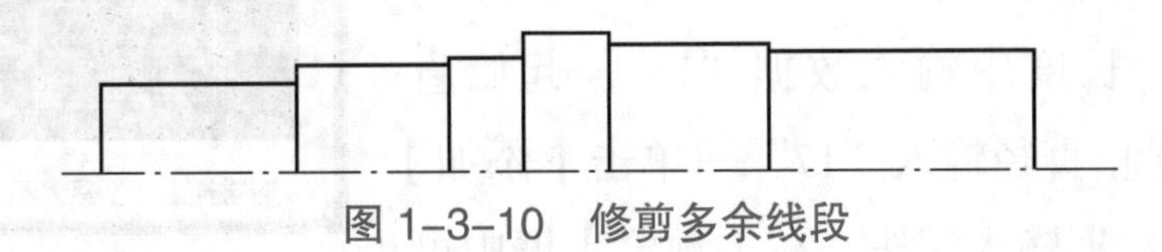

图 1-3-10　修剪多余线段

选择最初的水平长直线，键盘输入“3”按回车或空格键→将水平长直线类型改为【中心线】。

单击右侧修改工具栏中的【镜像】图标或者键盘输入“MI”，按回车或空格键→根据命令提示选择所有实线线段，按回车或空格键→选择中心线两端作为镜像两点，按回车或空格键完成半轴的镜像，如图 1–3–11 所示。

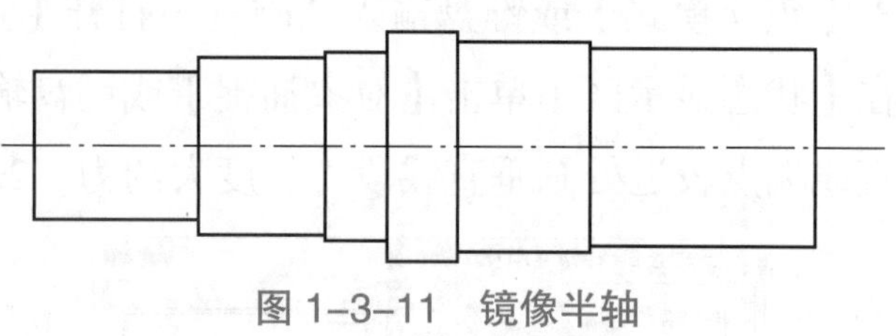

图 1–3–11 镜像半轴

运用【偏移】命令和【修剪】命令完成倒角的绘制，单击右侧修改工具栏中的【倒角】图标或者键盘输入“CHA”，按回车或空格键→根据命令提示完成倒角的绘制→单击左侧修改工具栏中的【直线】图标或者键盘输入“L”，按回车或空格键→完成倒角后外轮廓线的补充，如图 1–3–12 所示。

运用【偏移】命令确定键槽半圆圆心的位置，单击左侧绘图工具栏中的【圆】图标或者键盘输入“C”，按回车或空格键→选择偏移确定的圆心位置，输入圆的半径“3”→绘制出两键槽所需 4 个圆→单击左侧绘图工具栏中的【直线】图标或者输入“L”，按回车或空格键→连接两个圆的象限点→利用【修剪】和【删除】命令去掉多余线，形成键槽形状，完成主视图的绘制，如图 1–3–13 所示。

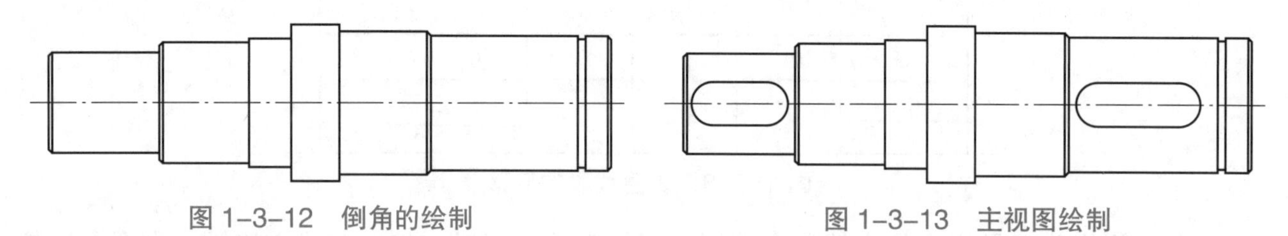

图 1–3–12 倒角的绘制　　图 1–3–13 主视图绘制

（3）轴设计功能绘制主视图

单击菜单栏中的【机械】命令→在下拉工具条中单击【机械设计】工具条中的【轴设计】或者单击右侧机械工具条中的【轴设计】图标→进入【轴设计】对话框，如图 1–3–14 所示。

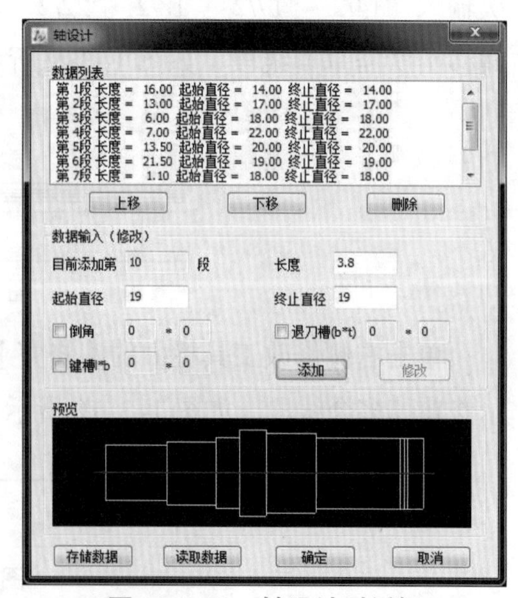

图 1–3–14 轴设计对话框

选择第“1”段，长度中输入数据“16”，起始直径输入数据“14”，终止直径输入数据“14”→单击【添加】按钮，此时第一段轴数据输入完毕，在【预览】框中可查看形成第一段轴的内容。

选择第“2”段，长度中输入数据“13”，起始直径输入数据“17”，终止直径输入“17”→单击【添加】按钮，此时第二段轴数据输入完毕，在【预览】框中可查看形成第二段轴的内容。

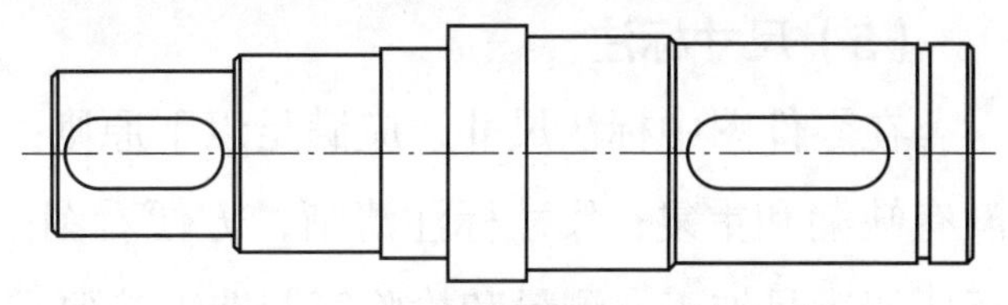

图 1-3-15　按设计功能绘制的轴

依次输入各段轴的参数，添加到轴上，单击【确定】进入【状态显示区】，选择合理位置放置轴，如图 1-3-15 所示。

（4）其他视图的绘制

单击【直线】命令或者键盘输入“L”，按回车或空格键→在主视图键槽位置下方画正交十字形做基准→选择两个正交十字形，键盘输入“3”后按回车或空格键，将水平长直线类型改为【中心线】，如图 1-3-16 所示。

单击左侧绘图工具栏中的【圆】图标或者键盘输入“C”，按回车或空格键→选择十字光标中心位置，分别输入圆的半径“14/2”“19/2”绘制出两圆→运用【偏移】命令、【修剪】命令和【删除】命令完成两圆键槽的绘制→选择两个键槽，键盘输入“1”后，按回车或空格键，将中心线类型改为【轮廓实线】，如图 1-3-17 所示。

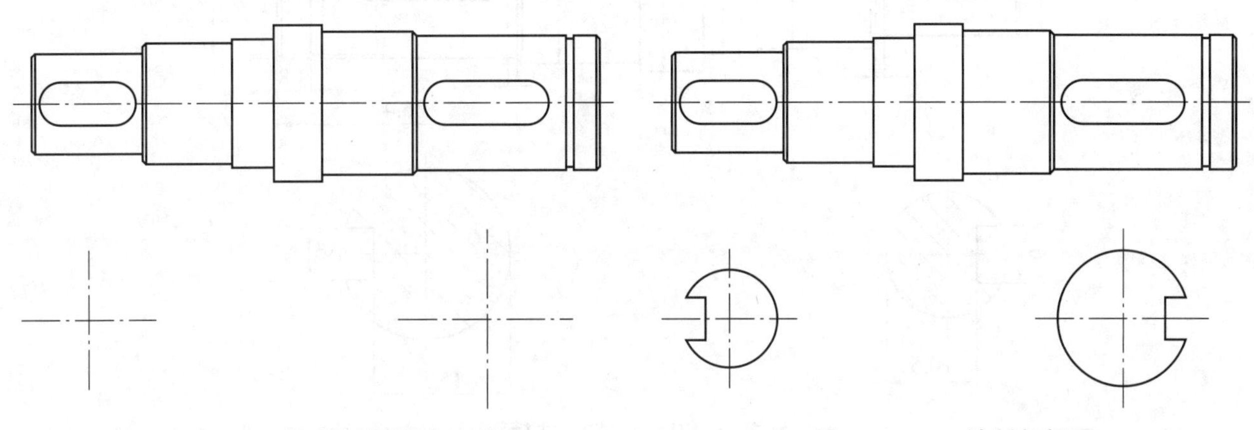

图 1-3-16　绘制剖视图中心线　　　　图 1-3-17　绘制剖视图

单击左侧绘图工具栏中的【图案填充】图标或者键盘输入“H”，按回车或空格键→进入【填充】对话框→调整【角度和比例】→单击边界中的【添加：拾取点】命令，如图 1-3-18 所示。

选择两个圆内各 4 块区域，按回车或空格键→单击【确定】完成剖面线的绘制，如图 1-3-19 所示。

图 1-3-18　填充对话框

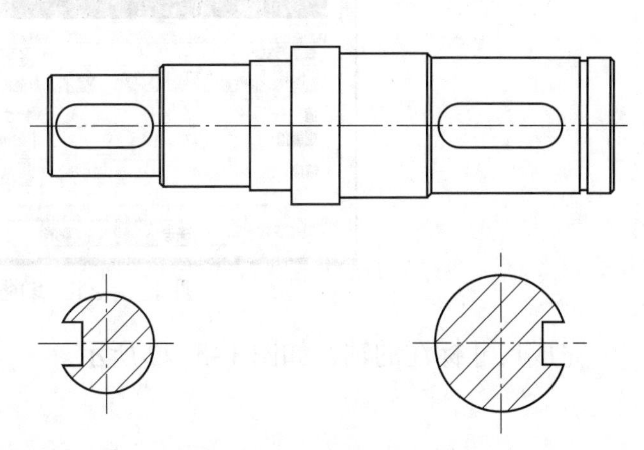

图 1-3-19　填充剖切线

（5）尺寸标注

在零件图中标注尺寸，应满足以下原则：标注尺寸正确，符合国家或行业标准；尺寸完整没有缺漏和重复；尺寸标注清晰，方便看图；标注合理，能保证零件的设计要求和使用性能，还要能满足加工、测量和检验等制造工艺要求。

单击右侧机械工具条中的【智能标注】图标或者键盘输入“D”，按回车或空格键→进入【标注】模式。按照从小尺寸到大尺寸的顺序标注长度尺寸，对于直径等带特殊符号或公差要求的尺寸，可以先标出基本尺寸，如图 1–3–20 所示。

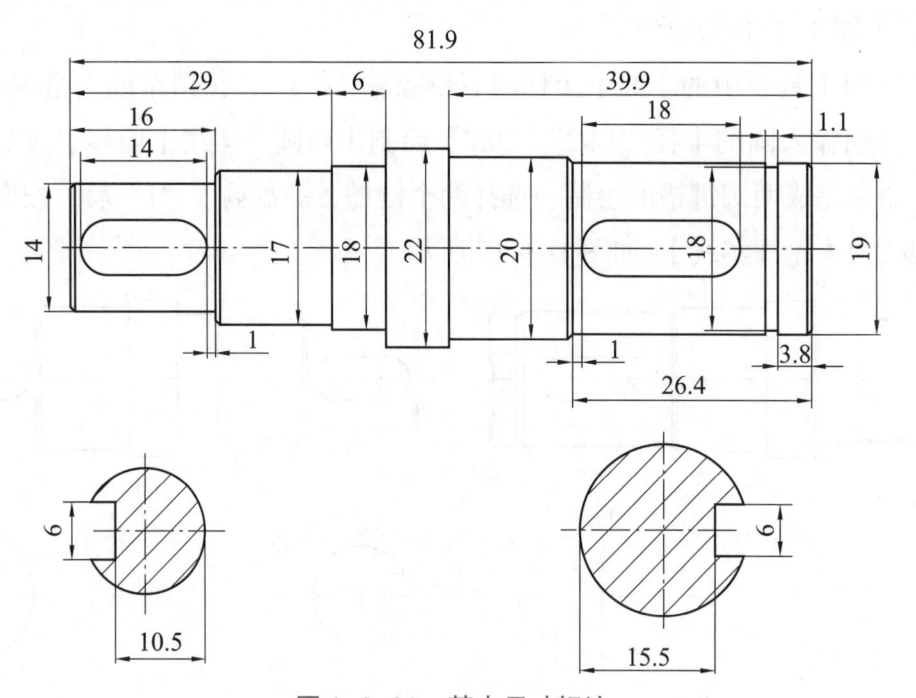

图 1–3–20　基本尺寸标注

双击基本尺寸，进入【增强尺寸标注】模式，如图 1–3–21 所示，可以标注特殊符号或公差要求的尺寸。

图 1–3–21　增强尺寸标注模式

完成尺寸标注的轴，如图 1–3–22 所示。

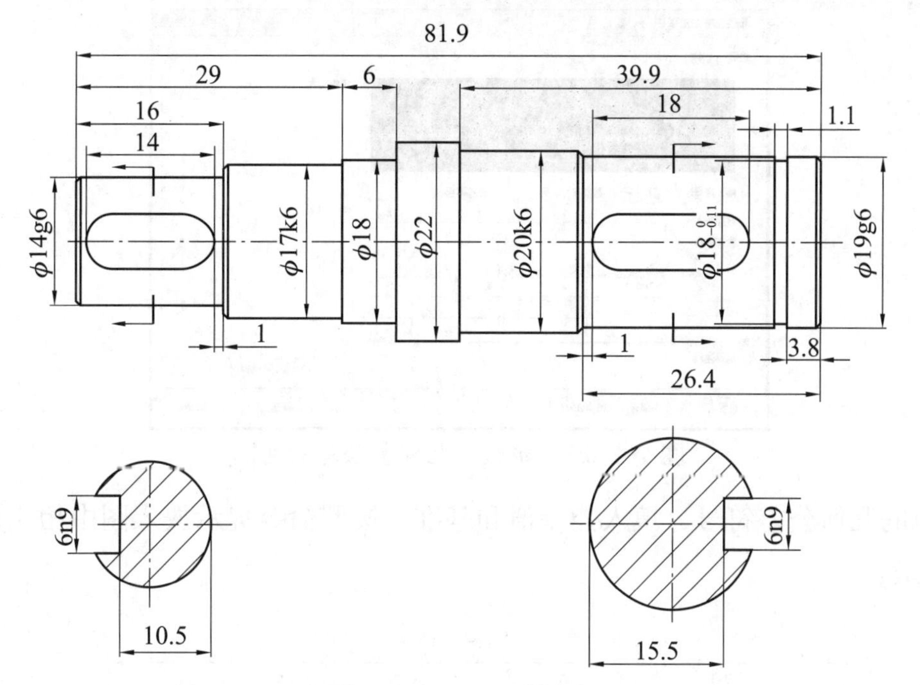

图 1-3-22　尺寸标注

（6）几何公差及表面粗糙度的标注

轴的几何公差主要是键槽和重要轴段的同轴度要求，单击菜单栏中的【机械】命令，在下拉工具条中单击【符号标注】工具条中的【基准标注】或者键盘输入“JZ”，按回车或空格键→进入【基准标注符号】对话框，如图 1-3-23 所示。

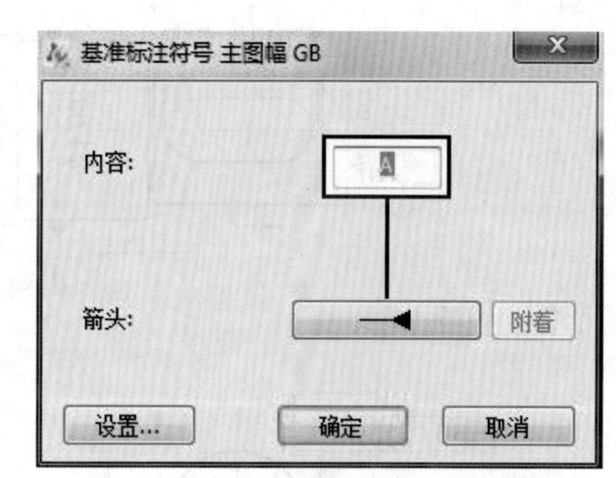

图 1-3-23　基准标注符号对话框

根据命令提示，选择 ϕ17k6 和 ϕ20k6 分别做基准 A 和 B，如图 1-3-24 所示。

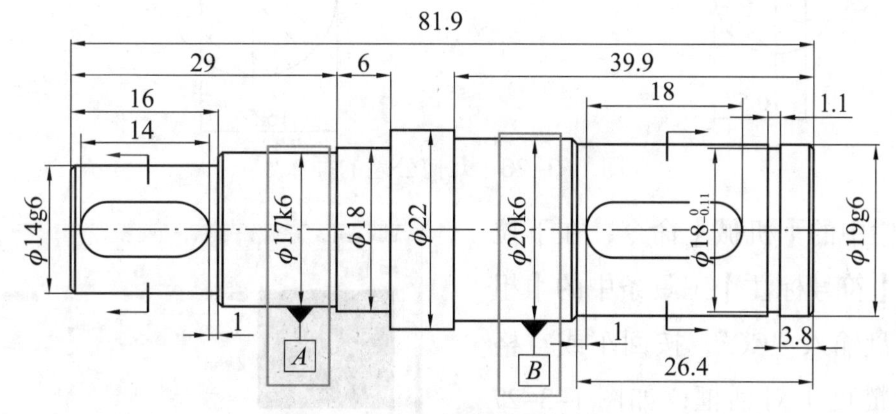

图 1-3-24　基准符号的插入

单击菜单栏中的【机械】命令，在下拉工具条中单击【符号标注】工具条中的【形位公差】或者键盘输入“XW”，按回车或空格键→进入【形位公差】对话框，如图 1-3-25 所示。

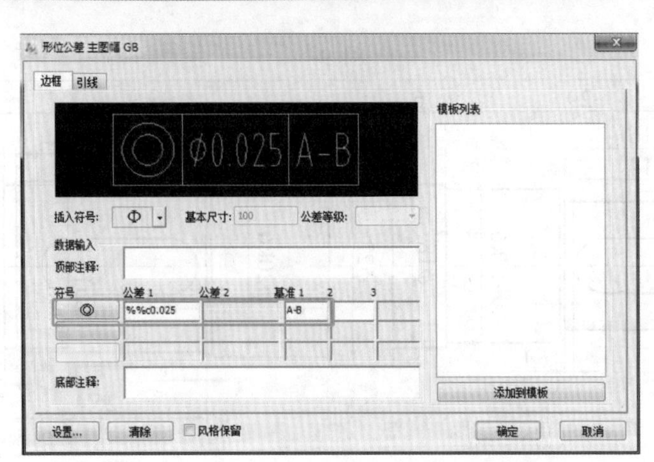

图 1-3-25 形位（几何）公差对话框

选择相应的几何公差符号，填入公差值和基准，按照命令提示放入图中相应位置即可，如图 1-3-26 所示。

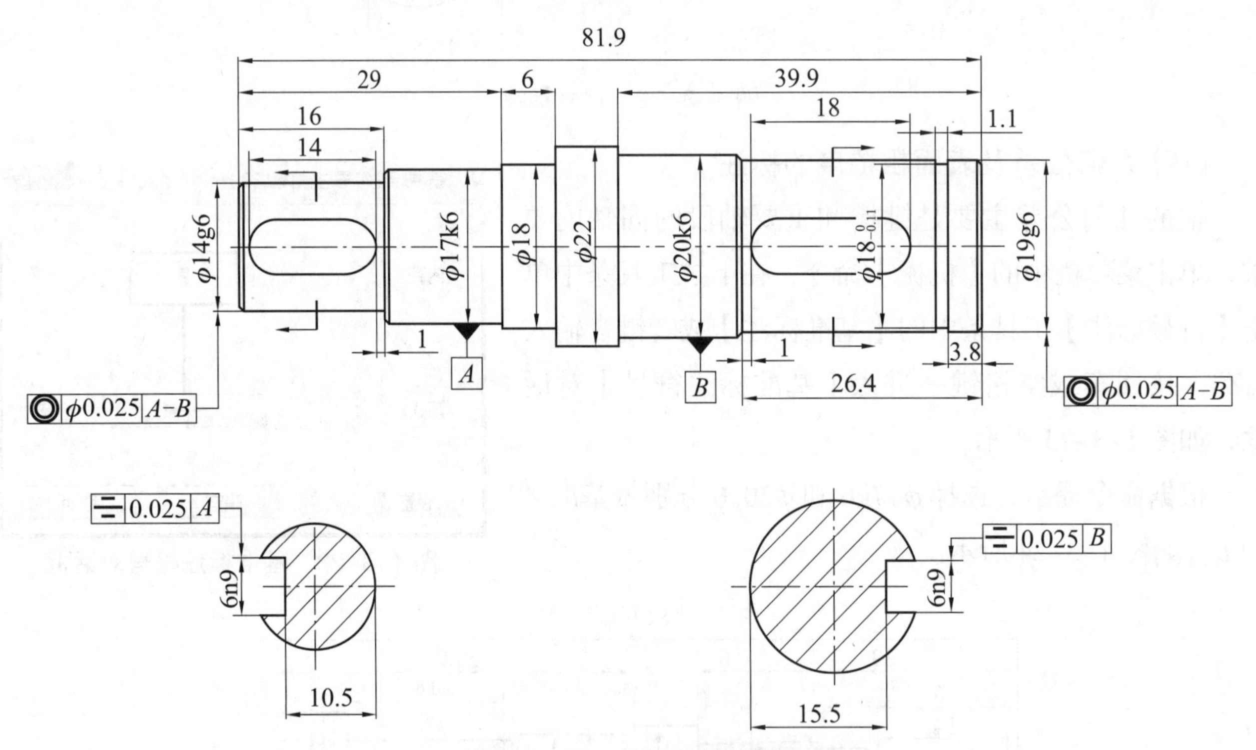

图 1-3-26 几何公差的插入

单击菜单栏中的【机械】命令，在下拉工具条中单击【符号标注】工具条中的【粗糙度】或者键盘输入“CC”，按回车或空格键→进入【粗糙度】对话框，如图 1-3-27 所示。

选择相应的表面粗糙度基本符号、其他符号，填入表面粗糙度值，按照命令提示放入图中相应位置即可，如图 1-3-28 所示。

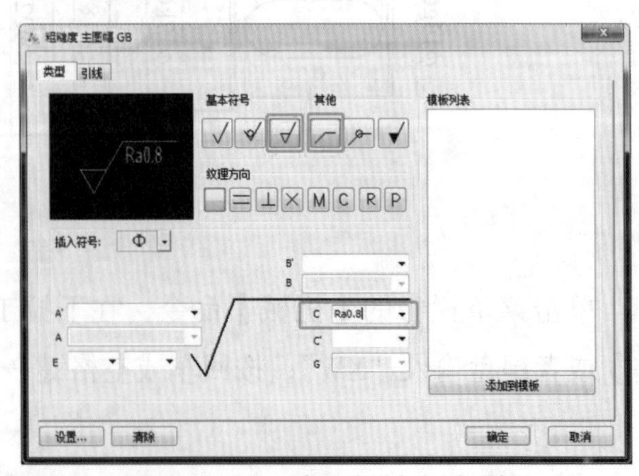

图 1-3-27 表面粗糙度对话框

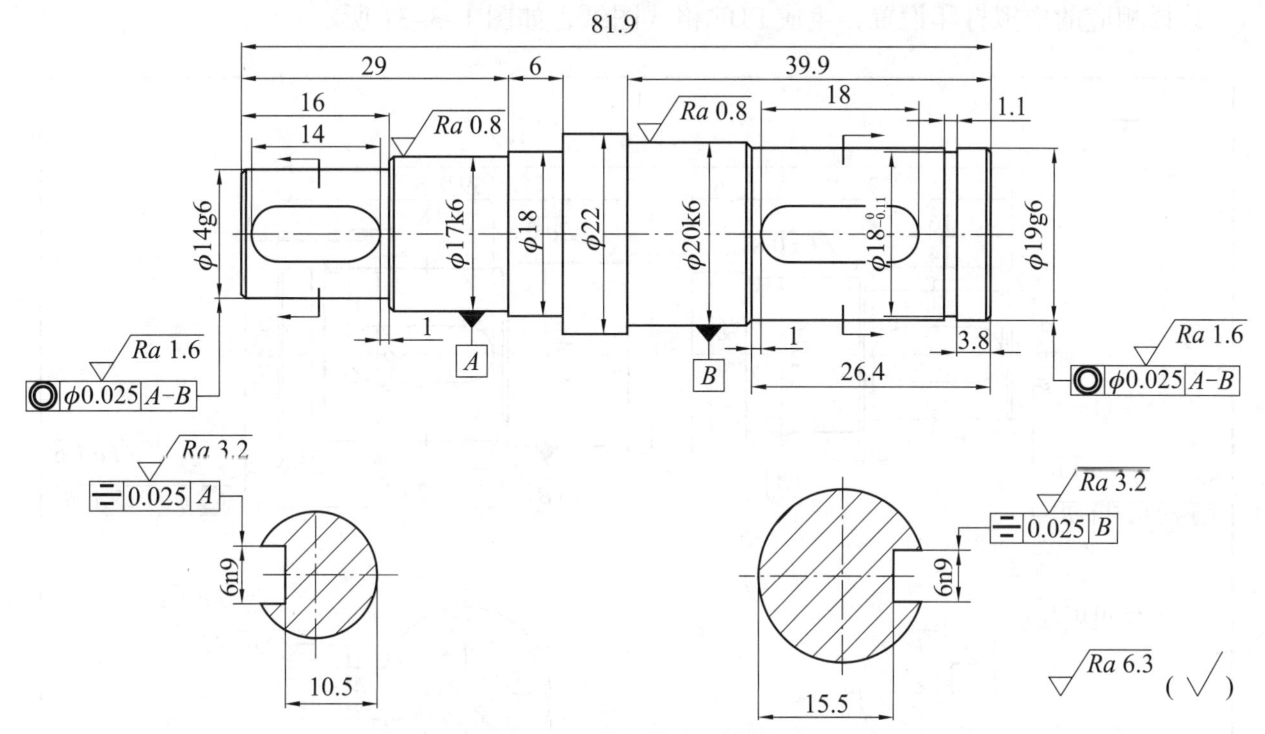

图 1-3-28　表面粗糙度的插入

(7) 技术要求标注及标题栏的填写

单击左侧绘图工具栏中的【多行文字】图标或者键盘输入“T”，按回车或空格键→在【状态显示区】单击选择两角点，即可进行技术要求的输入，如图 1-3-29 所示。

双击【标题栏】，进入【标题栏编辑】对话框，即可进行标题栏的编辑，如图 1-3-30 所示。

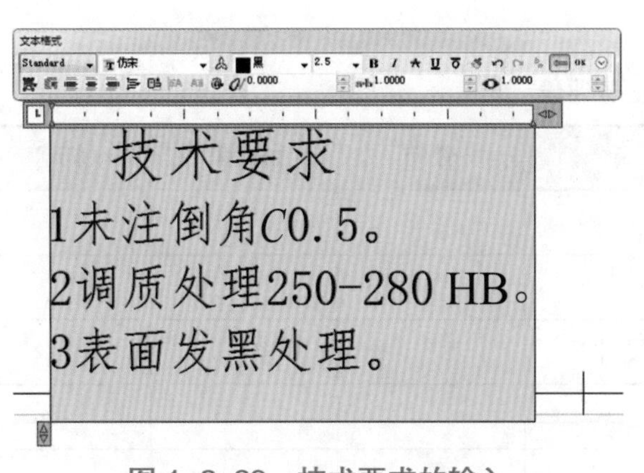

图 1-3-29　技术要求的输入

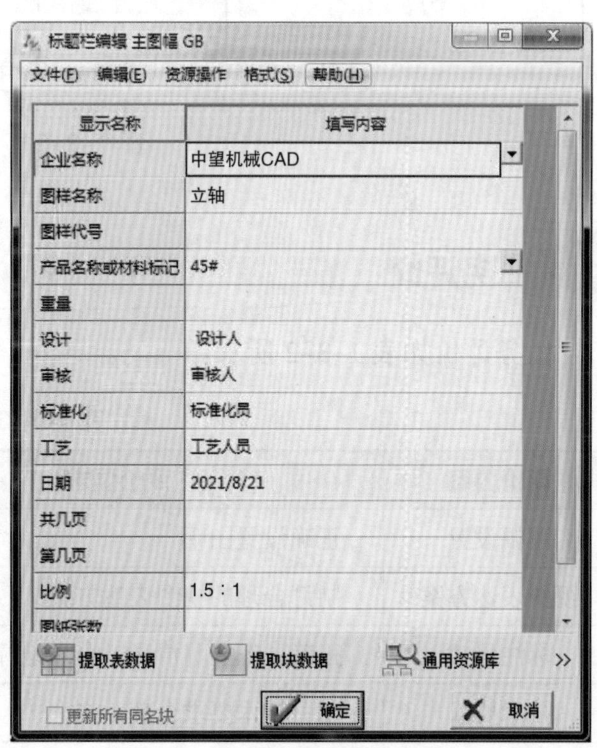

图 1-3-30　标题栏的编辑

选择相应的虚拟打印设置，生成 PDF 格式图纸，如图 1–3–31 所示。

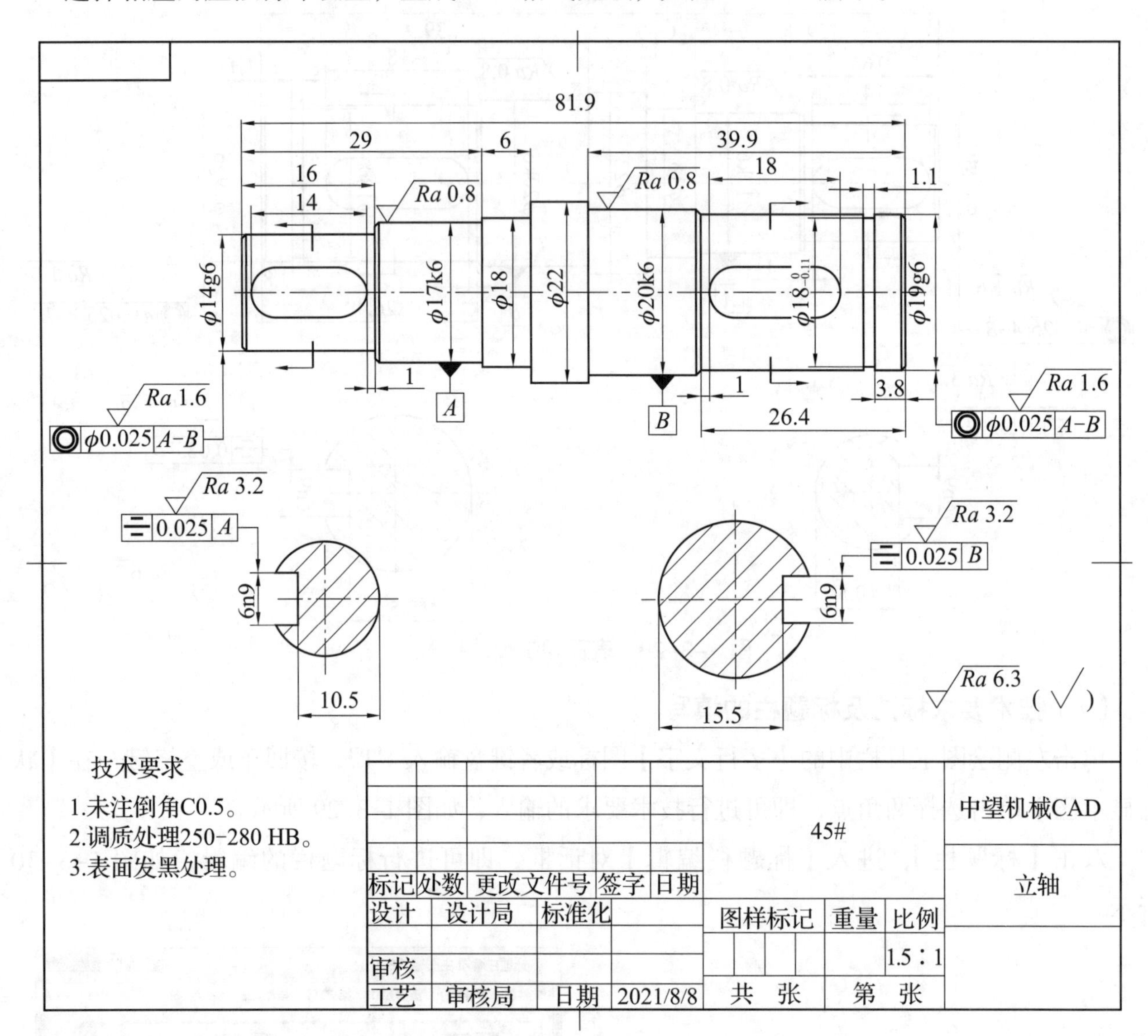

图 1–3–31　PDF 格式图纸

任务评价

任务评价如表 1–3–2 所示。

表 1–3–2　任务评价

评价内容	评价要求	分值	自评	师评
图幅设置	正确设置图幅			
视图表达方案	制订合理的视图表达方案			
标注尺寸	正确、齐全、清晰、合理地标注尺寸			
技术要求	相关技术要求合理、齐全			
标题栏	填写完整、正确			

课后反思

轴类零件在零件图中需用一组视图来表达零件的形状和结构，主视图要能充分反映零件的结构形状特征，反映零件在机器或部件中工作时的位置及在主要工序加工时的位置；其他视图应根据零件的结构特点选择适当的剖视图、断面图、局部放大图等表示方法，用简明的方案将轴类零件的形状、结构表达出来。

任务小结

能够完成轴类零件的抄绘。轴类零件的结构较简单，一般由大小不同的轴回转体组成，主要在车床上加工。因此，轴类零件主视图一般按加工位置原则，将其轴线水平放置；一般采用一个基本视图，其他未能表达清楚的结构形状用断面图、局部视图和局部放大图表达。

思考练习（1+X 考核训练）

1. 选择题

（1）下面关于勤劳节俭说法正确的是（　　）。

A. 消费可以拉动需求、促进经济发展，因此提倡节俭是不合时宜的

B. 勤劳可以提高效率，节俭可以降低成本

C. 勤劳节俭是物质匮乏时代的产物，不符合现代企业精神

D. 勤劳节俭只是家庭美德提出的要求

（2）下列对爱岗敬业表述不正确的是（　　）。

A. 抓住机遇，竞争上岗　　B. 具有奉献精神

C. 勤奋学习，刻苦钻研业务　　D. 忠于职守，认真履行岗位职责

（3）职业纪律具有的特点表述不正确的是（　　）。

A. 各行各业的职业纪律的基本要求具有一致性

B. 各行各业的职业纪律具有特殊性

C. 具有一定的强制性

D. 职业纪律不需要自我约束

（4）在图层的标准颜色中，（　　）是图层的缺少颜色。

A. 红色　　B. 白色　　C. 蓝色　　D. 黄色

（5）不影响图形显示的图层操作是（　　）。

A. 锁定图层　　B. 冻结图层　　C. 打开图层　　D. 关闭图层

（6）所有尺寸标注公用一条尺寸界线的是（　　）。

A. 基线标注　　B. 连续标注　　C. 引线标注　　D. 公差标注

（7）求出一组被选中实体的公共部分的命令是（　　）。

A. 并集　　B. 差集　　C. 交集　　D. 实体编辑

（8）在画多条线段时，可以用哪一个选项来改变线宽？（　　）

A. 方向　　B. 半径　　C. 宽度　　D. 长度

（9）下列选项不属于夹点功能的是（　　）。

A. 拉伸　　B. 复制　　C. 移动　　D. 对齐

（10）选择对象时，完全包容在窗框中的对象被选中，此种窗选方式是（　　）。

A. 窗口方式　　B. 窗交方式　　C. 围圈方式　　D. 圈交方式

2. 绘图题

根据给定零件图纸及尺寸，如图 1-3-32 所示，分析绘图思路并完成二维图纸的抄绘。

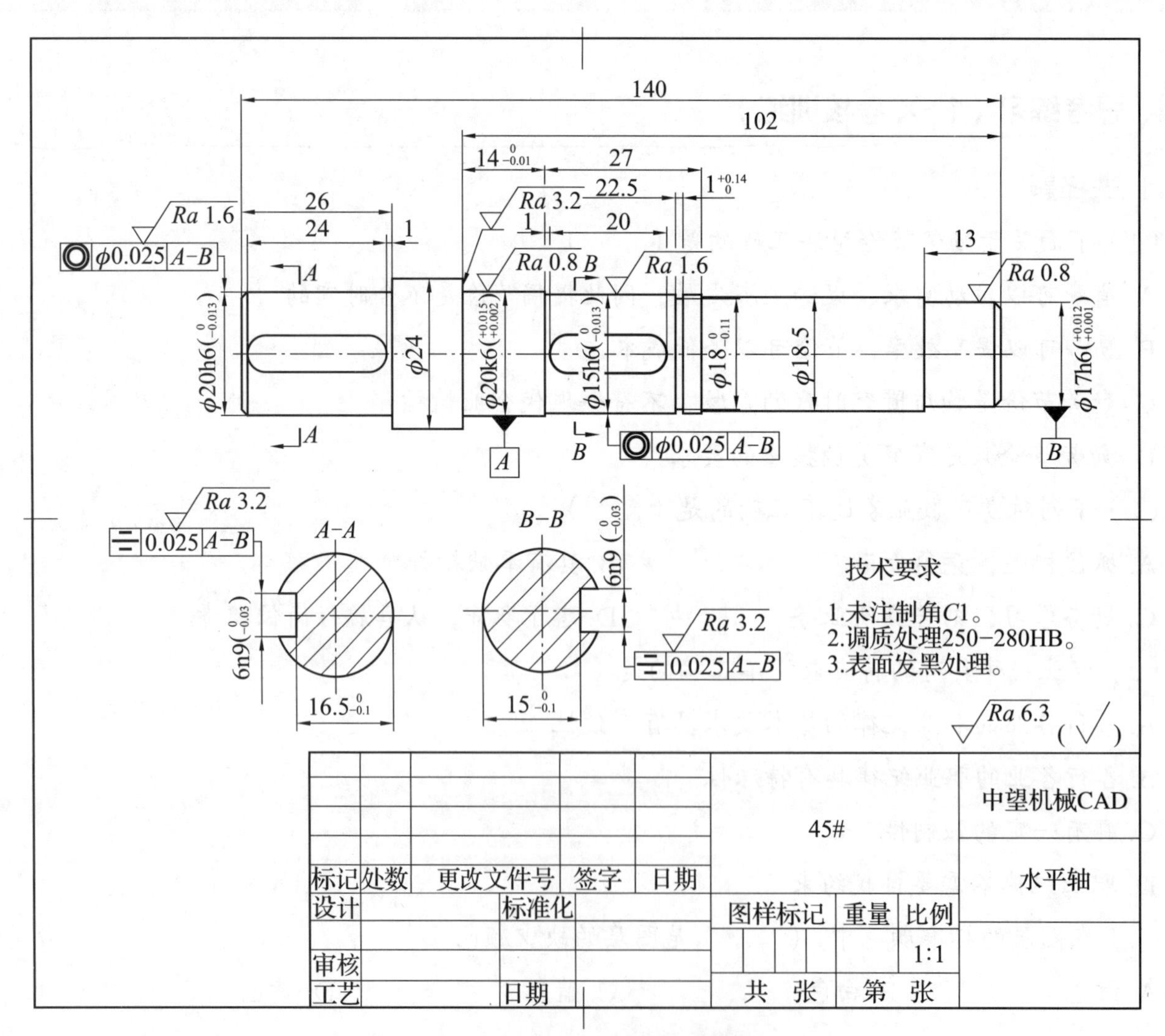

图 1-3-32　绘图题二维图纸

任务4 盘盖类零件的绘制

任务描述

企业王师傅接到一批盘盖类零件的生产订单，如图 1-4-1 所示，需要将客户提供的图纸抄写打印多份提供给生产线，您能帮助王师傅运用中望 CAD 机械版 2021 完成图纸的抄绘吗？

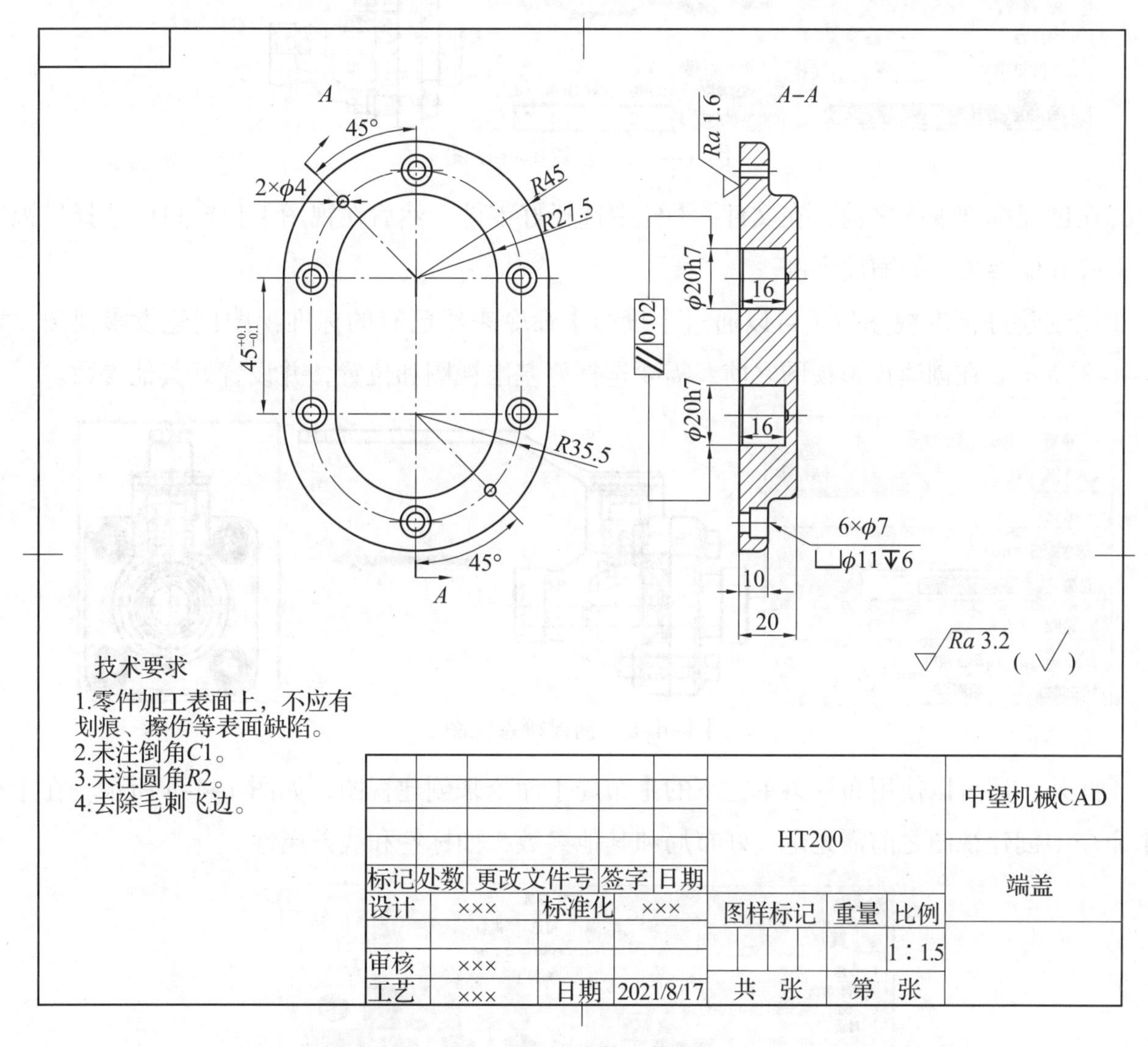

图 1-4-1　端盖二维图纸

学习目标

1. 熟悉盘盖类零件的结构特点，了解其功用及加工方法，熟悉零件表达方法以便确切地表达零件的结构形状、设计和工艺要求。

2. 掌握零件表达方法，正确、完整、清晰、合理地标注尺寸，正确填写技术要求及标题栏。

3. 通过有序、规范、严谨的抄绘过程，养成严谨认真的良好职业素养。

知识链接

①创建标准视图和投影视图。视图包含了标准视图、投影视图、剖视图、局部视图等。

在完成中望 3D 中新 2D 工程图文件的创建后，标准视图将会被自动激活且打开，也可以从布局菜单栏中单击【标准】来给 3D 零件创建标准视图，如图 1–4–2 所示。

图 1–4–2　创建标准视图

②在创建标准视图之前，在文件 / 零件中选择好零件，然后在视图下拉窗口中选择好视图并定义好其他参数，如缩放比例。

③在创建好标准视图后，可以通过【投影】命令来给已有的标准视图创建投影视图，如图 1–4–3 所示。在创建投影视图之前，需要选择好基准视图和位置，并设置好其他参数。

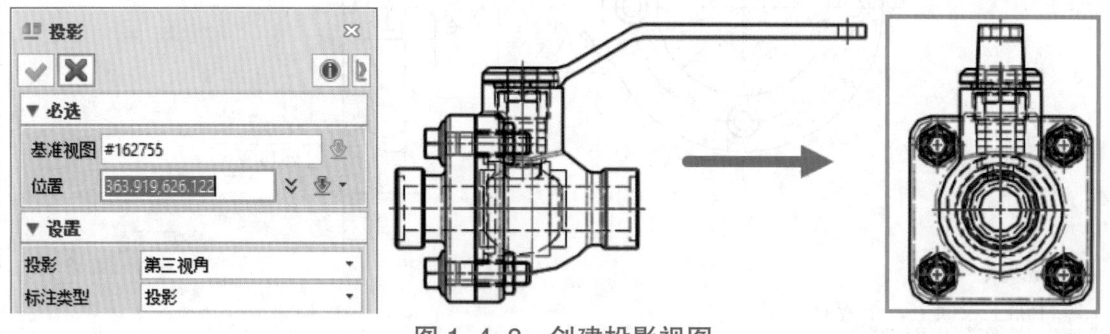

图 1–4–3　创建投影视图

④此外，还可以使用布局菜单栏下的【布局】命令来创建视图，如图 1–4–4 所示。在【布局】命令中创建视图之前需先定义好布局和其他参数，如标签和线条属性。

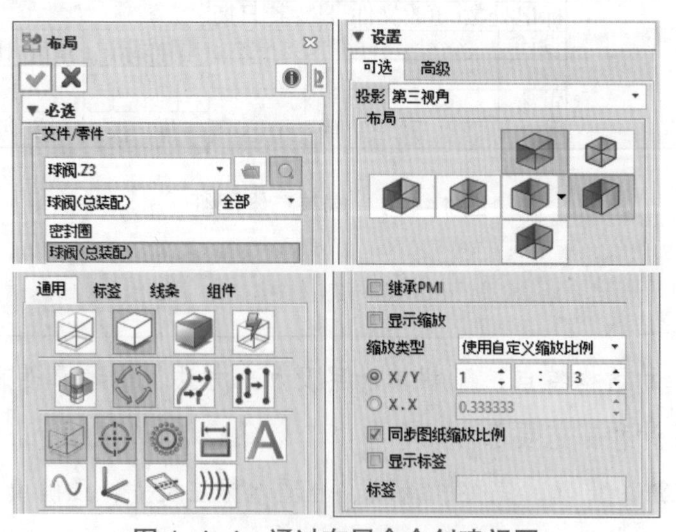

图 1–4–4　通过布局命令创建视图

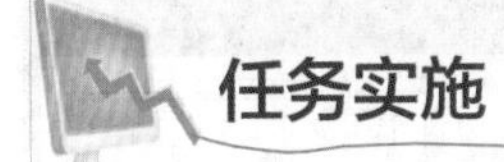

任务实施

1. 思路分析

端盖建模思路如表 1–4–1 所示。

表 1–4–1　端盖建模思路

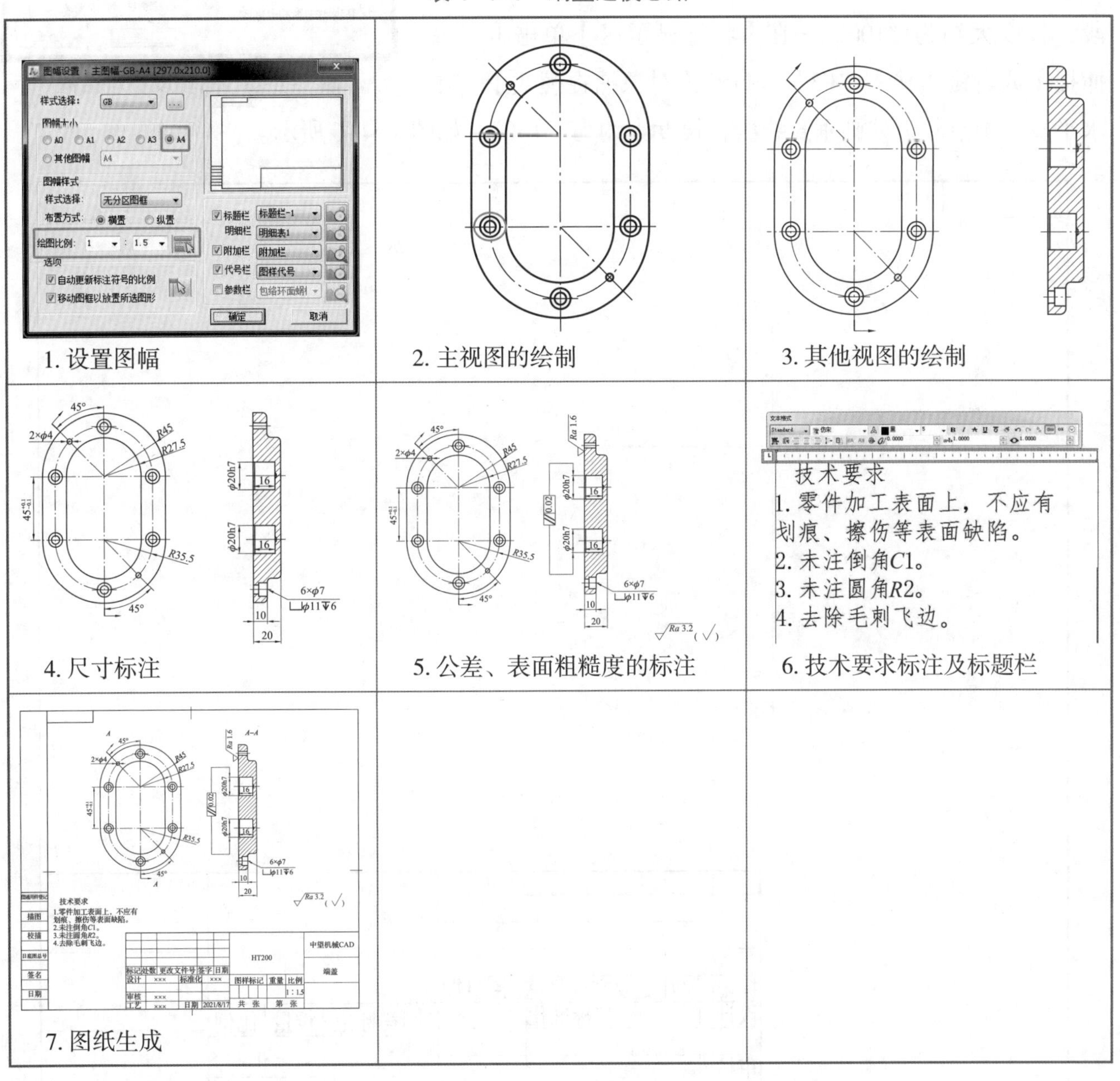

1. 设置图幅
2. 主视图的绘制
3. 其他视图的绘制
4. 尺寸标注
5. 公差、表面粗糙度的标注
6. 技术要求标注及标题栏
7. 图纸生成

2. 实施步骤

（1）设置图幅

打开中望CAD机械版2021软件，在命令栏中键盘输入“TF”→进入【图幅设置】对话框，如图 1–4–5 所示。图幅大小选择“A4”，绘图比例设置为“1 ：1.5”→单击【确定】按钮进入绘图界面放置图幅。

（2）主视图的绘制

主视图表达端盖外表面的形状，绘图顺序为先基准，再外形，最后利用孔命令绘制各类孔。

单击左侧工具栏中的【直线】图标或者键盘输入“L”，按回车或空格键→在【状态显示区】单击【正交模式】或者键盘输入“F8”→打开【正交模式】→画水平线段，长度大约为“100”→在【状态显示区】单击【对象捕捉】或者键盘输入“F3”→打开【对象捕捉模式】→在水平直线中点较近处画垂直线段，长度大约为“150”。如图 1–4–6 所示。

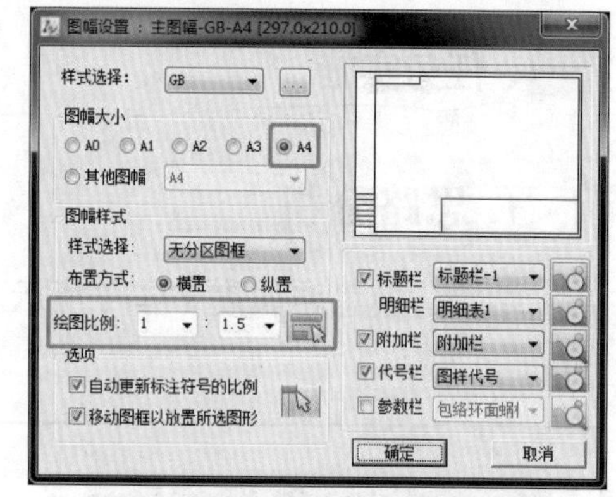

图 1–4–5 图幅设置对话框

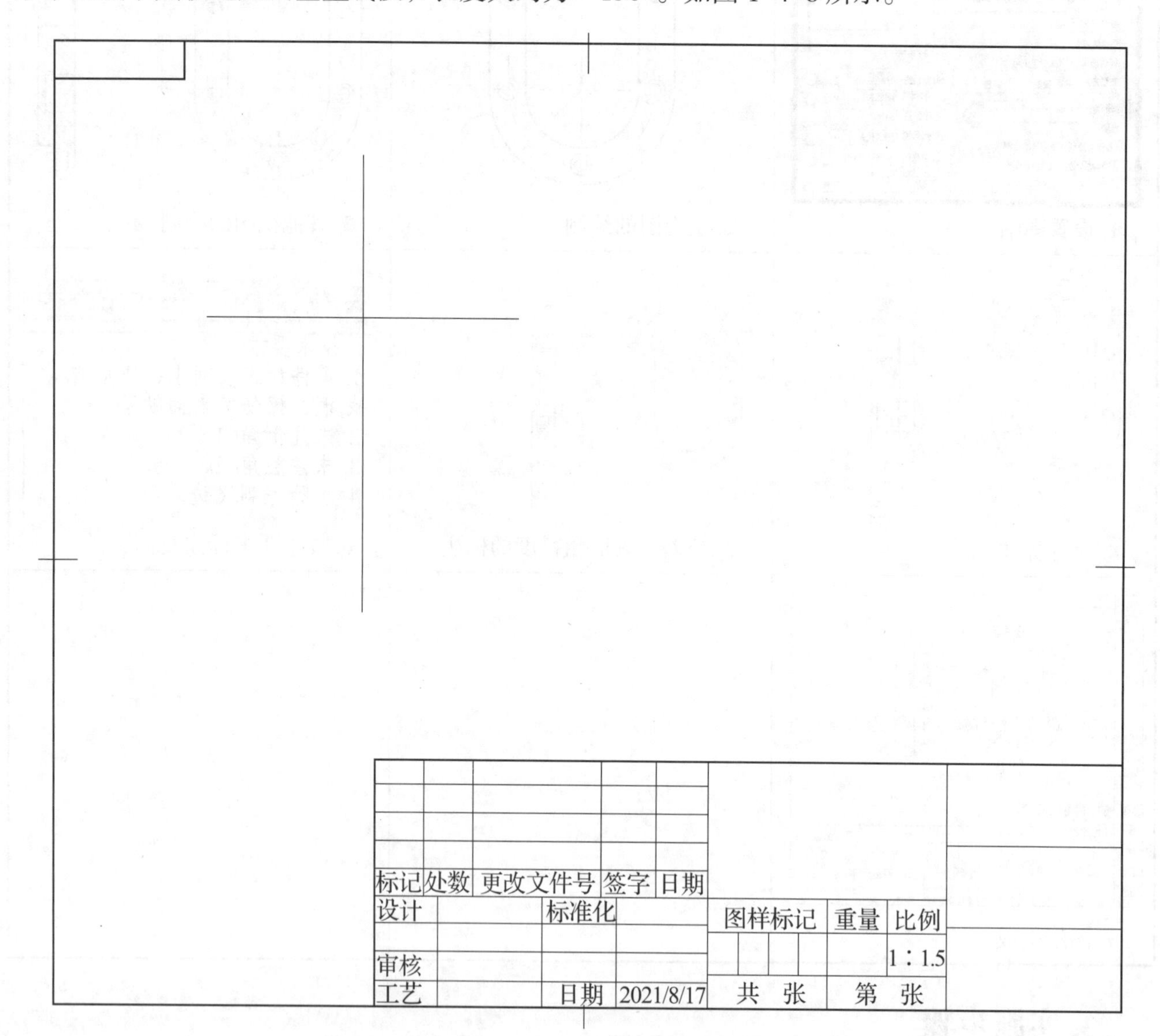

图 1–4–6 画垂直线段

单击右侧修改工具栏中的【偏移】图标或者键盘输入“O”，按回车或空格键→在命令区输入“45”，按回车或空格键→选择图中水平线段，选择方向偏移出所需垂直线段，选择 3 条实线，键盘输入“3”，按回车或空格键→将水平长直线类型改为【中心线】，如图 1–4–7

所示。

单击左侧绘图工具栏中的【圆】命令或者输入“C”，按回车或空格键→选择两个交点作为圆心位置，输入圆的半径“27.5”→绘制出跑道形所需两个圆→单击左侧工具栏中的【直线】命令或者输入“L”，按回车或空格键→连接两个圆的象限点→利用【修剪】和【删除】命令去掉多余线，形成跑道形状，如图 1-4-8 所示。

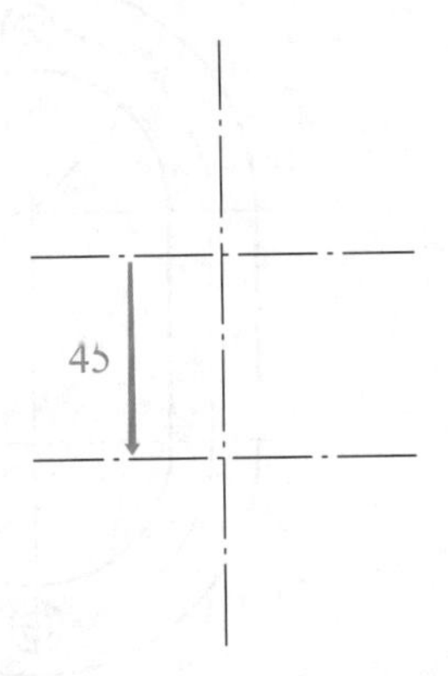

图 1-4-7　绘制基准线

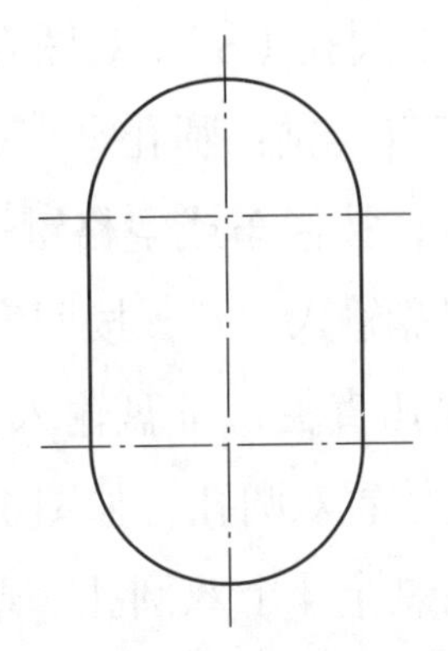

图 1-4-8　绘制基本图形

单击右侧修改工具栏中的【偏移】图标或者键盘输入“O”，按回车或空格键→在命令区依次输入“8”“17.5”，按回车或空格键→依次选择图中已绘线段，选择方向偏移出所需线段。选择中间 4 条线段，键盘输入“3”，按回车或空格键→将直线类型改为【中心线】，如图 1-4-9 所示。

单击左侧绘图工具栏中的【直线】图标或者输入“L”，按回车或空格键→在绘图区依次单击【上下半圆圆心】→命令区用键盘输入“A”，按回车或空格键→命令区用键盘输入角度“135”“-45”→指定长度，按回车或空格键确认，选择刚绘制的两条线段，键盘输入“3”，按回车或空格键→将直线类型改为【中心线】，如图 1-4-10 所示。

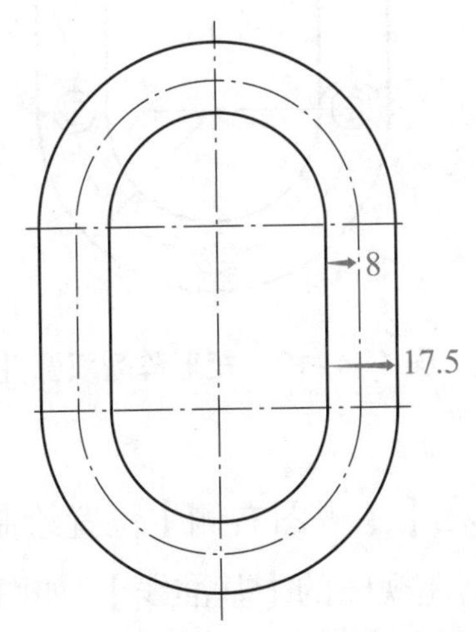

图 1-4-9　偏移出多条线段并更改类型

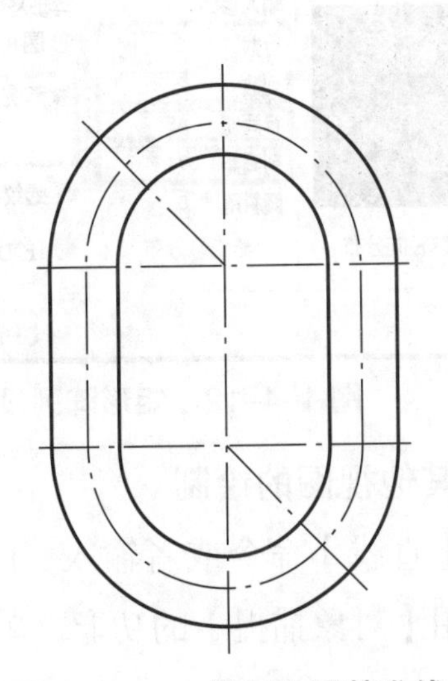

图 1-4-10　绘制小圆基准线

单击左侧绘图工具栏中的【圆】图标或者输入“C”，按回车或空格键→选择【两个交点】作为圆心位置，输入圆的半径“2”→绘制出跑道形上的两个圆。

单击菜单栏中的【机械】命令，在下拉工具条中单击【构造工具】工具条中的【单孔】或者输入“DK”，按回车或空格键→进入【单孔】绘图模式。

此时，在命令区出现提示：请输入插入点或［基准线（L）］或设置［圆孔（S）/ 双圆孔（D）/ 内螺纹孔（T）/ 外螺纹孔（H）］:{当前：圆孔［直径（I）: 20］}：

输入“D”，按回车或空格键→命令区出现提示：请输入内孔直径，键盘输入“7”，按回车或空格键→命令区出现提示：请输入外孔直径，键盘输入“11”，按回车或空格键→选择图示位置放置双圆孔，如图 1–4–11 所示。

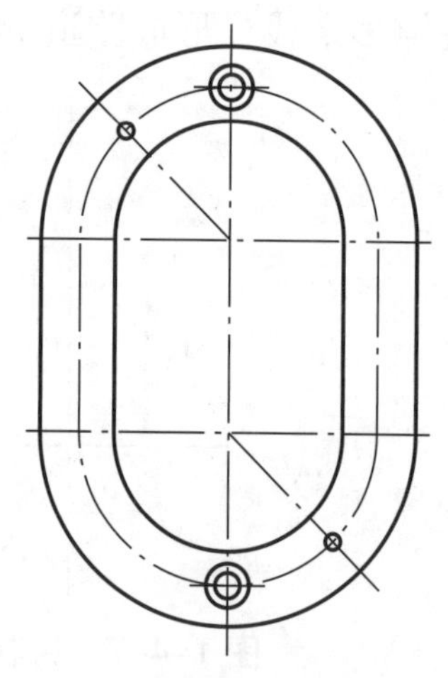

图 1–4–11　圆孔及双圆孔的绘制

孔阵绘制剩余 4 个双圆孔。单击菜单栏中的【机械】命令，在下拉工具条中单击【构造工具】工具条中的【孔阵】或者输入“KZ”，按回车或空格键→进入【阵列设计】对话框→单击【矩形阵列】，输入参数：行数“2”、列数“2”、行间距“45”、列间距“71”→类型及参数选择【双圆孔】，外孔直径“11”、内孔直径“7”→单击【确定】，如图 1–4–12 所示。

在【绘图区】选择图示位置作为【阵列基点】，绘制出 4 个双圆孔，如图 1–4–13 所示，完成主视图的绘制。

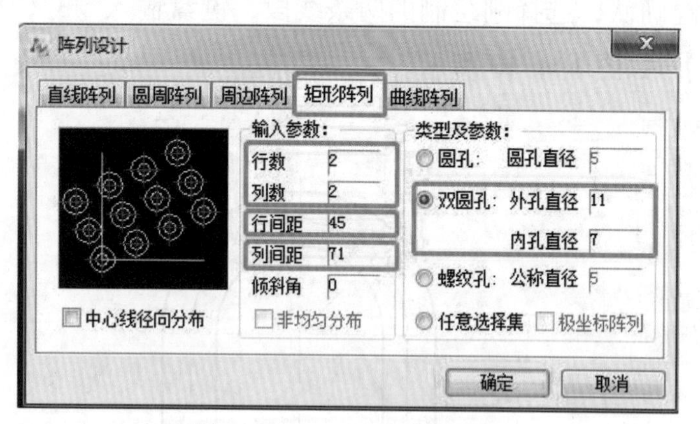

图 1–4–12　矩形阵列设置

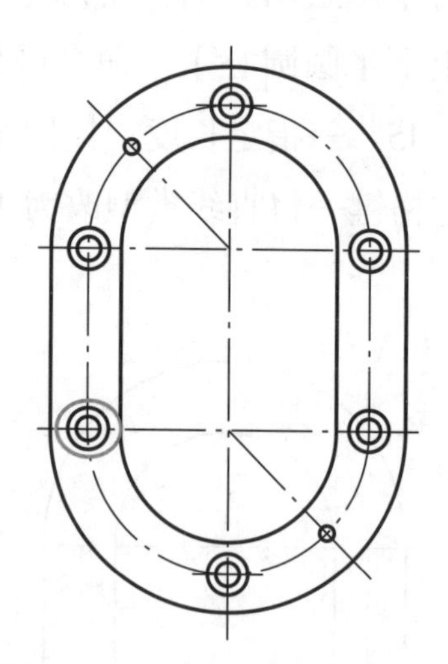

图 1–4–13　矩形阵列双圆孔

（3）其他视图的绘制

单击【直线】命令或者输入“L”，按回车或空格键→在【主视图右侧】位置绘制【竖直线】→利用【对象捕捉】的功能，单击【直线】命令，绘制左视图的【基准线】，如图 1–4–14 所示。

利用【对象捕捉】的功能，单击【直线】命令，绘制左视图的【边界线】，利用【偏移】功能，绘制【内孔及轮廓线】，如图 1–4–15 所示。

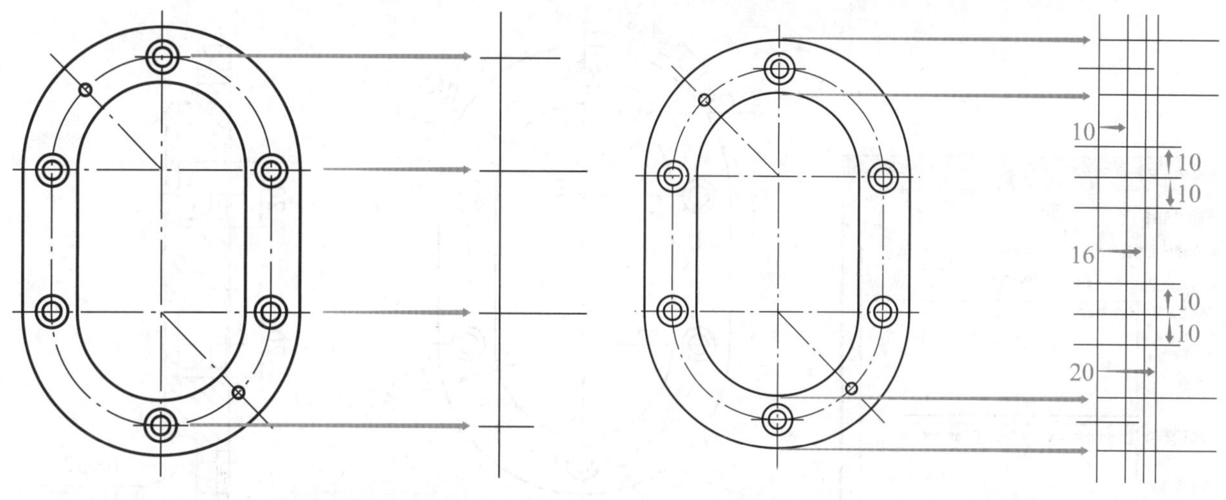

图 1-4-14　绘制左视图中心线　　图 1-4-15　内孔及轮廓线的偏移

利用【剪切】及【删除】命令修剪掉多余线段，选择刚绘制的内孔轮廓线，键盘输入“1”，按回车或空格键→将直线类型改为【轮廓实线】，如图 1-4-16 所示。

继续利用【偏移】命令，【剪切】及【删除】命令绘制左视图剩余轮廓线，利用【圆角】命令绘制圆角，利用【倒角】命令绘制倒角，调整部分线型，利用【图案填充】命令填充剖切线，完成左视图的绘制，如图 1-4-17 所示。

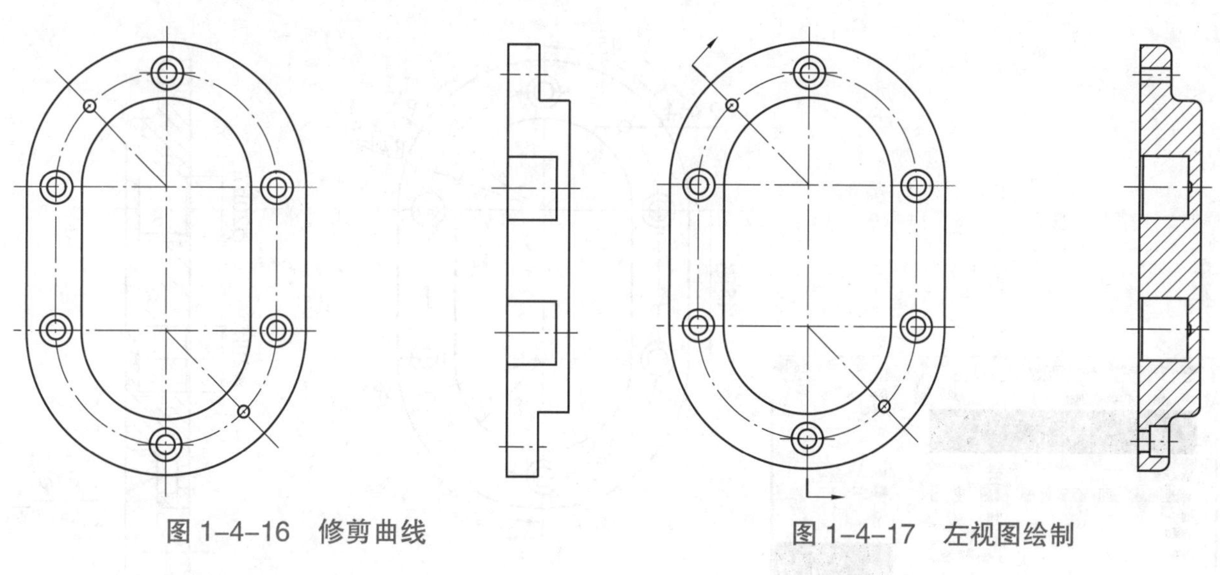

图 1-4-16　修剪曲线　　图 1-4-17　左视图绘制

（4）尺寸标注

单击右侧机械工具条中的【智能标注】图标或者输入“D”，按回车或空格键→进入【标注】模式。按照从小尺寸到大尺寸的顺序标注尺寸，对于直径等带特殊符号或公差要求的尺寸，可以先标出基本尺寸。

键盘输入“YX”，按回车或空格键→进入【引线标注】对话框，利用【插入符号】按钮，输入阶梯孔数据，如图 1-4-18 所示→单击【确定】进入【绘图界面】→选择【附着对象】，即可完成阶梯孔的标注。

单击右侧机械工具条中的【剖切线】图标，根据命令栏提示绘制剖切线，如图 1-4-19 所示。

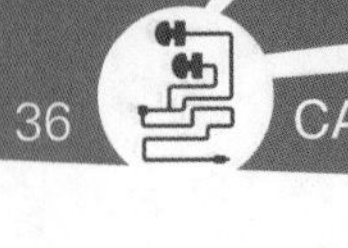

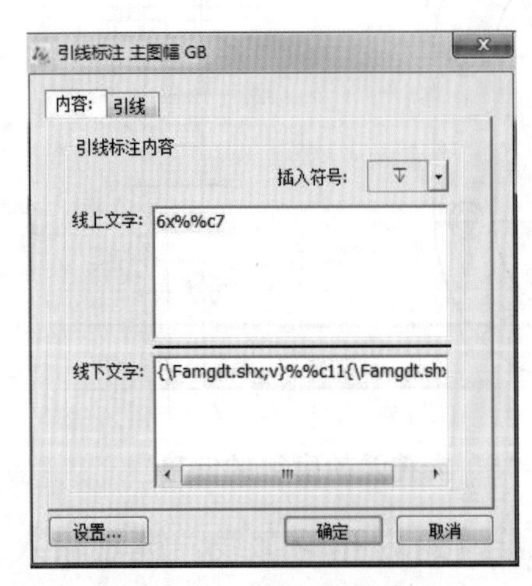

图 1-4-18 引线标注

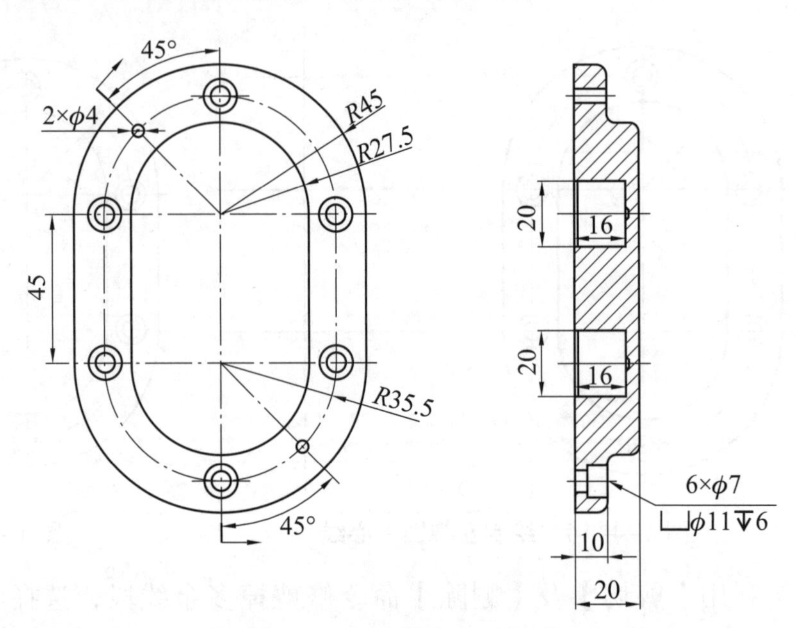

图 1-4-19 基本尺寸标注

双击【基本尺寸】→进入【增强尺寸标注】模式，如图 1-4-20 所示，可以标注特殊符号或公差要求的尺寸。

完成尺寸标注如图 1-4-21 所示。

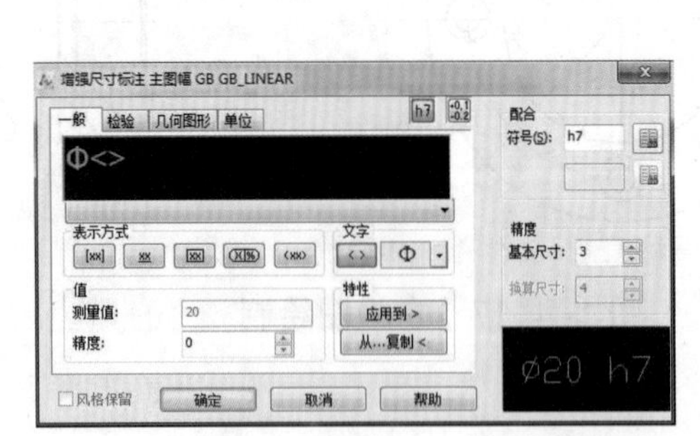

图 1-4-20 增强尺寸标注模式

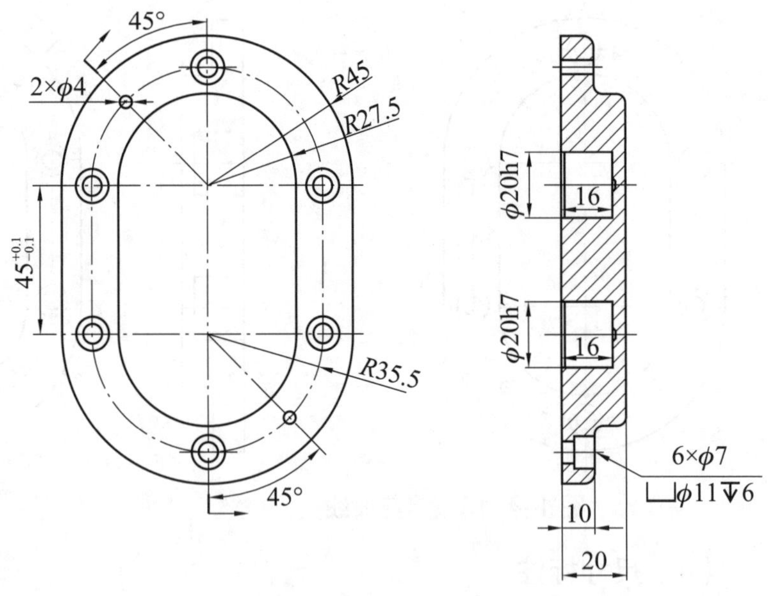

图 1-4-21 尺寸标注

（5）几何公差及表面粗糙度的标注

单击菜单栏中的【机械】命令，在下拉工具条中单击【符号标注】工具条中的【形位公差】或者输入“XW”，按回车或空格键→进入【形位公差】对话框，如图 1-4-22 所示。

单击菜单栏中的【机械】命令，在下拉工具条中单击【符号标注】工具条中的【粗糙度】或者输入“CC”，按回车或空格键→进入【粗糙度】对话框，如图 1-4-23 所示。

图 1-4-22　几何（形位）公差对话框

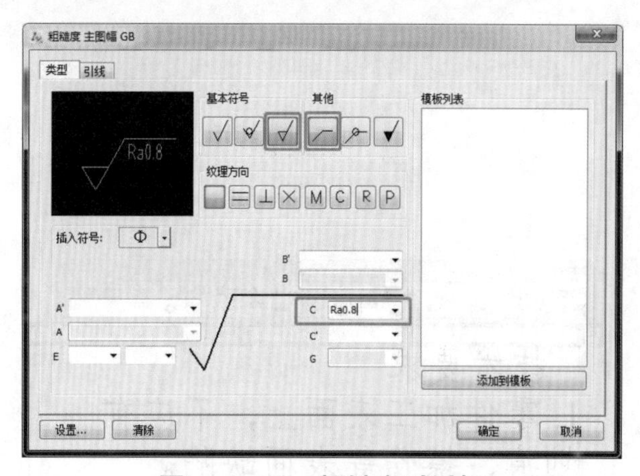

图 1-4-23　粗糙度对话框

选择相应的几何公差符号、粗糙度基本符号、其他符号，填入粗糙度值，按照命令提示放入图中相应位置即可，如图 1-4-24 所示。

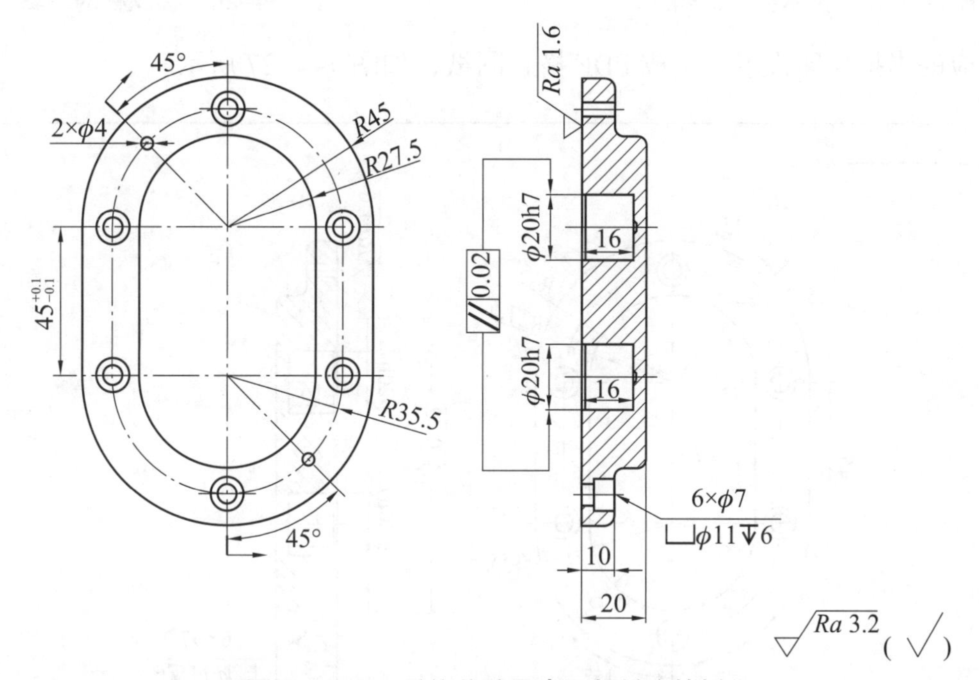

图 1-4-24　形位公差及表面粗糙度的插入

（6）技术要求标注及标题栏的填写

单击左侧工具栏中的【多行文字】图标或者输入“T”，按回车或空格键→在【状态显示区】单击选择两角点，即可进行技术要求的输入，如图 1-4-25 所示。

双击【标题栏】，进入【标题栏编辑】对话框，即可进行标题栏的编辑，如图 1-4-26 所示。

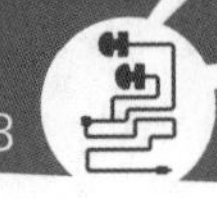

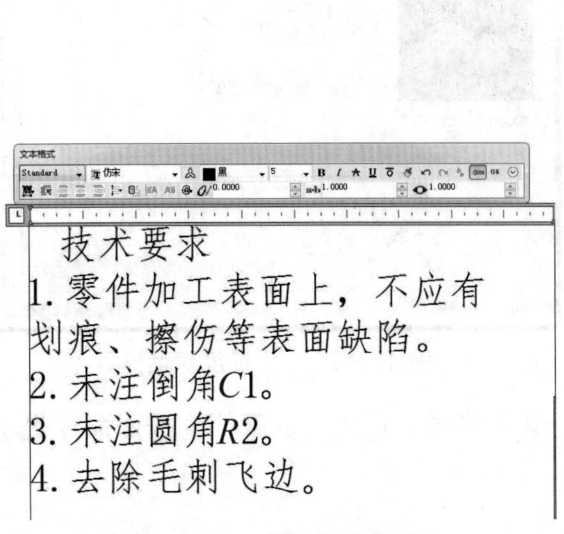

图 1-4-25　技术要求的输入

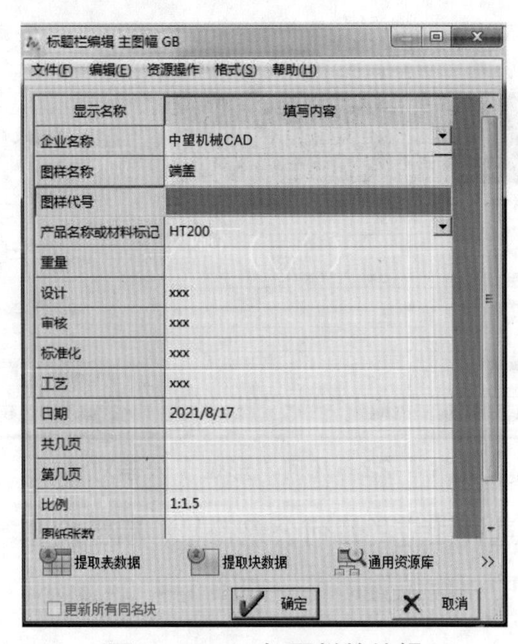

图 1-4-26　标题栏的编辑

选择相应的虚拟打印设置，生成 PDF 格式图纸，如图 1-4-27 所示。

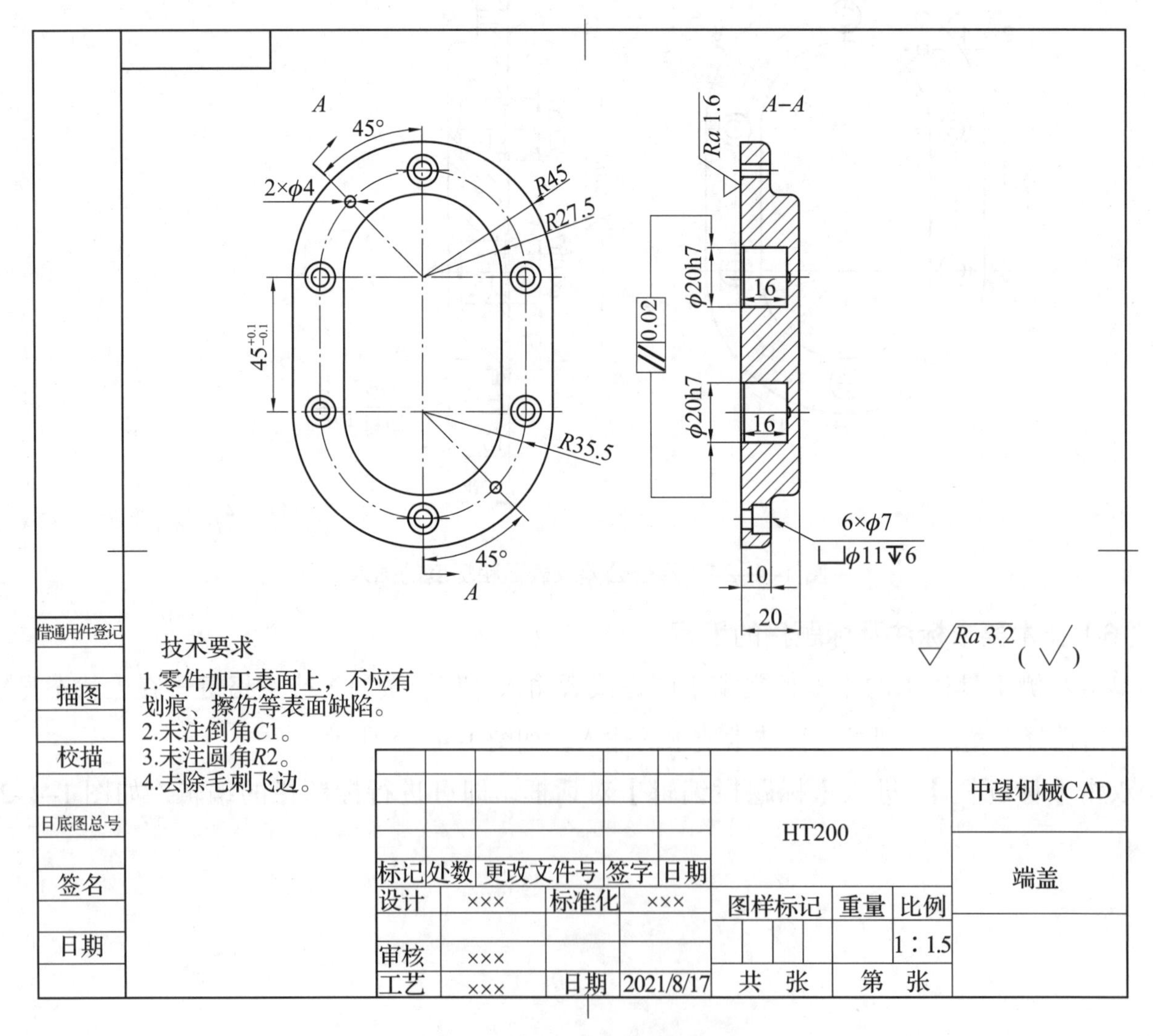

图 1-4-27　PDF 格式图纸

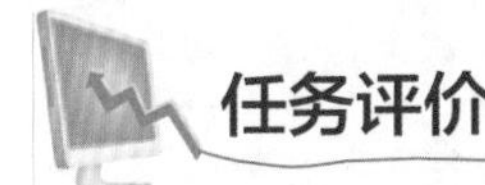

任务评价

任务评价如表 1-4-2 所示。

表 1-4-2　任务评价

评价内容	评价要求	分值	自评	师评
图幅设置	正确设置图幅	20		
视图表达方案	制订合理的视图表达方案	20		
标注尺寸	正确、齐全、清晰、合理地标注尺寸	30		
技术要求	相关技术要求合理、齐全	20		
标题栏	填写完整、正确	10		

课后反思

盘盖类零件的毛坯有铸件或锻件，机械加工以车铣为主，主视图一般按加工位置水平放置；但有些较复杂的盘盖，因加工工序较多，主视图也可按工作位置画出；一般需要两个以上基本视图；根据结构特点，视图具有对称面时，可作半剖视；无对称面时，可作全剖或局部剖视。

任务小结

能够完成盘盖类零件的抄绘。盘盖零件在机器中主要起支撑、连接作用，主要由端面、外圆、内孔等组成。一般零件直径大于零件的轴向尺寸，如压板、带轮、法兰盘、端盖、隔套、方块螺母、带轮、轴承环、飞轮等。

思考练习（1+X 考核训练）

1. 选择题

（1）下面关于文明安全职业道德规范不正确的表述是（　　）。

A. 职业活动中，文明安全已经有相关的法律规定，因此不需要通过职业道德来规范从业人员的职业行为

B. 可以提高文明安全生产和服务的自律意识

C. 可以提高保护国家和人民生命财产安全意识

D. 可以提高生产活动中自我保护意识

（2）《公民道德建设实施纲要》关于从业人员职业道德规范的是（　　）。

A. 爱国守法、公平公证、团结友善、勤俭自强、敬业奉献

B. 艰苦奋斗、诚实守信、团结协作、服务周到、遵纪守法

C. 爱岗敬业、遵守法纪、明礼诚信、服务群众、奉献社会

D. 爱岗敬业、诚实守信、办事公道、服务群众、奉献社会

（3）社会主义职业道德的原则是（　　）。

A. 集体主义　　B. 爱国主义　　C. 为人民服务　　D. 遵守法纪

（4）环形阵列定义阵列对象数目和分布方法的是（　　）。

A. 项目总数和填充角度　　B. 项目总数和项目间的角度

C. 项目总数和基点位置　　D. 填充角度和项目间的角度

（5）移动圆对象，使其圆心移动到直线中点，需要应用（　　）。

A. 正交　　B. 捕捉　　C. 栅格　　D. 对象捕捉

（6）不能应用修剪命令进行修剪的对象是（　　）。

A. 圆弧　　B. 圆　　C. 直线　　D. 文字

（7）中望 CAD 软件不能用来进行（　　）。

A. 图像处理　　B. 服装设计　　C. 电路设计　　D. 零件设计

（8）在任何命令执行时，可能通过（　　）方式退出该命令。

A. 按一次 ESC 键　　B. 按两次以上 CTRL+BREAK 键

C. 按两次空格键　　D. 双击右键

（9）某种图层上的实体不能编辑或者删除，但仍然可以在屏幕上可见，能够捕捉和标注尺寸，这种图层是（　　）。

A. 冻结的　　B. 解冻的　　C. 锁定的　　D. 解锁的

（10）绘制实线时，选择第二点后，会出现（　　）。

A. 屏幕上什么也没有出现　　B. 提示输入实线宽度

C. 绘制线段并终止命令　　D. 绘制第一线段并提示输入下一点

2. 绘图题

根据给定零件图纸及尺寸，如图 1-4-28 所示，分析绘图思路并完成二维图纸的抄绘。

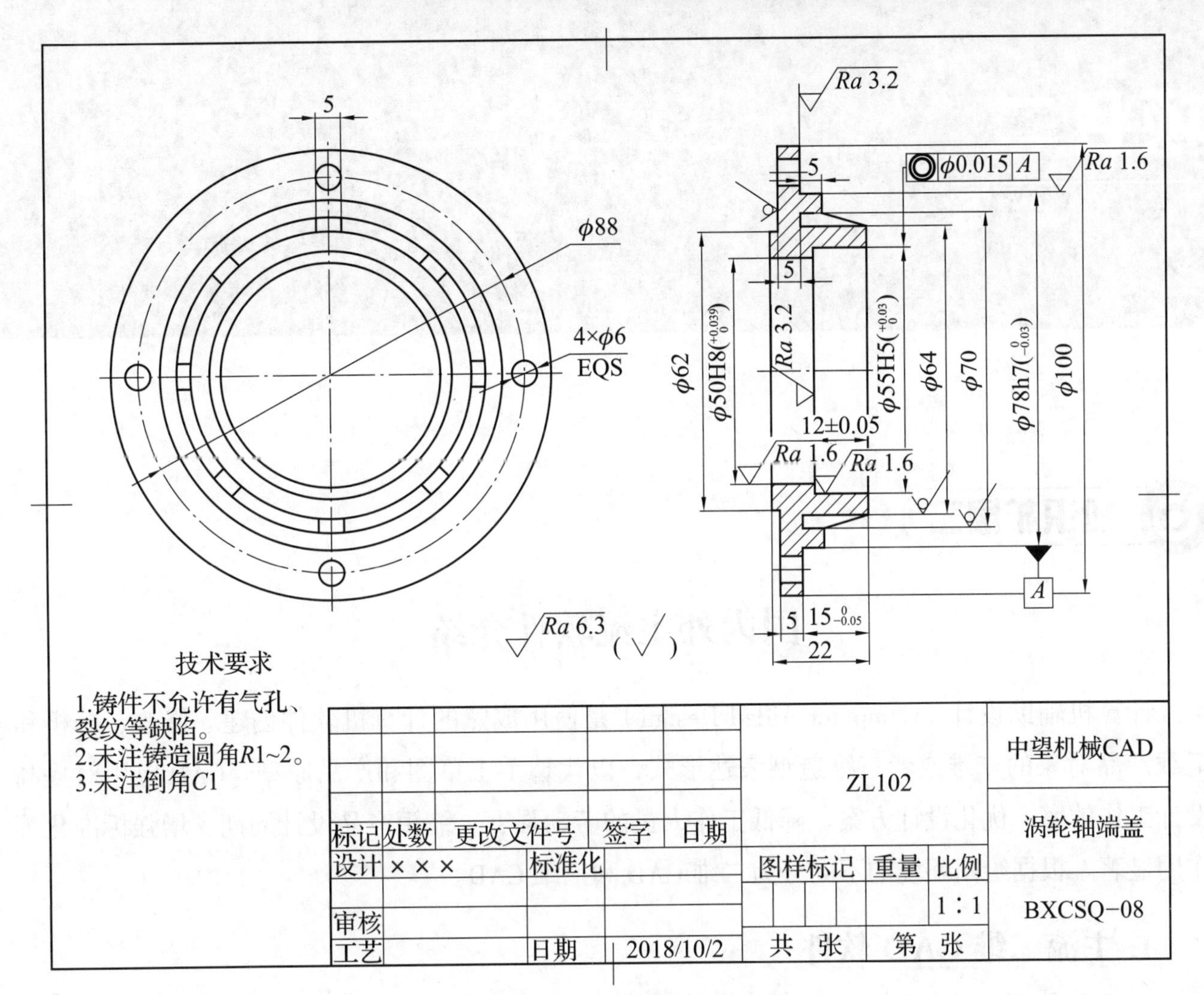

图 1-4-28　绘图题二维图纸

项目二
典型零件建模

国内外主流软件介绍

计算机辅助设计（Computer Aided Design）是使用成熟的计算机软件创建、修改、分析和记载产品对象的二维或者三维造型表达形式，以代替手工草图和产品原型。CAD 应用对提高设计工作效率、优化设计方案、降低工作人员的劳动强度、缩短产品设计周期、增强标准化等作用显著。根据绘图环境的不同分为二维 CAD 和三维 CAD。

1. 主流二维 CAD 软件

（1）CAXA 电子图板

北航的数码大方与海尔联合开发的 CAXA 电子图板（CAD）产品是国内较早自主研发 CAD 技术的软件。CAXA CAD 有易学、易用，建模、装配符合国标习惯，分析、出图快，编程及后置符合国内企业习惯，兼容性、实用性好等特点。CAXA CAD 图符库资源丰富，大约提供了最新的 30 万个国标标准件库，同时支持企业自行扩建图库，建库操作简便，可以在短时间内建立自己常用的图符库及标准件库，从而提高设计的效率，加强知识的重用性和积累。

（2）中望 CAD

中望 CAD 包括中望 CAD 机械版、中望 CAD 建筑版等面向不同领域的专业 CAD 软件，是由广州中望软件公司自主研发的 CAD 软件，目前已经发展到第三代 CAD 平台技术，且保持每年有新的版本更新，性能及稳定性逐年加强，绘图功能和便捷的命令操作更加流畅。近几年，通过深度参与全国职业院校技能大赛，在国内特别是教育界发展很快，并通过技能大赛的推广，逐步为国内企业所接受、使用。

（3）AutoCAD

AutoCAD（Autodesk Computer Aided Design）是 Autodesk 公司设计开发的以二维绘图设计为主，兼顾基本的三维设计，在国际上应用最为广泛的绘图工具。AutoCAD 软件普适性强，支持各种操作系统，安装方便，多领域应用广泛。AutoCAD 的适应性强，但是对机械加工领域的专门设计较少，某些应用使用不太方便。

（4）浩辰 CAD

浩辰 CAD（GstarCAD）是由苏州浩辰软件公司自主设计研发的国产 CAD 软件，平台全面兼容主流 CAD 文件格式，支持 CAD 软件二次开发，性能卓越，功能强大。浩辰 CAD 具有较强的兼容性、速度快、安全稳定性高，同时结合新一代产品 CAD 云办公“浩辰 CAD 看图王”，适应跨终端移动办公，具有数据共享、团队协同设计等功能，方便用户高效、多场景化地解决设计过程中遇到的问题。

2. 主流三维 CAD 软件

3D 建模就是通过三维制作软件在虚拟三维空间构造具有三维数据的模型。以下是几种常见的机械领域主流三维 CAD 软件。

（1）UG NX

UG NX 来自 Siemens PLM Software 公司的产品工程解决方案，Unigraphics NX 针对用户的产品工艺设计及虚拟设计等的需求，提供了实践验证的处理方式和方案。UG NX 设计功能强大，尤其对工业和艺术设计中的各种复杂实体、片体造型的创建。其中的 MoldWizard 是专门用于注塑及其他模具设计的版块，MoldWizard 中模架库和标准件非常全面，使用者可以根据需要调用，还可以根据已有件更改尺寸使用，甚至可以开发标准件库，提高设计效率。对制件导入、布局排位、产品分型、加载模架、设计浇注系统、冷却系统、绘制工程制图、制作爆炸图、编写数控加工程序、电加工程序等软件均可完成。

（2）Pro/E

Pro/E 是美国 PTC 公司开发的一款国内主流三维设计软件，应用领域广泛，具有加速工程产品开发、提高质量、降低成本、缩短设计制造周期、增强企业市场竞争力、增强创新能力的作用。其模具设计模块为 MoldDesign，提供了注塑模具设计常用的功能，同时对于仿真设计提供必需的仿真工具。Pro/E 软件模具设计功能主要包括流程设计、分型面选择设计、拆模、孔的填补处理、注射系统设计、型芯组件设计、开合模运动模拟及模架数据库等。

（3）中望 3D

中望 3D 是广州中望软件公司开发的三维 CAD 软件，其参考了国内外主流软件的设计思路，根据我国模具从业者的习惯进行了创新，其优势是灵活实现自定义成型区域分割；创建分型面简单快速；模架涉及主流的生产厂商，拥有完整的标准件库；塑料模具常用机构可直接调用；流道、浇口设计参数化。为适应国内市场需求软件可以兼容主流三维软件格式，无须进行格式转换便可以直接打开其他三维软件创建的文件，为减少各软件创建文件转化造成的数据丢失，软件设计了直观查找开放边功能，设计了修补专门的工具，方便设计人员快速修复产品。

（4）SolidWorks

SolidWorks 软件是法国达索公司旗下 SolidWorks 公司开发，具有实体建模、曲面建模、冲压模具设计等模块。SolidWork 软件的模具设计模块是 IMOLD 集成于 SolidWorks 的界面中，设计者可通过它进行设计过程、设计方案管理、加工装配处理过程。

2018 年，全球 3D CAD 软件市场规模约为 86.6 亿美元，由法国达索系统公司（Dassault Systemes）、德国西门子公司（Siemens）和美国参数技术公司（PTC）三家公司所垄断，占据全球市场份额的 60% 以上。国内 CAD 软件市场规模约为 7.33 亿美元，占比 8.5%，95% 以上的市场被国外软件所占据，主要有法国达索（32%）、美国 PTC（18%）、西门子（18%）、美国 Autodesk（20%）、美国 Bentley（6%）等。国内 CAD 软件的公司主要有中望龙腾、山大华天和数码大方等，虽然出现了中望 3D、SINOVATION 等国内领先的产品，但是在功能上与国外软件相差较大，未能实质性地打破国外软件的垄断。

CAD 技术是在科学技术与生产迅速发展，同时为了适应市场竞争的需要，迫切要求对传统的设计方法进行根本性变革的背景下产生并得到迅速发展的。可以认为，CAD 技术及其应用水平已成为衡量一个国家、一个行业或一个企业工业生产技术现代化水平的重要标志。对于提高我国机械行业的产品自主开发能力，提高企业的竞争能力，缩短与国外先进水平的差距，CAD 技术的应用与普及等方面已起到积极且重要的作用。

任务 1 中望 3D 软件介绍

任务描述

中望 3D 是一个一体化高性价比的 CAD/CAM 解决方案提供商，能够让工程师在单一协作环境中快速进行从概念设计到产品加工制造的工作。中望 3D 拥有的核心技术和亮点是混合建模技术、直接编辑技术、高效的模具设计和加工制造模块。所有这些应用技术和亮点的使用都建立在对中望 3D 基本命令和核心功能的理解上，下面让我们一起来探索中望 3D 软件。

学习目标

1. 熟悉中望 3D 的安装、激活。

2. 熟悉中望 3D 的工作界面。

3. 培养解决专业问题的现代技术和方法，养成严谨认真的职业素养。

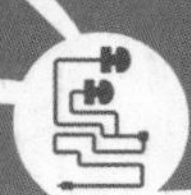

任务实施

1. 中望 3D 软硬件要求

中望 3D 推荐配置如表 2–1–1 所示。

表 2–1–1　中望 3D 推荐配置表

需求项	推荐配置
处理器	Intel® Core™ 5 以上
内存	8 G 或以上
显示	OpenGL 3.1 或以上 NVIDIA Quadro FX 580 @ 512 MB 或以上
操作系统	Microsoft®Windows7_SP1 Microsoft® Windows 10

2. 中望 3D 安装和启动

（1）下载中望 3D 2022

可以从中望官方网站下载中望 3D 2022，注意电脑操作系统对应的位数。

（2）安装软件

下载相应版本的安装文件后，可以双击安装文件，选择电脑相应的硬盘，单击【立即安装】开始安装软件。如图 2–1–1 所示，鼠标右击中望 3D 安装程序，选择【以管理员身份运行】。

图 2–1–1　管理员身份运行

选择【语言】→【安装】→选择所需的版本和模块→ 阅读并接受相关协议→ 指定安装路径→【安装】。

（3）选择激活或者试用软件

中望 3D 2022 可以选择联系厂家购买激活，软件也提供 30 天试用期，如图 2–1–2 所示。

对于常见的单机号，其激活步骤是：进入【许可管理器】→单击【激活】→选择【软加密在线激活】→粘贴激活号→【校验】→填写【用户信息】→完成激活，如图 2–1–3 所示。

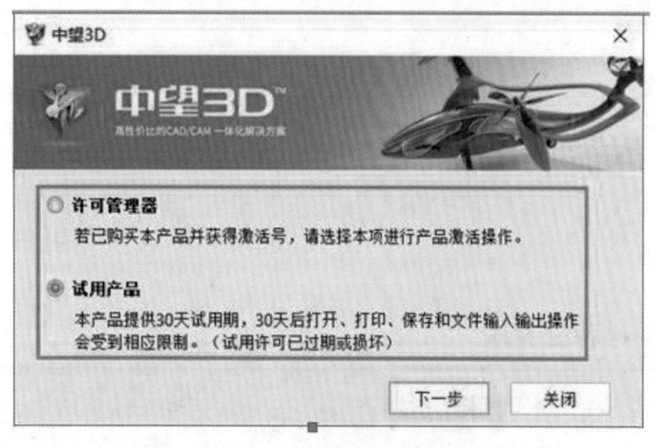

图 2-1-2 软件的试用与激活

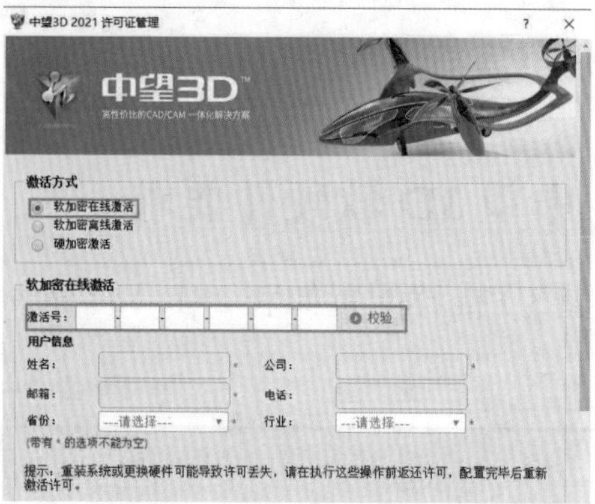

图 2-1-3 激活中望 3D

（4）打开中望 3D 2022

中望 3D 2022 打开后的等待界面如图 2-1-4 所示。

（5）进入中望 3D 2022 软件界面

中望 3D 2022 软件界面，如图 2-1-5 所示。

图 2-1-4 软件打开等待界面

图 2-1-5 中望 3D 2022 软件界面

3. 中望 3D 2022 工作界面

中望 3D 2022 工作界面，如图 2-1-6 所示。

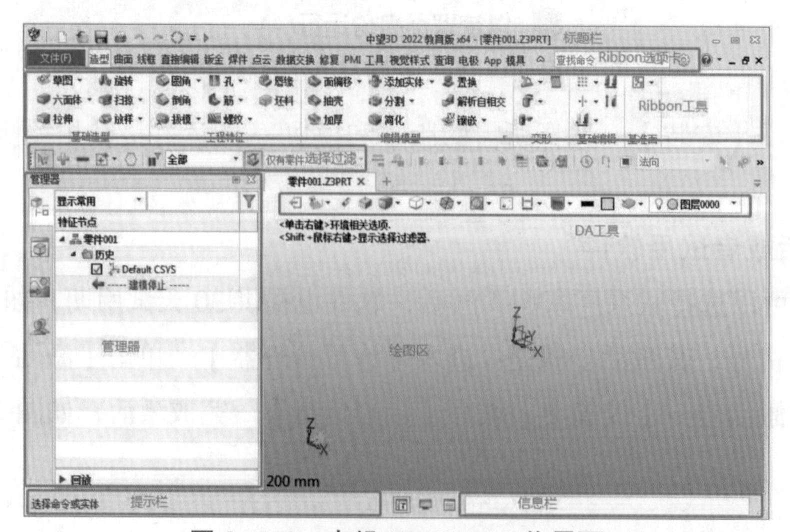

图 2-1-6 中望 3D 2022 工作界面

（1）用户角色设置

第一次启动中望 3D 2022 时，系统会提示选择用户角色，如图 2-1-7 所示。

如果选择【专家】角色，意味着中望 3D 所有的命令和模块将会被加载并在界面上显示。然而，如果想从最基本的功能开始，建议选择【初级】角色，这样能够确保在开始学习的过程中接触到的命令都是中望 3D 最主要的功能和命令。当然，使用者可以任何时候在【管理器】中切换角色，如图 2-1-8 所示。

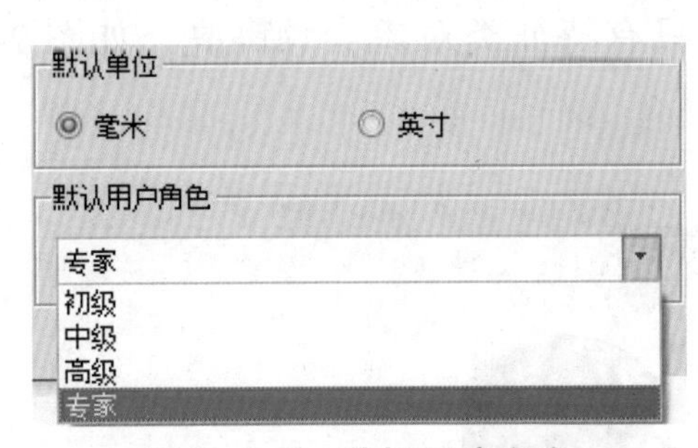

图 2-1-7　选择用户角色

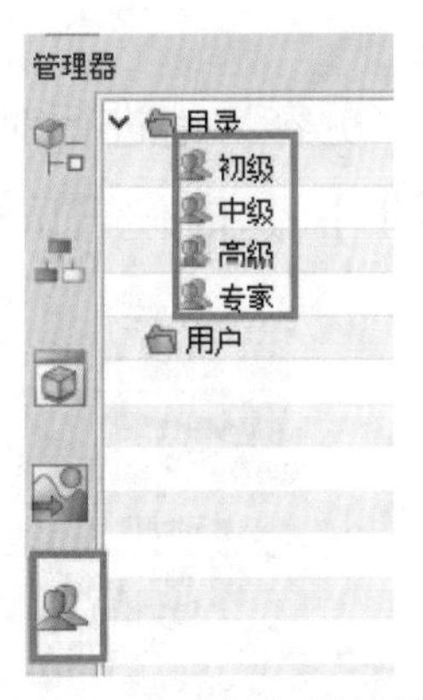

图 2-1-8　角色管理器

（2）文件管理

目前中望 3D 有两种文件管理类型，一种是多对象文件，另一种是单对象文件。相比于其他 3D 软件，多对象文件是中望 3D 特有的一种文件管理方式，可以同时把中望 3D 零件 / 装配 / 工程图和加工文件放在一起以一个单一的 Z3 文件进行管理。

另一种类型是单对象文件，即零件 / 装配 / 工程图和加工文件都被保存成单独的文件。这是一种常见的文件保存类型，也是其他常见 3D 软件采用的文件类型。在中望 3D 中，单对象文件类型不是默认类型，需要在【配置】中的【通用】项勾选此类型后才能生效，如图 2-1-9 所示。

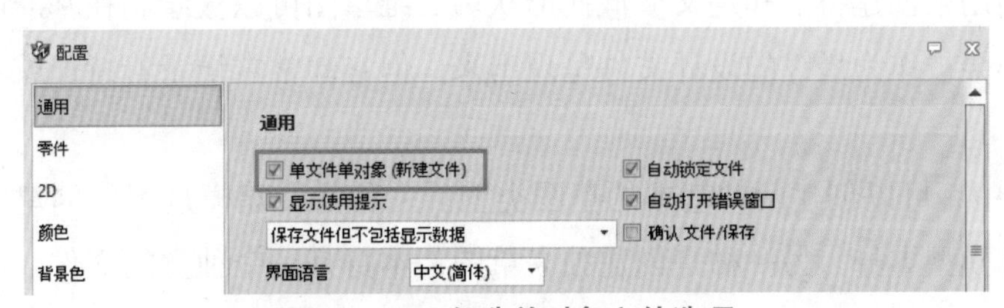

图 2-1-9　勾选单对象文件选项

（3）对象选择

中望 3D 提供了多种对象拾取和选择的方式，可以直接选取一个或者多个对象，或者用过滤器进行选择。

如果想选择单个对象，则可以直接在图形区进行选择。如果想取消选择，则需要按住【Ctrl】键。当然，可以按住【Shift】键进行链选，如图 2-1-10 所示。

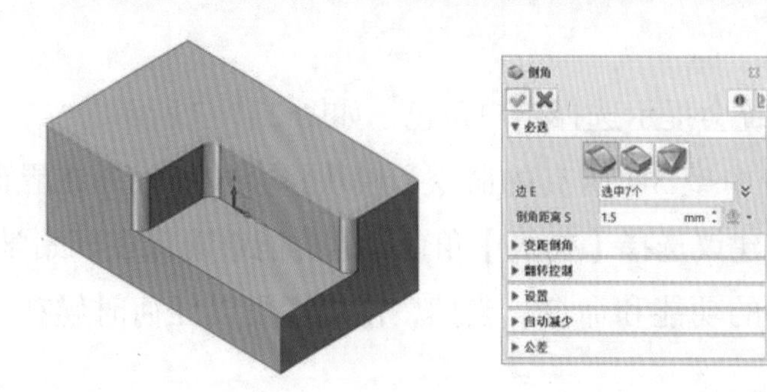

图 2-1-10　用 Shift 键进行链选

为了更快、更容易地进行对象选择，最好先在过滤器列表中选择对象类型。在过滤器列表中选择【特征】，这时候当鼠标在模型上移动时，只有特征类对象会预高亮，如图 2-1-11 所示。

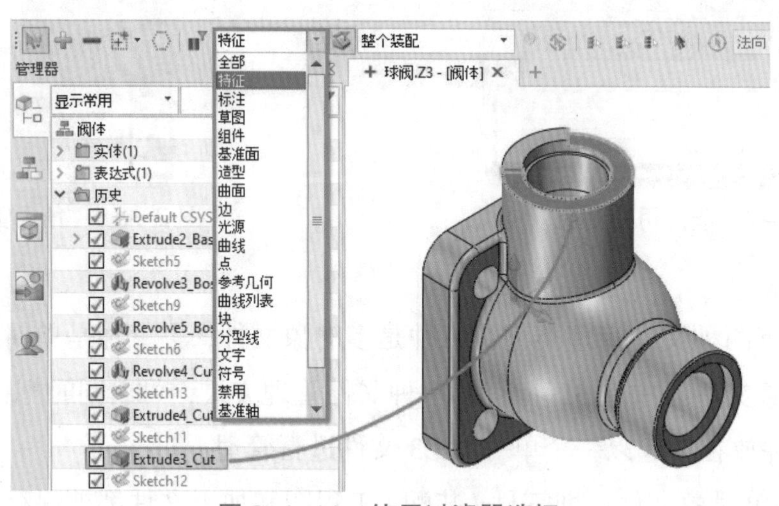

图 2-1-11　使用过滤器选择

（4）草图

草图模块是计算机辅助建模过程中最基本的模块。对于实体建模，绝大多数时候是从二维草绘开始，草图用来创建特征和定义横截面形状。二维草图可以被绘制在基准面或者任何平面上。即使草图不会被作为最终的设计文件呈现出来，但它却常常记录着特征或者整个零件最重要的设计概念。

在中望 3D 中，可以创建两种基本的草图类型。一种是在建模过程中创建，本身作为一个特征隶属于零件模型本身。另一种是创建独立草图，本身是一个独立的文件。而在建模过程中创建的草图可以在其他特征内部，也可以在其他特征外部，与这些特征平行存在于历史树中，如图 2-1-12、图 2-1-13 所示。

图 2-1-12　创建外部草图

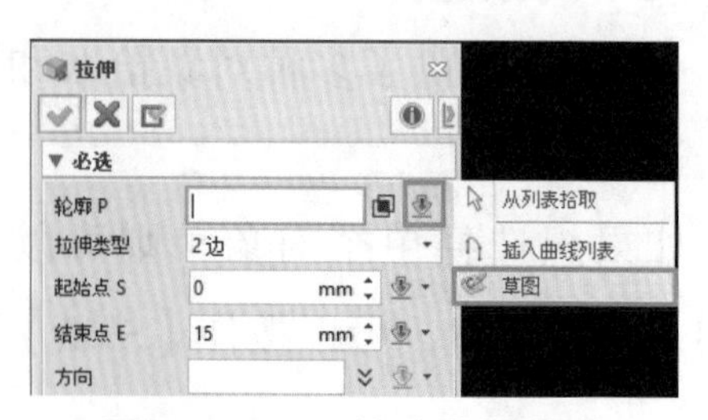

图 2-1-13　创建内部草图

（5）基本设置与操作

在中望 3D 中，大多数设置和操作可以通过 DA 工具栏去实现，如图 2-1-14 所示。

图 2-1-14 DA 工具栏

表 2-1-2 是图 2-1-14 中六个常用功能的解释。

表 2-1-2 DA 工具栏部分功能

1		退出	退出草图环境
2	All	选择过滤器	对象选择或者绘图捕捉过滤器设置
3		捕捉过滤器	
4		平面视图	让视图回到草绘平面视图
5		栅格	控制栅格的开关与类型
6		缩放控制	控制视图大小的缩放

课后反思

中望 3D 是广州中望软件公司开发的三维 CAD 软件，其参考了国内外主流软件的设计思路，根据我国从业者的习惯进行了创新。适应国内市场需求，可以兼容主流三维软件格式，无须进行格式转换便可以直接打开其他三维软件创建的文件，为减少各软件创建文件转化造成的丢失数据，软件设计了直观查找开放边功能，设计了修补专门的工具，方便设计人员快速修复产品。

任务小结

中望机械 3D 的安装、激活过程较简单，方便安装应用；同时中望 3D 的工作界面与 UG 等又有所不同，根据国内企事业单位人员的使用习惯做了很多优化，因此，熟悉界面环境才能更好地应用软件绘图。

思考练习（1+X 考核训练）

1. 选择题

（1）下列与职业道德行为特点不相符的是（　　）。

A. 与职业活动紧密相连　　B. 与内心世界息息相关

C. 对他人和社会影响最大　　D. 与领导的影响有关

（2）关于职业幸福基本要求应该处理好几个关系表述不正确的是（　　）。

A. 正确处理好国家利益和集体利益的关系

B. 正确处理好物质生活幸福与精神生活幸福的关系

C. 正确处理好个人幸福与集体幸福的关系

D. 正确处理好创造职业幸福和享受职业幸福的关系

（3）下面不符合正确树立职业荣誉观的要求是（　　）。

A. 争取职业荣誉的动机要纯

B. 获得职业荣誉的手段要正

C. 社会主义市场就是竞争，因此对职业荣誉要竞争，要当仁不让

D. 对待职业荣誉的态度要谦

（4）工件在夹具中定位的任务是使同一批工件在夹具中占据正确的加工位置，工件的（　　）是夹具设计中首先要解决的问题。

A. 夹紧　　B. 基准重合　　C. 定位　　D. 加工误差

（5）在标准公差等级中，从 IT01 到 IT18，等级依次（　　），对应的公差值依次（　　）。

A. 降低，增大　　B. 降低，减小　　C. 升高，增大　　D. 升高，减小

（6）牌号为 45 的钢的含碳量为百分之（　　）。

A. 45　　B. 4.5　　C. 0.45　　D. 0.045

（7）除第一道工序外，其余工序都采用同一个表面作为精基准，称为（　　）原则。

A. 基准统一　　B. 基准重合　　C. 自为基准　　D. 互为基准

（8）抛光一般只能得到光滑面，不能提高（　　）。

A. 加工精度　　B. 表面精度　　C. 表面质量　　D. 使用寿命

（9）已知物体的主、俯视图，正确的剖视图是（　　）。

A. 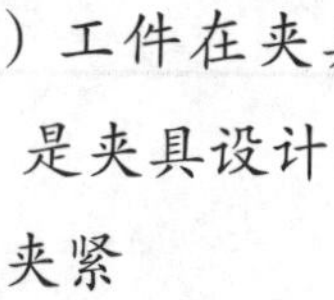　　B.

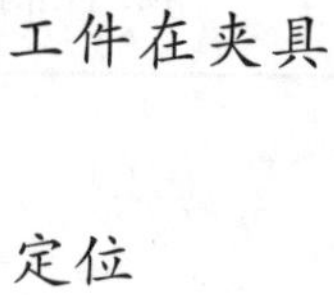

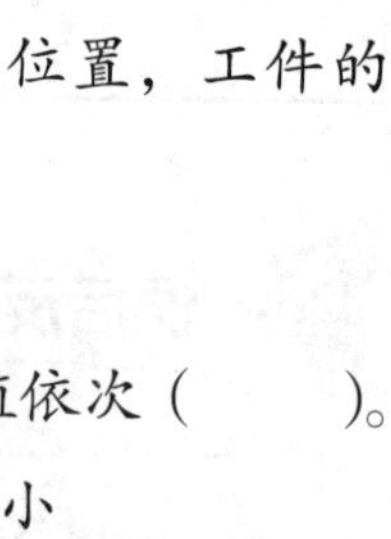

C. 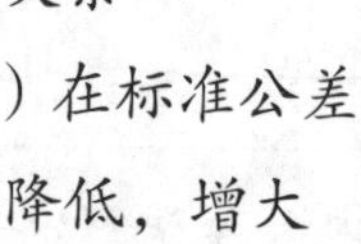　　D.

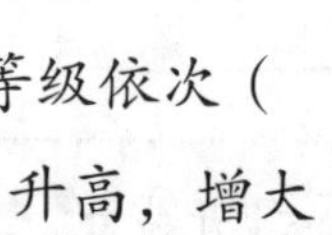

（10）如图 2-1-15 所示，主视图上，宽度为 8 的槽，其作用是（　　）。

A. 插入阀杆拨动阀芯旋转　　　　B. 密封槽

C. 减轻重量　　　　　　　　　　D. 方便安装

2. 简答题

如图 2-1-15 所示零件图，该零件的名称、材料、比例及技术要求分别是什么？

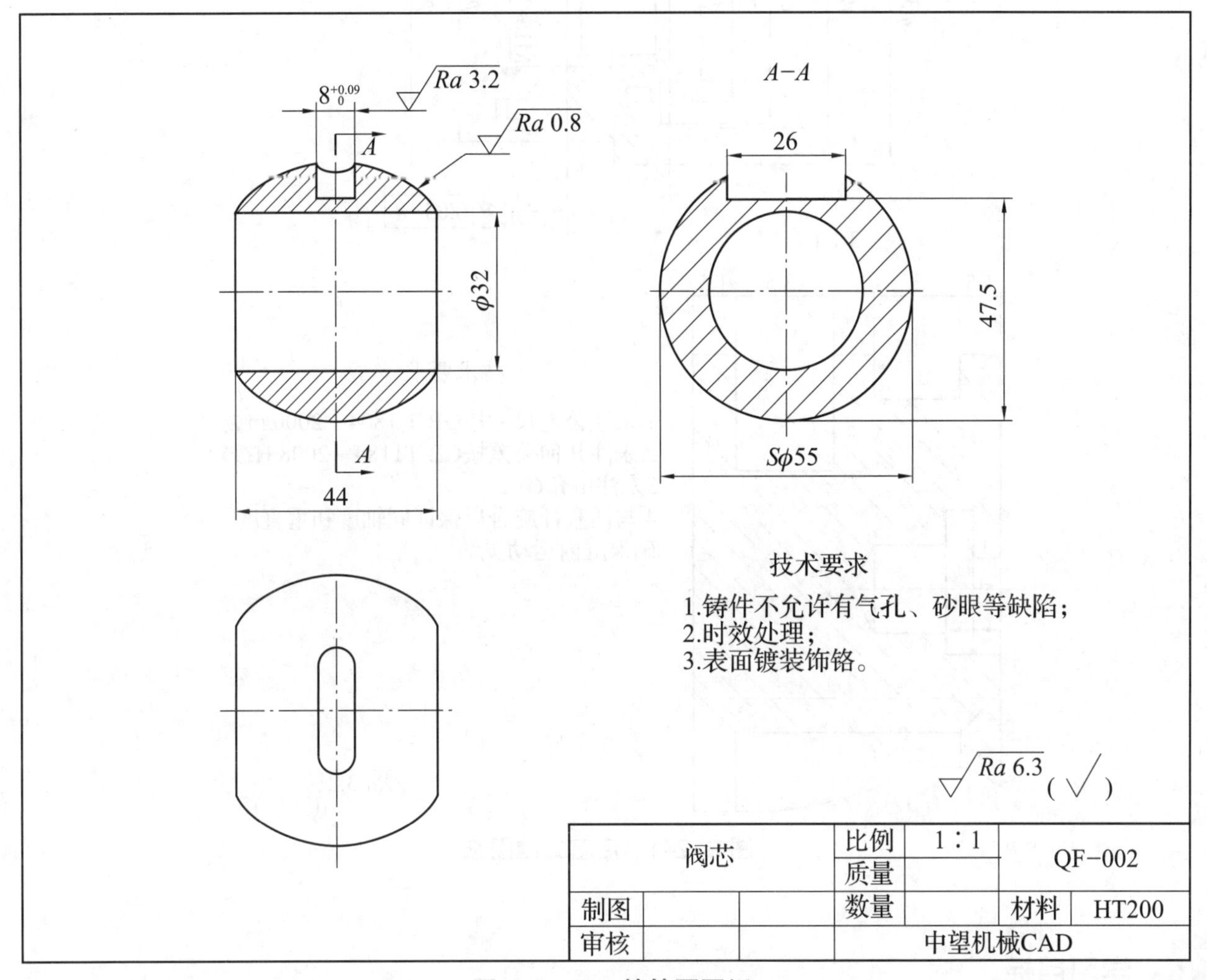

图 2-1-15　简答题图纸

任务 2　活塞零件建模

任务描述

企业王师傅接到一个检测订单任务，需要检测活塞的尺寸是否符合生产要求，检测外形需要用到活塞的理论三维模型。订单企业提供了活塞的二维图纸，您能帮助王师傅建立活塞的三维模型吗？如图 2-2-1 所示。

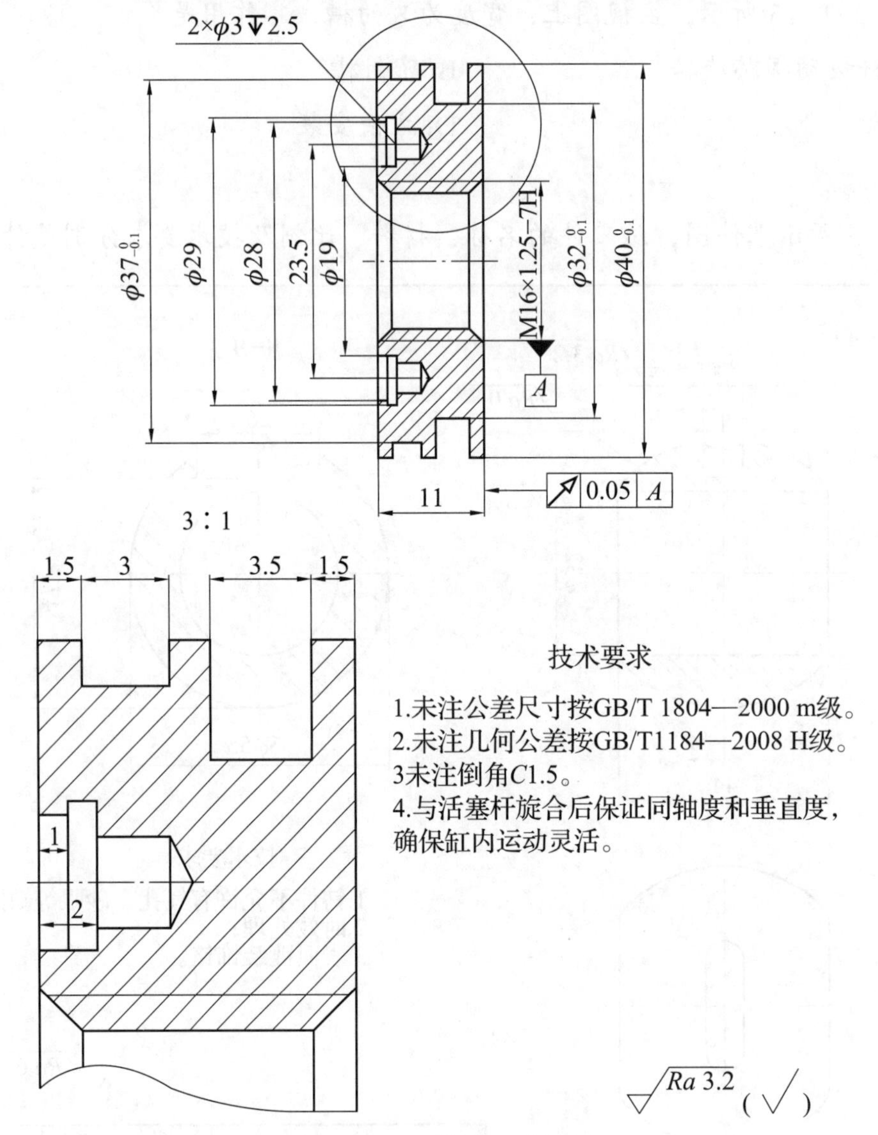

图 2-2-1　活塞二维图纸

学习目标

1. 熟悉草图基本命令的使用，理解三维模型的建模流程。
2. 学会使用旋转命令创建三维实体模型，学会使用孔命令创建各种类型孔。
3. 通过有序、规范、严谨的建模过程，养成严谨认真的良好职业素养。

知识链接

历史管理器

在中望 3D 中，历史管理器是进入建模后默认呈现的管理器类型，主要用来管理模型创建过程中产生的历史特征。除此之外，其他一些基于当前模型状态的信息也会在这里显示，如实体、曲面、线框、表达式等信息，如图 2-2-2 所示。

这些信息的显示与否可以在【配置】中进行设置，如图 2-2-3 所示。

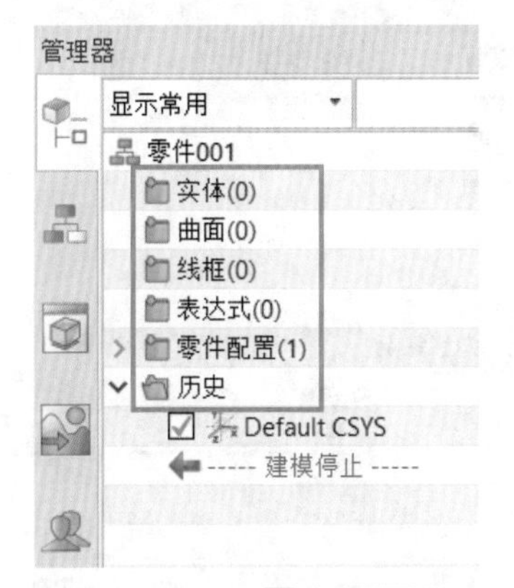

图 2-2-2　历史管理器

图 2-2-3　历史管理器显示设置

如果需要回放建模历史，既可以使用历史指针去拖拽，也可以使用【回放】按钮去播放，如图 2-2-4 所示。

图 2-2-4　回放历史

任务实施

1. 思路分析

活塞建模思路如表 2-2-1 所示。

表 2-2-1　活塞建模思路

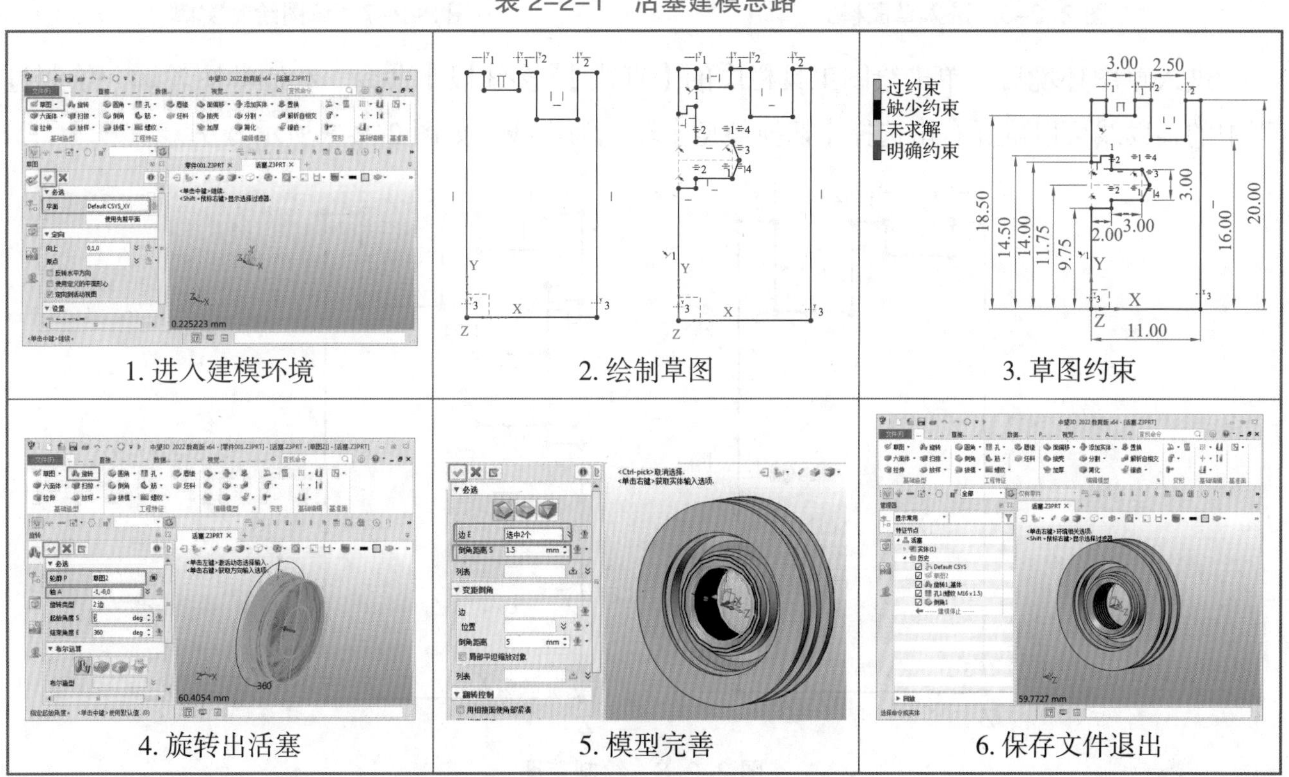

2. 实施步骤

（1）新建文件

启动中望 3D 软件，选择【新建】→新建文件类型默认【零件】，子类【标准】，输入文件名“活塞”→单击【确定】按钮，进入建模环境，如图 2-2-5 所示。

图 2-2-5 新建活塞文件

（2）绘制草图

单击【草图】命令，选择 XY 平面放置草图→单击【确定】按钮，进入草图环境，如图 2-2-6、图 2-2-7 所示。

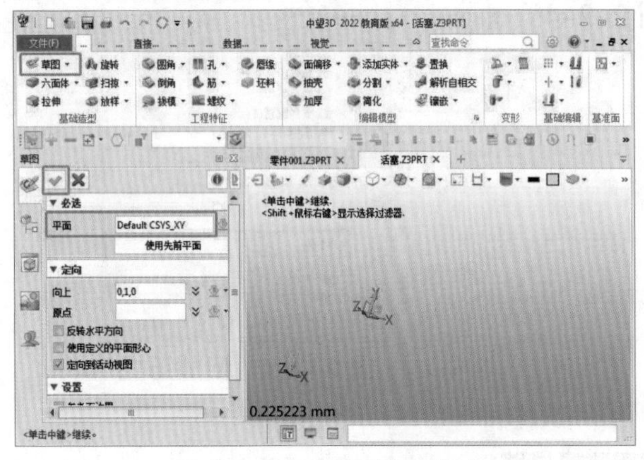

图 2-2-6 进入草图模式

图 2-2-7 草图绘制窗口

进入草图环境后，单击绘图工具栏中的【直线】【多线段】命令→绘制草图轮廓→绘制过程中的辅助线可以鼠标右击选择【切换类型】转化为虚线，如图 2-2-8 所示。

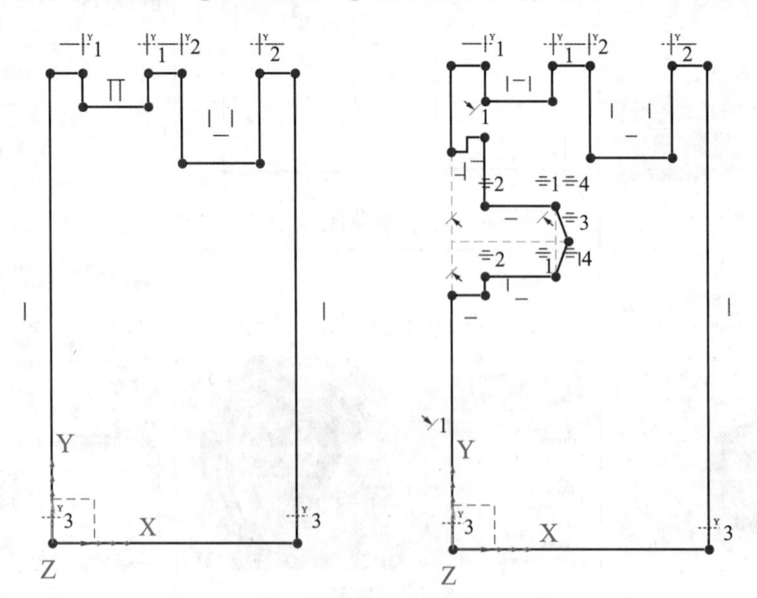

图 2-2-8 绘制草图

（3）草图约束

单击标注栏模块中的【快速标注】命令→标注草图轮廓尺寸→打开【DA 工具栏】中的【颜色识别】→观察草图是否完全约束，如图 2-2-9 所示。草图完全约束后，退出草图。

（4）旋转出活塞主体

单击基础造型模块中的【旋转】命令→轮廓选择【草图】→轴 A 选择【X 轴】→起始角度“0~360°”，如图 2-2-10 所示，单击【确定】完成活塞主体。

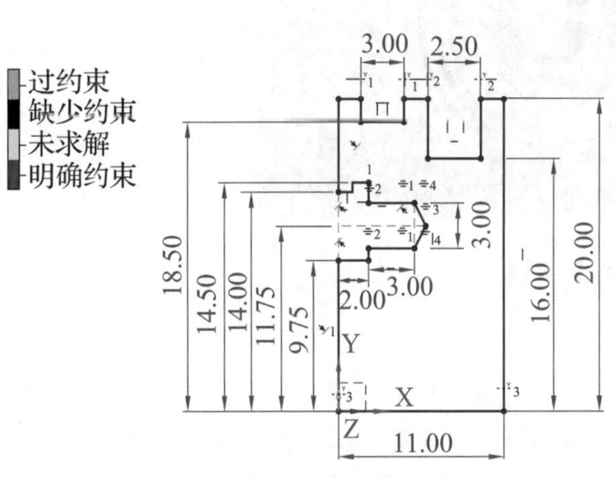

图 2-2-9　草图约束

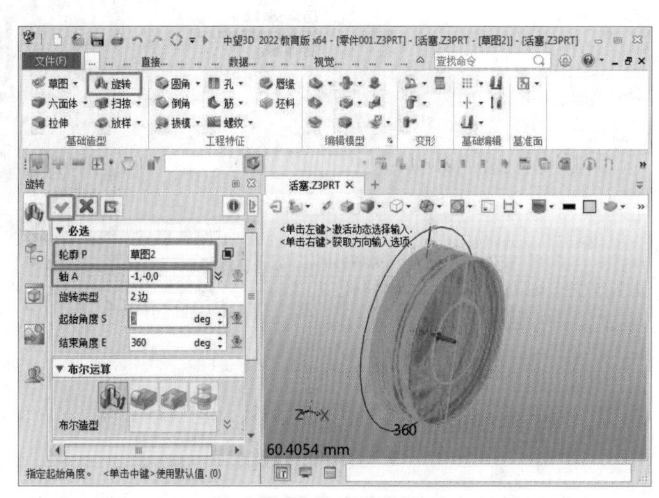

图 2-2-10　旋转草图

（5）完善活塞

单击工程特征模块中的【孔】命令→孔的类型选择【螺纹孔】→位置点选活塞轴的中心点→孔造型选择【简单孔】→螺纹类型【Custom】→直径输入“16”mm，螺距输入“1.25”mm，如图 2-2-11 所示，单击【确定】。

单击工程特征模块中的【倒角】命令→边 E 选择螺纹孔边→倒角距离输入“1.5”mm，如图 2-2-12 所示，单击【确定】。

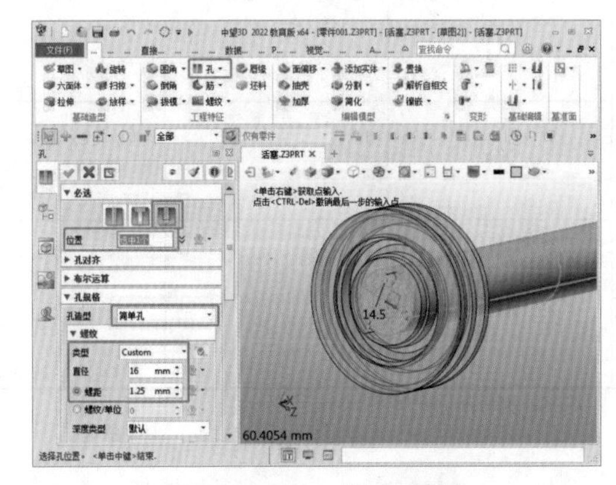

图 2-2-11　添加螺纹

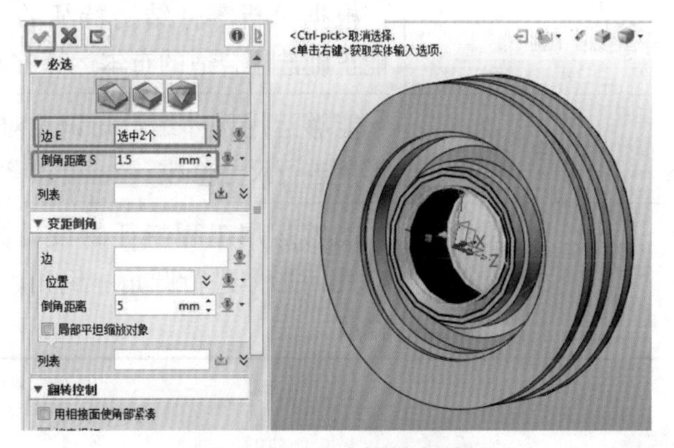

图 2-2-12　螺纹倒角

（6）保存文件退出

单击【保存】文件指令，以“活塞 .Z3PRT”为文件名，选择保存或另存为合适文件夹。

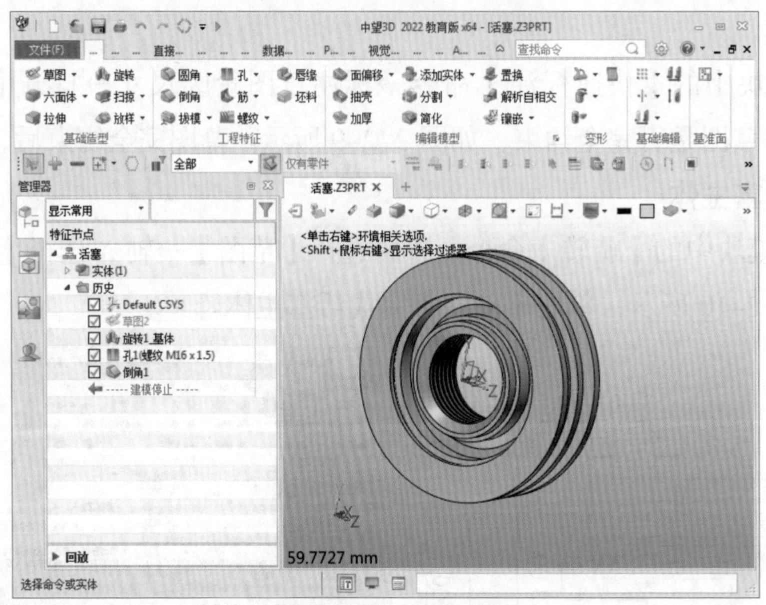

图 2–2–13　活塞建模

任务评价

任务评价如表 2–2–2 所示。

表 2–2–2　任务评价

序号	评价内容	分值	自评	师评
1	熟悉三维元素形态及三维空间表达，能够表达基础几何元素	20		
2	熟悉零件建模的国家标准，能够查阅相关资料	10		
3	根据分析零件结构特征的方法，能正确选用合适的布尔运算方式	30		
4	能够运用尺寸编辑知识，对几何形体进行尺寸修改	20		
5	能够运用工程特征的设计方法，对几何形体进行圆角、倒角、拔模修改	20		

课后反思

草图绘制完成后，在约束过程中容易发生变形变化，有时甚至是比较大的变化，因此在草图绘制过程中可以边画草图边约束，这样能更快速地得到完全约束的草图。

任务小结

活塞零件的基本形体是回转体，活塞零件三维模型设计最常用到的命令是旋转，因此，草图的尺寸精确性非常关键，草图要求必须完全约束；草图实现完全约束，约束关系很重要，要注重积累总结方法。

思考练习（1+X 考核训练）

1. 选择题

（1）关于下列遵纪守法正确的说法是（　　）。

A. 只讲道德品质即可不犯法

B. 法律是强制性，不需要列入职业道德规范来让从业者“自律”

C. 遵纪守法与职业道德要求具有一致性

D. 职业道德与法律没有关系

（2）下列各条对节俭的价值表达不贴切的是（　　）。

A. 持家之本　　B. 降低企业成本的途径之一

C. 可以开拓创新　　D. 有利于治国安邦

（3）加强职业道德修养的途径不正确的表述是（　　）。

A.“慎独”

B. 只需参加职业道德理论的学习和考试过关即可

C. 学习先进人物的优秀品质

D. 积极参加职业道德的社会实践

（4）夹具设计夹紧力时的“三要素”是指（　　）。

A. 力的稳定、力的可靠、力的方向　　B. 力的方向、力的大小、力的作用点

C. 切削速度、切削深度、进给量　　D. 底面三点、侧面两点、端面一点

（5）在图 2-2-14 尺寸链中 $40_{-0.2}^{-0.1}$ 是尺寸链的增环。$10_{-0.1}^{0}$ 是尺寸链的减环。那么封闭环 F 的值应该是（　　）。

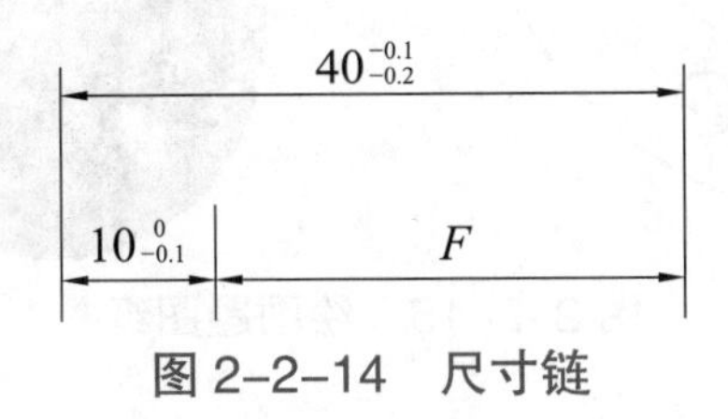

图 2-2-14　尺寸链

A. $30_{0}^{0.2}$　　B. $30_{-0.2}^{0}$　　C. $30_{-0.1}^{+0.1}$　　D. $30_{-0.2}^{+0.2}$

（6）如果孔的上偏差小于相配合的轴的上偏差，而大于相配合的轴的下偏差，则此配合的性质是（　　）。

A. 间隙配合　　B. 过渡配合　　C. 过盈配合　　D. 无法确定

（7）工具钢、轴承钢等锻压后，为改善其切削加工性能和最终热处理性能，常需要进行（　　）处理。

A. 完全退火　　B. 去应力退火　　C. 正火　　D. 球化退火

（8）表面粗糙度是零件精度的（　　）误差。

A. 宏观几何误差　　B. 微观几何误差　　C. 宏观相互位置　　D. 微观相互位置

（9）切削刃形状复杂的刀具用（　　）材料制造较为合适。

A. 硬质合金　　B. 人造金刚石　　C. 陶瓷　　D. 高速钢

（10）工件的一个或几个自由度被不同的定位元件重复限制的定位称为（　　）。

A. 完全定位　　B. 欠定位　　C. 过定位　　D. 不完全定位

2. 绘图题

根据给定零件图纸及尺寸，如图 2-2-15 所示，分析建模思路并完成零件三维模型创建。

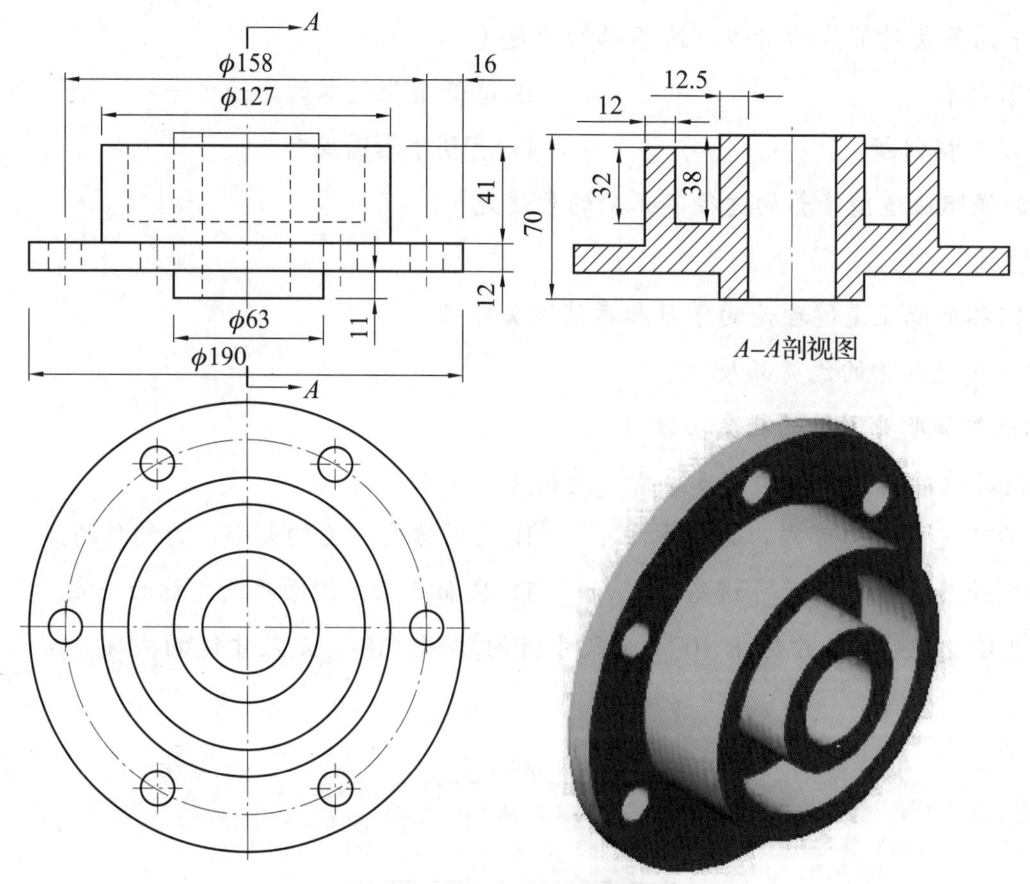

图 2-2-15　绘图题图纸

任务3　支撑座零件建模

任务描述

企业王师傅接到一个检测订单任务，需要检测铸造支撑座的外形变形情况，检测外形需要用到支撑座的理论三维模型。订单企业提供了支撑座的二维图纸，您能帮助王师傅建立支撑座的三维模型吗？如图 2-3-1 所示。

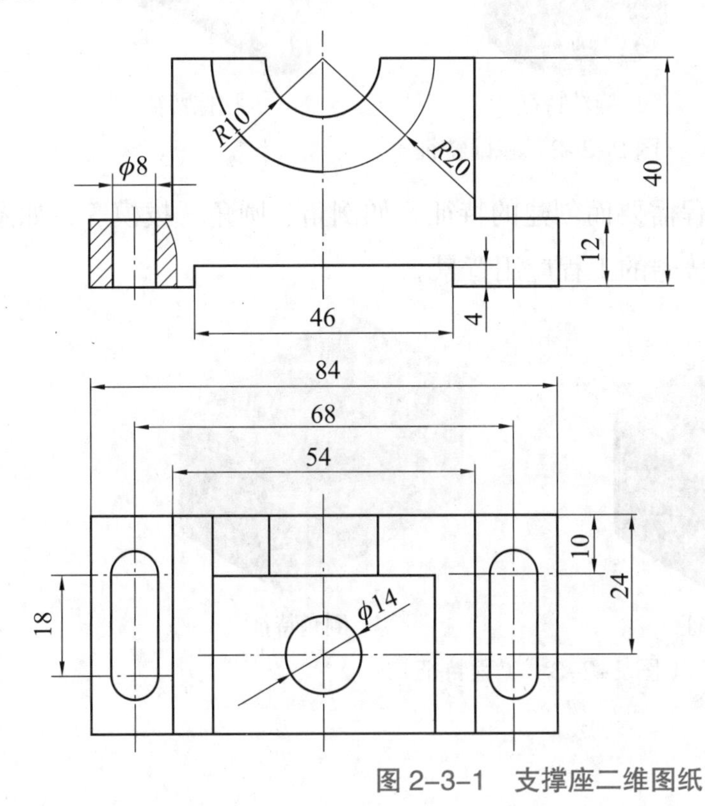

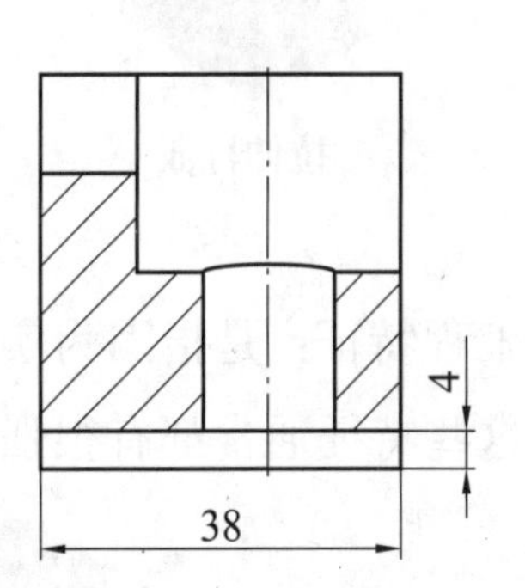

图 2-3-1　支撑座二维图纸

学习目标

1. 熟悉草图基本命令、拉伸和圆柱命令的使用，理解三维模型的建模流程。
2. 学会使用拉伸命令和布尔运算创建三维实体模型。
3. 通过有序、规范、严谨的建模过程，养成严谨认真的良好职业素养。

知识链接

1. 基于特征的建模

基于特征的建模是一种将特征视为建模基本单元的模型创建方法，即三维模型可以用各种不同类型的特征创建出来。一般情况下，模型特征可以分为以下 3 种类型。

①基准特征：通常是指基准坐标系、基准面、基准轴和基准点。

②基础特征：常见的有 3 种，它们分别是拉伸特征、旋转特征和扫掠特征，如图 2-3-2 所示。

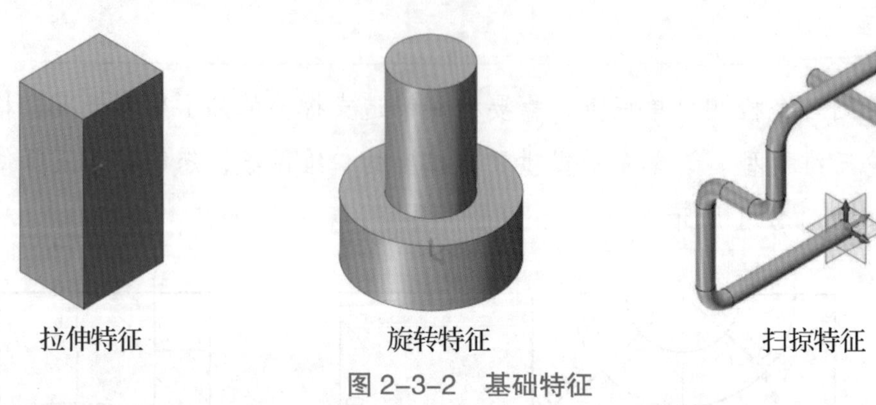

图 2-3-2　基础特征

③工程特征：是指因为实际工程需要而创建的特征，如倒角、圆角、拔模等，如图 2-3-3 所示。这些特征通常都有很强烈和普遍的工程应用背景。

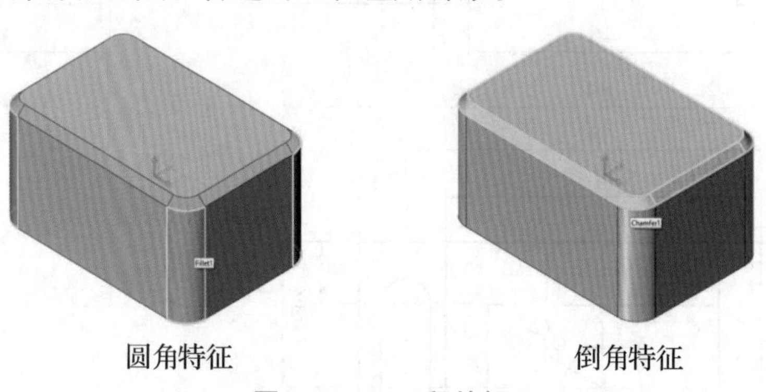

图 2-3-3　工程特征

2. 实体与曲面

三维几何形体通常有两种类型，一种是实体类型，另一种是曲面类型，在中望 3D 内部是根据这个形体是否封闭来区分这两种类型。中望 3D 提供了独特的混合建模方法，可以让用户在实体和曲面之间自由切换，如图 2-3-4 所示，当删除实体的一个面时，将自动变成曲面类型。

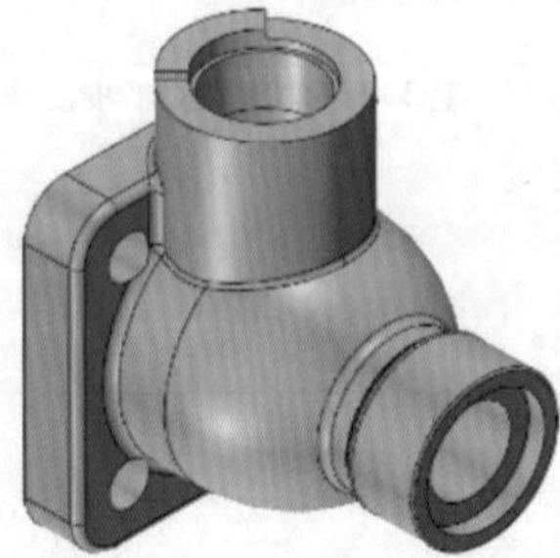
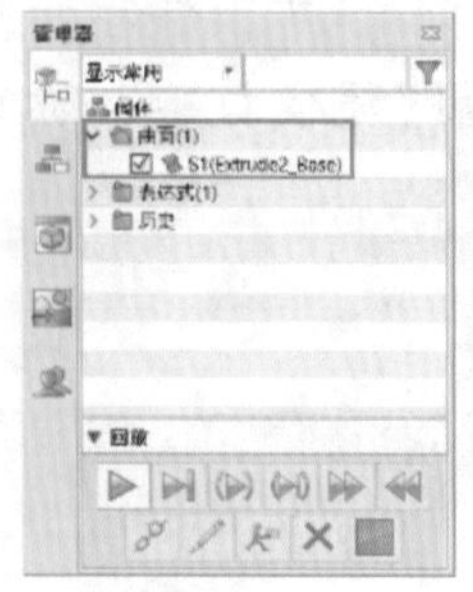
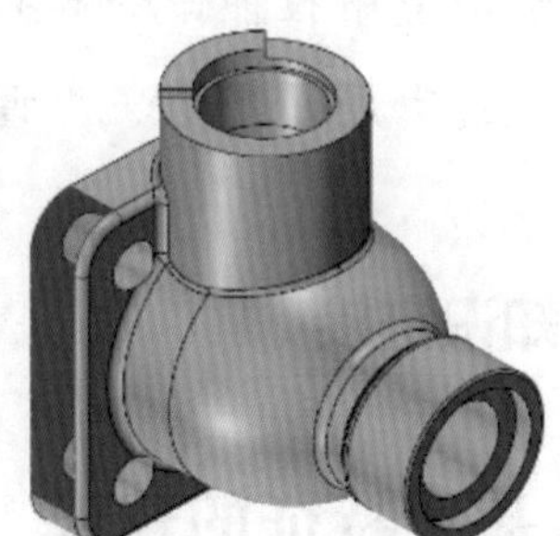

图 2-3-4　实体与曲面类型

3. 参数化建模

基于特征的参数化建模是指 3D 模型通过不同的特征创建出来并且用参数来驱动这些特征。因此，当修改这些特征的参数时，模型也会被快速修改和更新。图 2-3-5 展现了球阀阀体特征建模的主要过程。

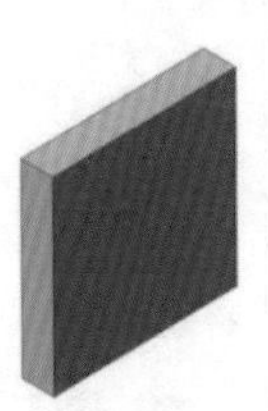
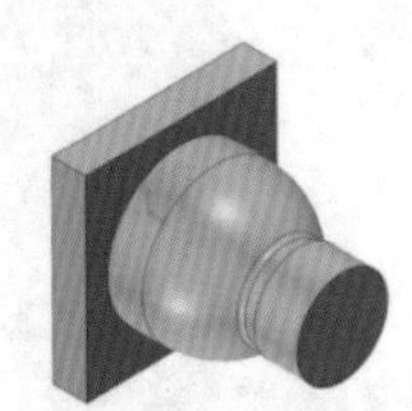
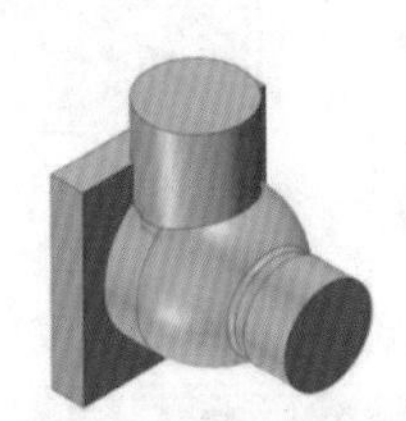
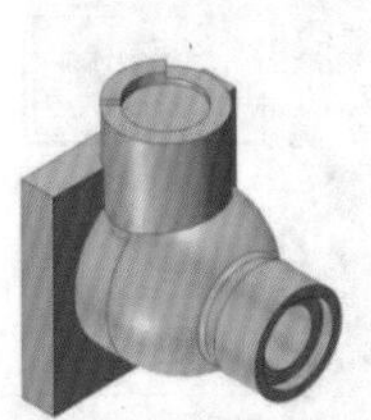
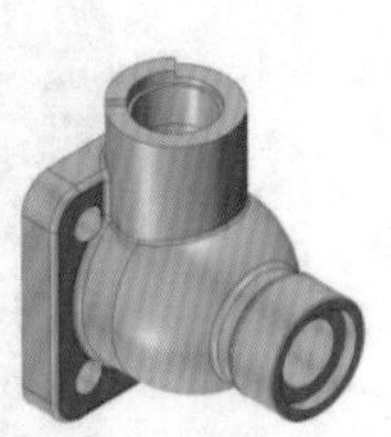

图 2-3-5　特征建模过程

任务实施

1. 思路分析

支撑座建模思路如表 2-3-1 所示。

表 2-3-1　支撑座建模思路分析

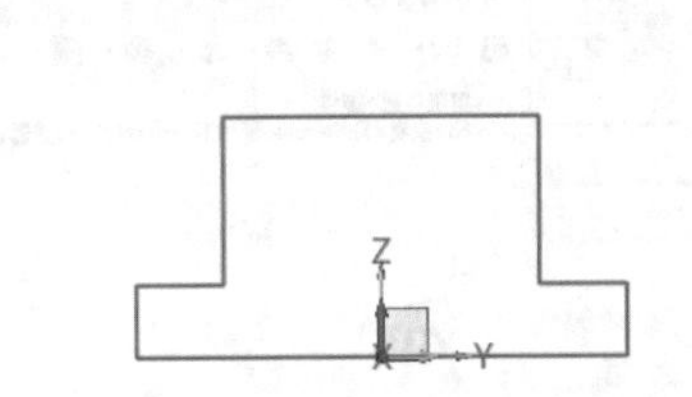 1. 支撑座主体结构草图绘制	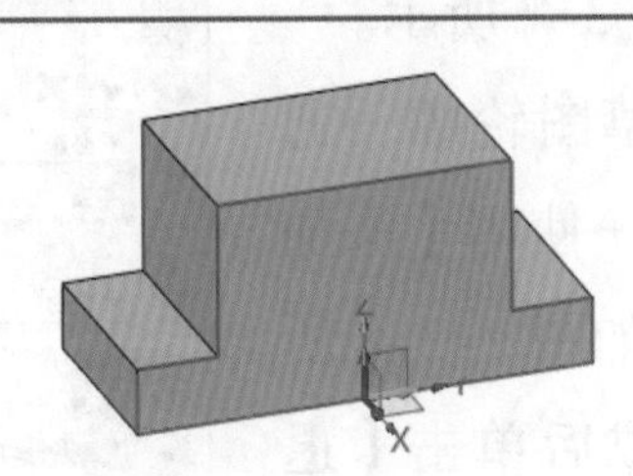 2. 创建支撑座主体结构	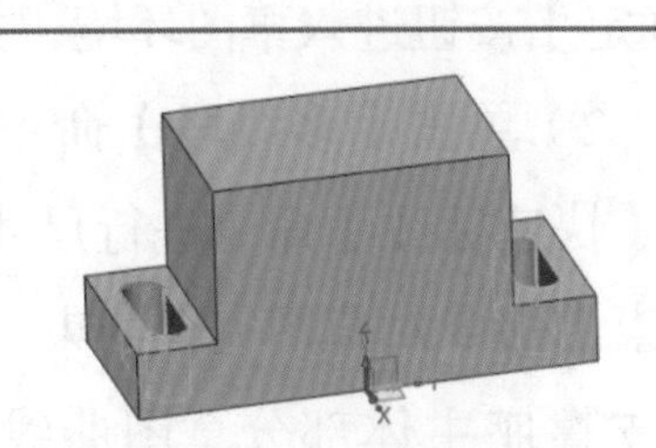 3. 创建支撑座长腰孔结构
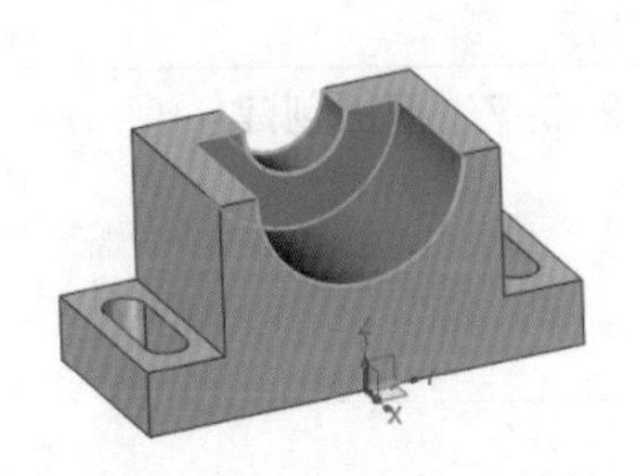 4. 创建支撑座半圆柱孔结构	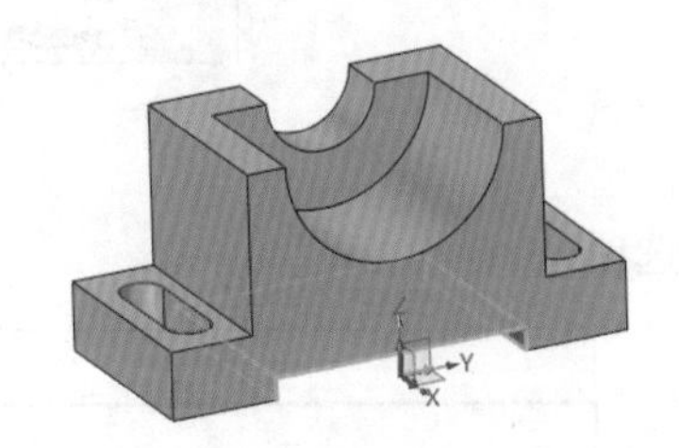 5. 创建支撑座底部凹槽结构	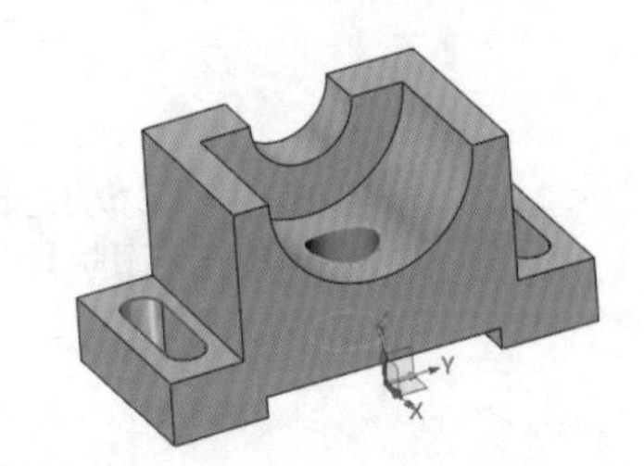 6. 创建直径 14 圆柱孔结构

2. 实施步骤

（1）新建文件

启动中望 3D 软件，类型选择【零件】→子类选择【标准】→输入文件名“支撑座”→单击【确定】按钮进入建模环境，如图 2-3-6 所示。

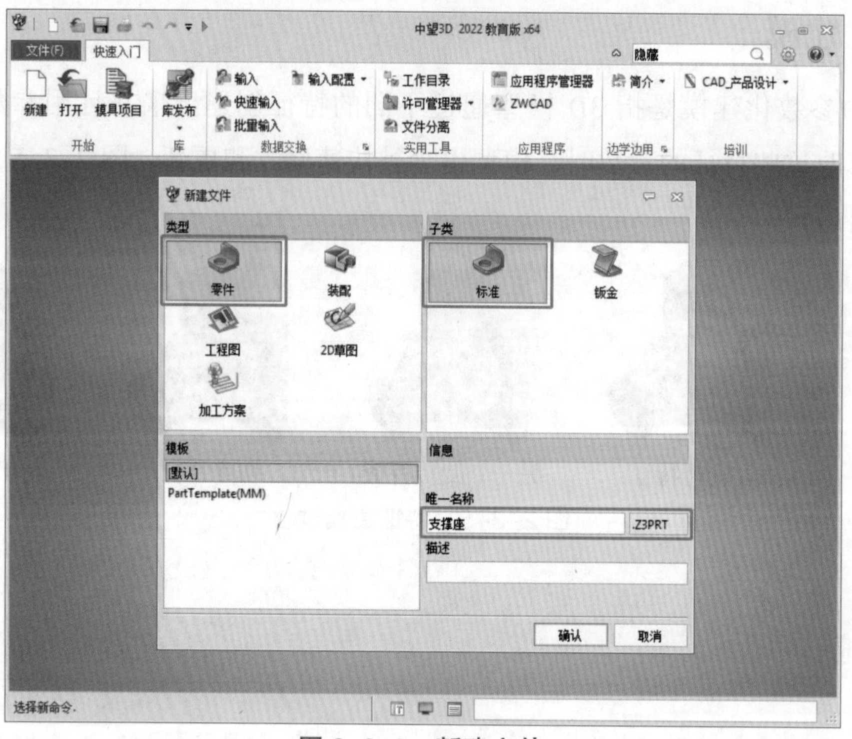

图 2–3–6　新建文件

（2）绘制支撑座主体草图

1）单击【草图】命令，选择 YZ 平面→单击【确定】按钮进入草图环境，如图 2–3–7 所示。

2）单击【多线段】命令绘制草图轮廓→通过【快速标注】命令进行尺寸标注→使用【添加约束】命令对草图完全约束→创建如图 2–3–8 所示支撑座主体部分草图曲线，完成后单击【退出】按钮回到建模环境。

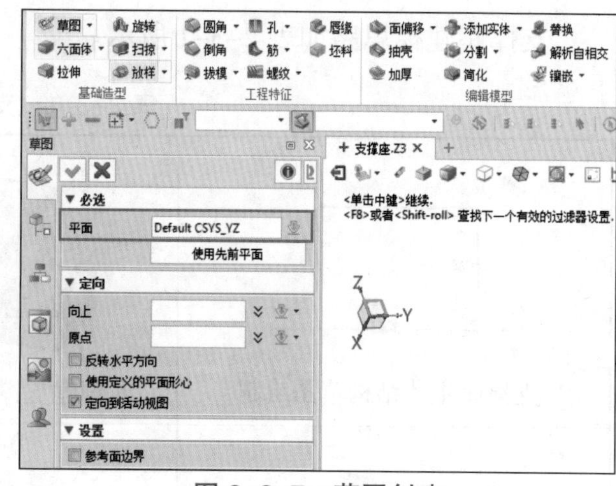

图 2–3–7　草图创建

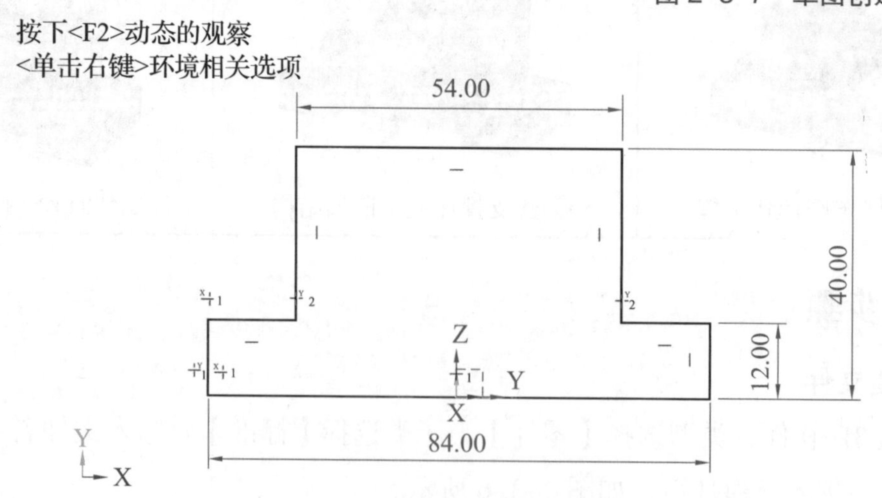

图 2–3–8　支撑座主体部分草图

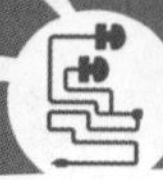

（3）创建支撑座主体

单击【拉伸】命令，如图2-3-9所示，轮廓选中草图曲线→选择拉伸类型为【1边】→结束点E输入距离为“38”mm→方向选择【-X轴】→布尔运算为【基体】，其余参数默认→单击【确定】按钮，完成支撑座主体结构创建。

图 2-3-9　支撑座主体结构

（4）创建支撑座两侧长腰孔

1）草图平面。单击【草图】命令→选择如图2-3-10所示模型平面作为草图绘制平面→单击【确定】按钮进入草图环境。

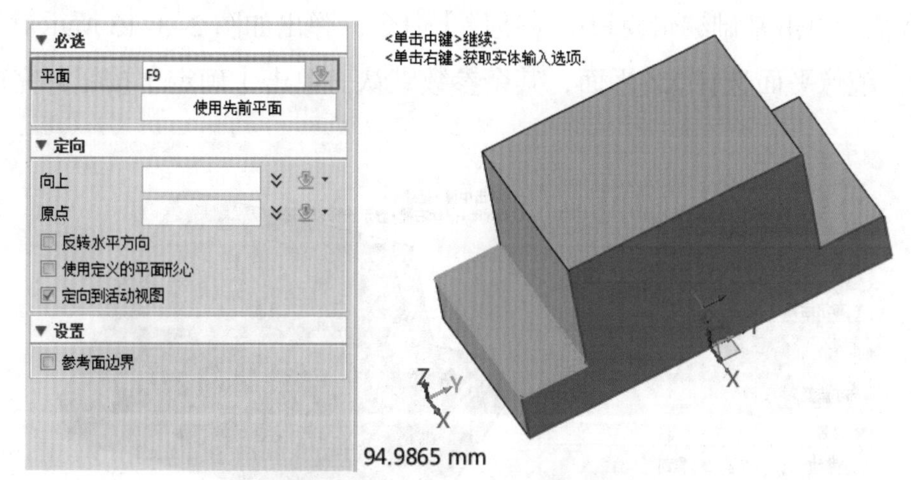

图 2-3-10　长腰孔草图平面

2）草图绘制。单击【槽】命令，弹出槽对话框，如图2-3-11所示→输入第一中心点坐标“-34，10”，第二中心点坐标“-34，28”，直径“8”mm→单击【确定】按钮→单击【退出】按钮回到建模环境。

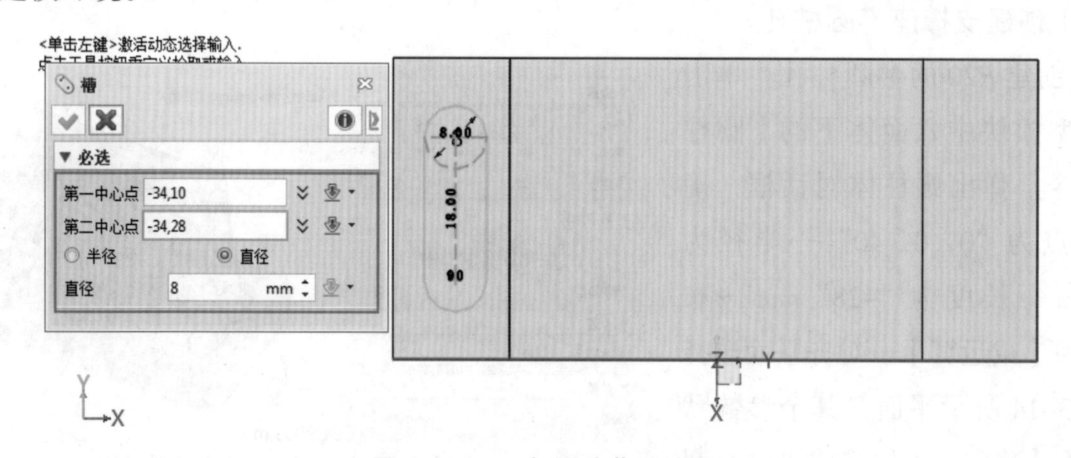

图 2-3-11　长腰孔草图绘制

3）创建长腰孔。打开【拉伸】对话框，如图 2-3-12 所示，轮廓选中草图曲线→选择拉伸类型为【1 边】→结束点 E 输入距离“12” mm →方向选择【-Z 轴】→布尔运算为【减运算】，其余参数默认→单击【确定】按钮，完成一侧长腰孔结构创建。

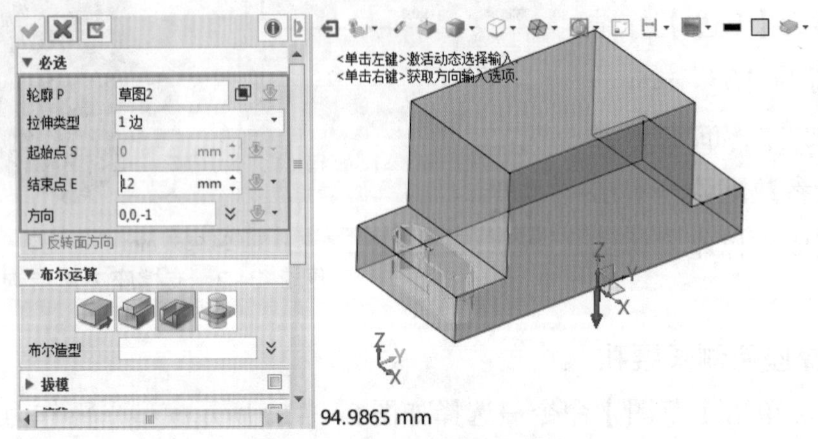

图 2-3-12　长腰型孔创建

4）镜像特征。单击基础编辑模块中【镜像】命令，弹出如图 2-3-13 所示对话框，实体选择长腰孔结构，镜像平面选择 XZ 平面，其余参数默认→单击【确定】按钮，完成另一侧长腰孔的创建。

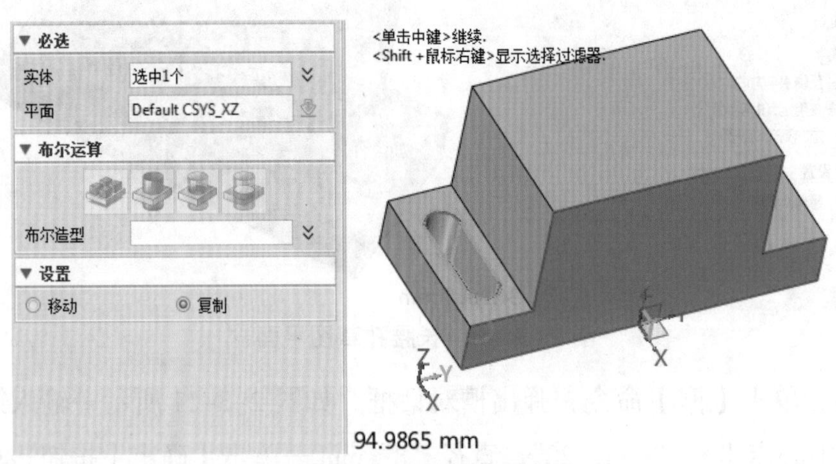

图 2-3-13　镜像特征

（5）创建支撑座半圆柱孔

1）创建 $R20$ 的半圆柱孔。单击基础造型模块中六面体下的【圆柱体】命令，弹出圆柱体对话框，确定中心点为“0，0，40”→半径为“20” mm →长度为“-28” mm →布尔运算为【减运算】→对齐平面选择如图 2-3-14 所示平面，其余参数默认→单击【确定】按钮完成 $R20$ 半圆柱孔创建。

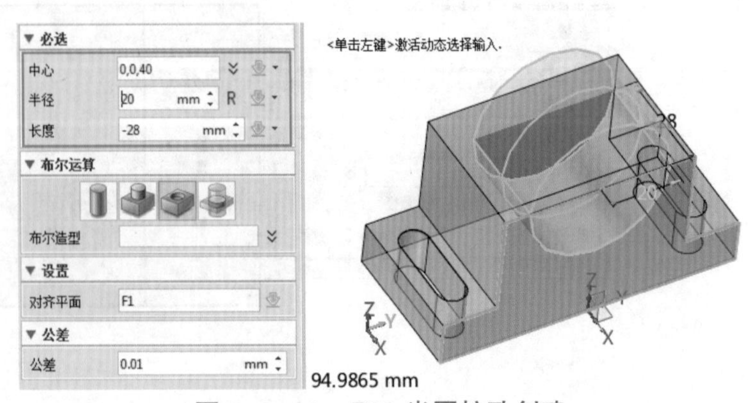

图 2-3-14　$R20$ 半圆柱孔创建

2）创建 *R*10 半圆柱孔。与 *R*20 的半圆柱孔创建方式相同，单击基础造型模块中六面体下的【圆柱体】命令→弹出圆柱体对话框，如图 2-3-15 所示，确定中心点为“-28，0，40”→半径为“10” mm →长度为“-10” mm →布尔运算为【减运算】→对齐平面选择如图 2-3-16 所示平面，其余参数默认→单击【确定】按钮完成 *R*10 半圆柱孔创建，如图 2-3-17 所示。

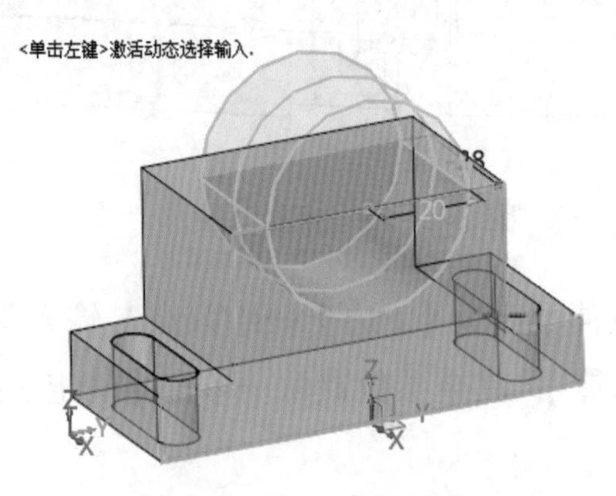

图 2-3-15　对齐平面

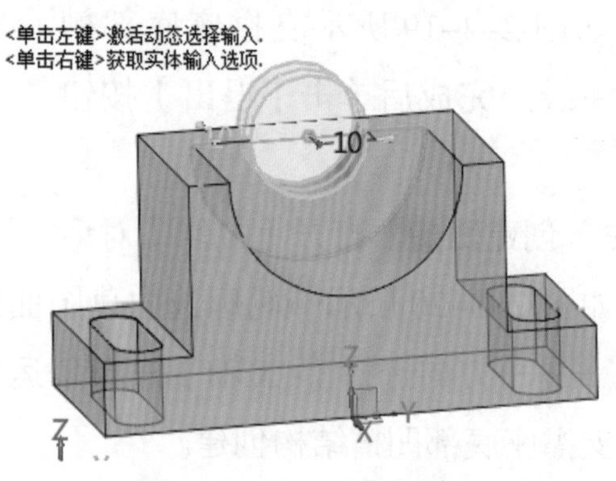

图 2-3-16　对齐平面

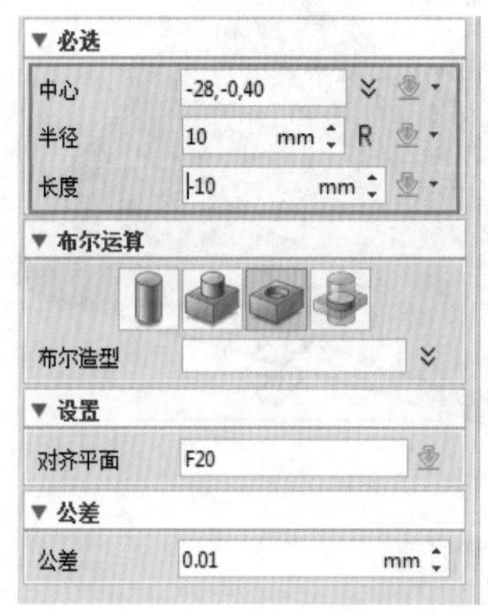

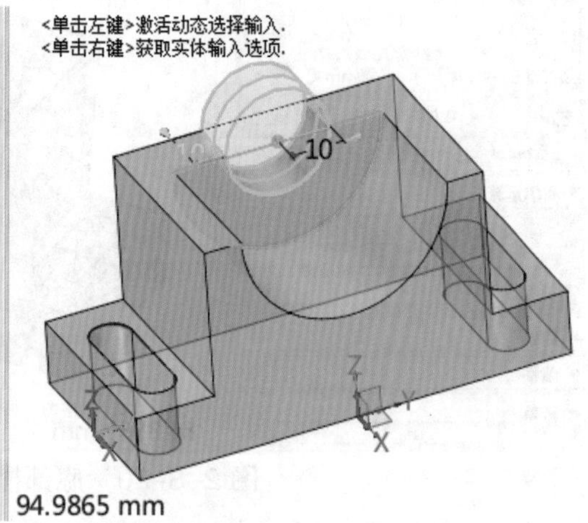

图 2-3-17　*R*10 半圆柱孔创建

（6）创建底部凹槽

1）草图平面。单击【草图】命令，选择如图 2-3-18 所示模型平面作为草图绘制平面→单击【确定】按钮进入草图环境。

图 2-3-18　底部槽草图平面

2）草图绘制。单击【矩形】命令绘制草图轮廓→选择角点 1 坐标“–23，0”→点 2 坐标“23，0”→高度为“4”mm→单击【确定】按钮，创建如图 2–3–19 所示支撑座底部槽草图曲线→完成后单击【退出】按钮即可。

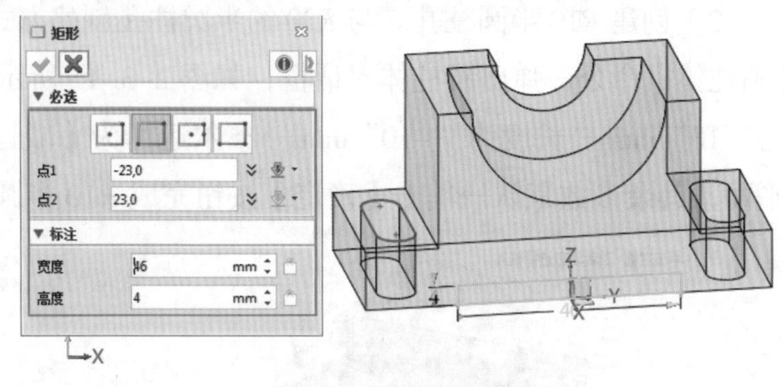

图 2–3–19　矩形草图

3）创建凹槽。打开【拉伸】对话框，如图 2–3–20 所示→轮廓选中草图曲线→选择拉伸类型为【1 边】→结束点 E 输入距离为“38”mm→方向选择【–X 轴】→布尔运算为【减运算】，其余参数默认→单击【确定】按钮，完成支撑座底部凹槽结构创建。

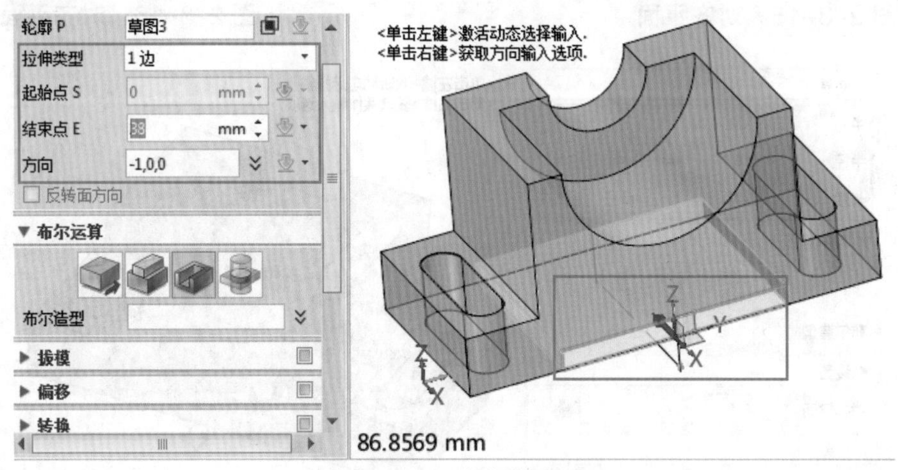

图 2–3–20　底部槽创建

（7）创建直径 14 圆柱孔

单击基础造型模块中六面体下的【圆柱体】命令，弹出圆柱体对话框，如图 2–3–21 所示，确定中心点为“–14，0，0”→半径为“7”mm→长度为“30”mm→布尔运算为【减运算】→对齐平面选择 XY 平面，其余参数默认→单击【确定】按钮完成直径 14 圆柱孔创建。

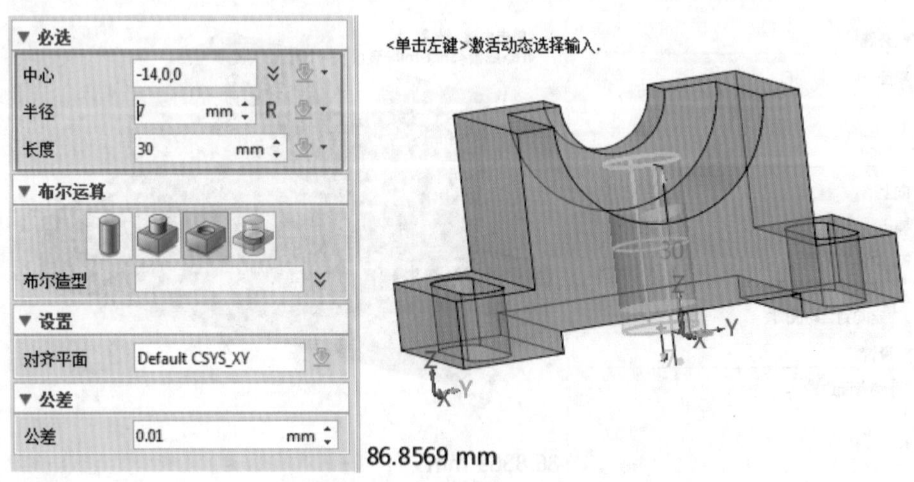

图 2–3–21　直径 14 孔创建

（8）保存文件

使用快捷键（Ctrl+I），显示如图 2–3–22 所示等轴测图，单击【文件】指令，选择【保存】或【另存为】到合适文件夹。

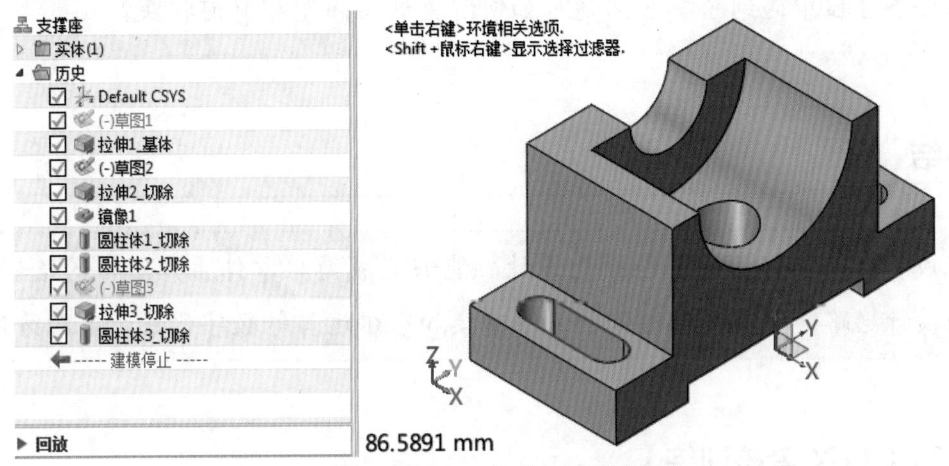

图 2–3–22　完成创建并保存

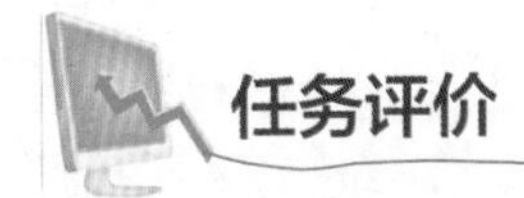

任务评价

任务评价如表 2–3–2 所示。

表 2–3–2　任务评价

序号	评价内容	分值	自评	师评
1	熟悉三维元素形态及三维空间表达，能够表达基础几何元素	20		
2	熟悉零件建模的国家标准，能够查阅相关资料	10		
3	根据分析零件结构特征的方法，能正确选用合适的布尔运算方式	10		
4	能够运用尺寸编辑知识，对几何形体进行尺寸修改	20		
5	能够运用基础编辑的设计方法，对几何形体进行阵列、镜像修改	20		
6	能够运用工程特征的设计方法，对几何形体进行圆角、倒角、拔模修改	20		
合计（满分 100 分）		100		

课后反思

在完成任务过程中遇到了哪些问题？如何解决这些问题？有何收获？

任务小结

能够完成基本几何形体的三维模型设计。能够完成简单零件生产图样的绘制，具备三维建模的设计思路，掌握几何形体的三维建模和布尔运算等数字化设计基础方法。

思考练习（1+X 考核训练）

1. 选择题

（1）下列关于创新的论述，正确的是（　　）。

A. 创新是民族进步的灵魂　　B. 创新就是独立自主

C. 创新与继承根本对立　　D. 创新不需要引进国外新技术

（2）安全文化的核心是树立（　　）的价值观念，真正做到“安全第一，预防为主”。

A. 以人为本　　B. 以经济效益为主

C. 以产品质量为主　　D. 以管理为主

（3）绿色设计与传统设计的不同之处在于考虑了（　　）。

A. 产品的功能　　B. 产品的可回收性

C. 获取企业自身最大经济利益　　D. 以上都可以

（4）基本尺寸是（　　）的尺寸。

A. 设计时给定　　B. 测量出来　　C. 计算出来　　D. 实际

（5）图样中的尺寸以（　　）为单位时，不需标注计量单位的代号或名称。

A. 微米　　B. 毫米　　C. 厘米　　D. 分米

（6）图中属于正投影法的是（　　）。

A. 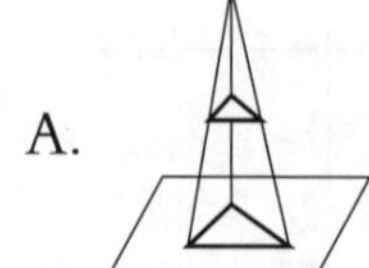　　B. 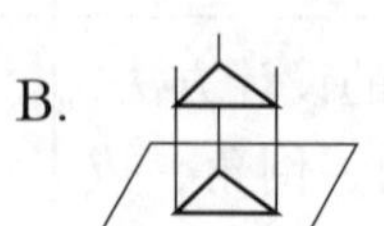

C. 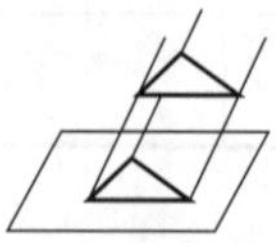 　　D. 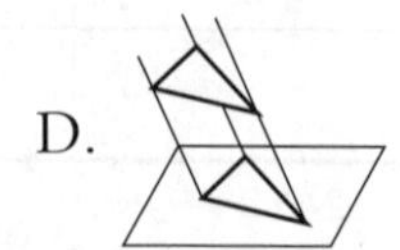

（7）与三视图对应的立体示意图，正确的是（　　）。

（8）已知物体的三个视图方向，则正确的主视图为（　　）。

（9）下列四组移出断面图中，正确的一组是（　　）。

（10）选择不正确的一组视图（　　）。

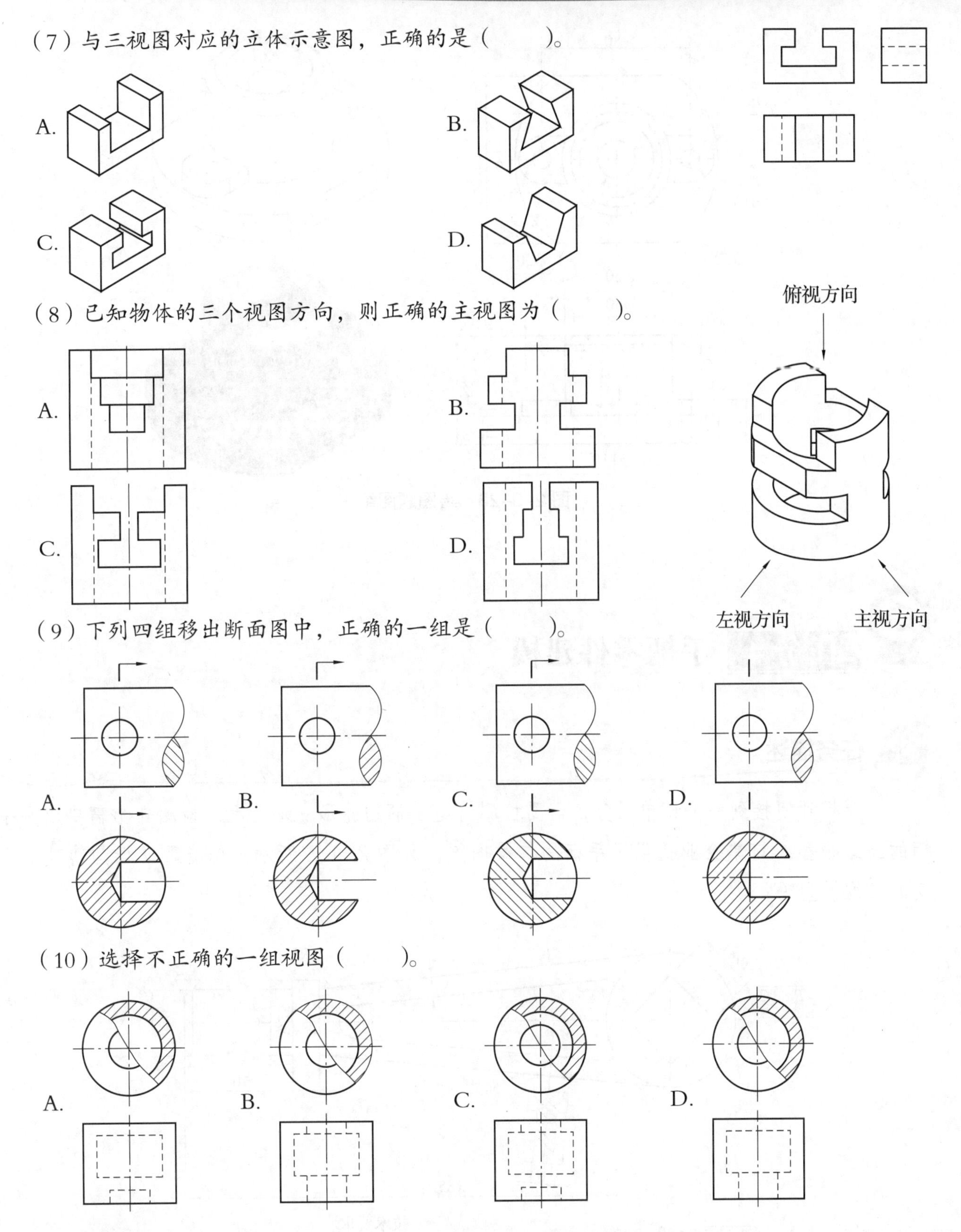

2. 绘图题

根据给定零件图纸及尺寸，如图 2-3-23 所示，分析建模思路并完成零件三维模型创建。

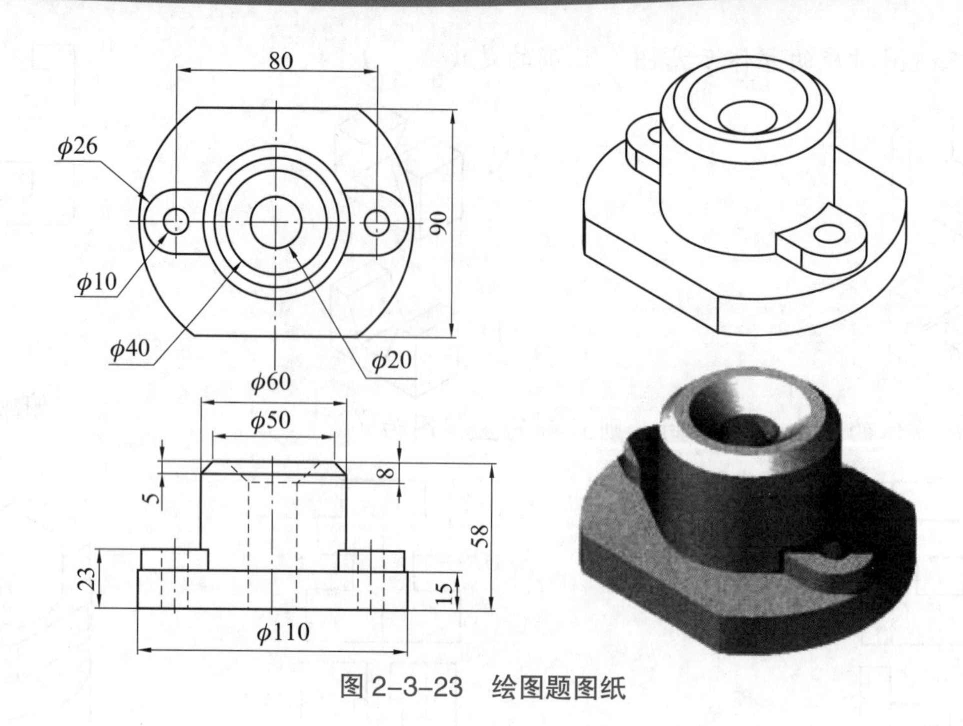

图 2-3-23　绘图题图纸

任务 4　手柄零件建模

任务描述

企业杨师傅接到一个订单任务，需要检测铸造手柄的外形变形情况，检测外形需要用到手柄的三维模型。订单企业提供了手柄的二维图纸，如图 2-4-1 所示，您能帮助杨师傅建立手柄的三维模型吗？

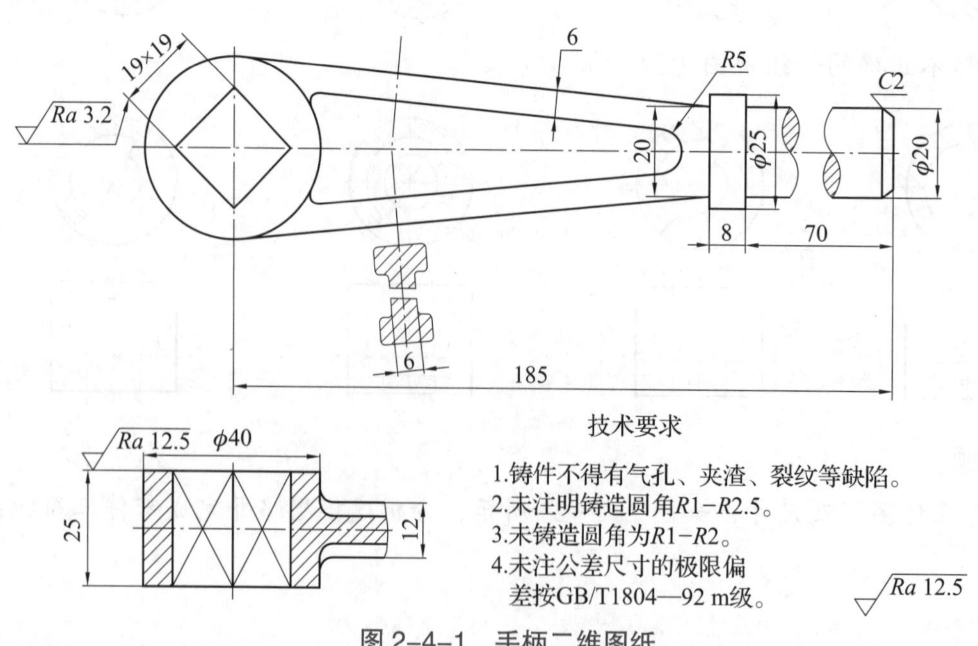

图 2-4-1　手柄二维图纸

学习目标

1. 熟练掌握三维实体造型中基础特征的创建方法。
2. 学会使用拉伸命令和布尔运算创建三维实体模型。
3. 掌握特征操作的方法和步骤及特征的修改和编辑。
4. 培养学生具有计算机绘图及辅助机械设计和制造的能力。
5. 通过有序、规范、严谨的建模过程，养成严谨认真的良好职业素养。

知识链接

（1）编辑/重定义特征

如图 2-4-2 所示，在特征上鼠标右击，可以进行重定义、抑制或者删除特征等操作。

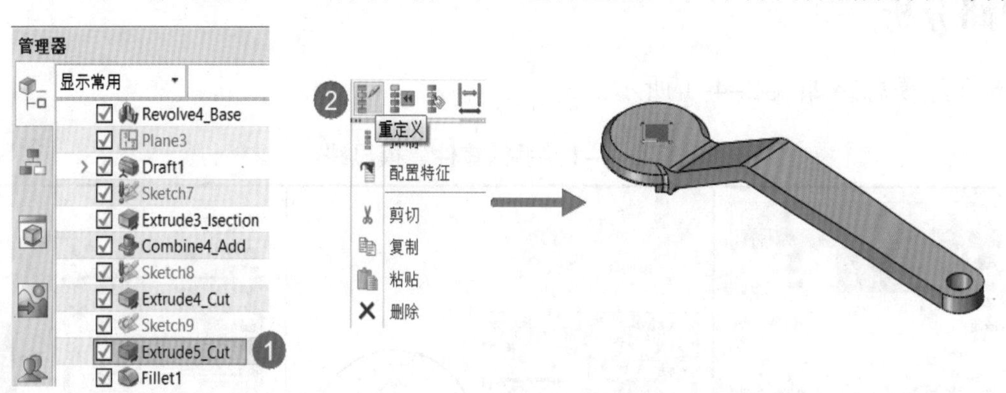

图 2-4-2　特征操作

（2）特征重排序

在建模过程中，有时为了得到不同的结果，可以选择对特征顺序进行微调。在中望 3D 中，只需要选中目标特征，然后将其拖到目标位置即可。如图 2-4-3 所示模型，是先做圆角后抽壳的结果。

然而如果先抽壳后圆角，将会是另外一种结果，如图 2-4-4 所示。

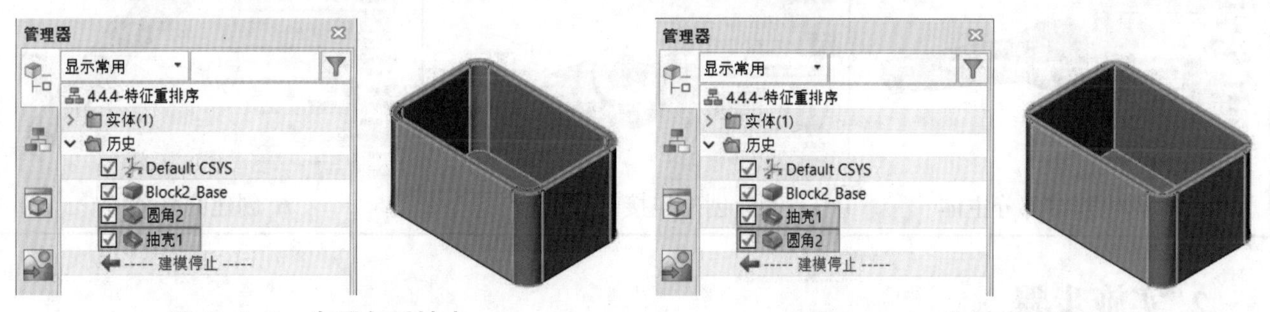

图 2-4-3　先圆角后抽壳　　　　图 2-4-4　先抽壳后圆角

（3）插入特征

如果需要在最后一步操作之前插入其他特征，则可以直接拖动历史指针到任何位置，然后创建其他特征，如图 2-4-5 所示。

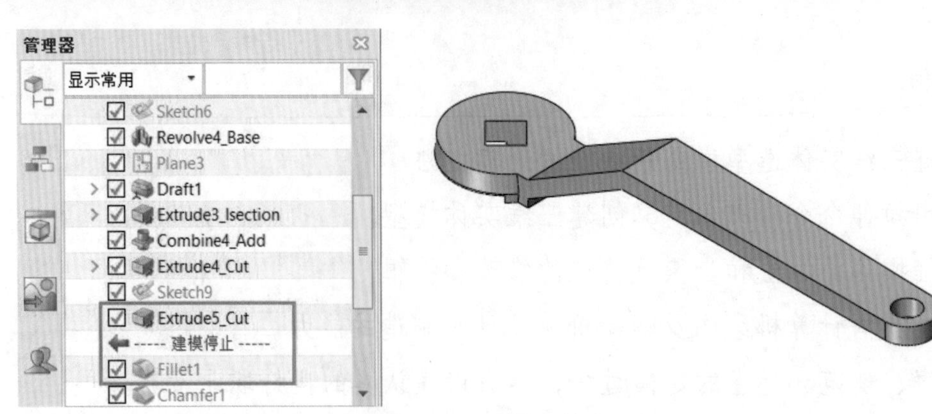

图 2-4-5　插入特征

任务实施

1. 思路分析

手柄零件建模思路如表 2-4-1 所示。

表 2-4-1　手柄零件建模思路

1. 新建文件	2. 绘制方形孔草图	3. 创建方形孔圆柱
4. 创建连接部分主体	5. 创建连接部分凹槽	6. 创建圆柱体

2. 实施步骤

（1）新建文件

启动中望 3D 软件，选择默认类型【零件】→子类【标准】→输入唯一名称“项目三任务4”→单击【确认】按钮或鼠标中键结束命令，进入建模环境，如图 2-4-6 所示。

（2）绘制方形孔圆柱草图

1）单击【草图】命令，选择平面为坐标系 XY 平面→单击【确定】按钮或鼠标中键结束命令，进入草图环境，如图 2-4-7 所示。

图 2-4-6　新建文件

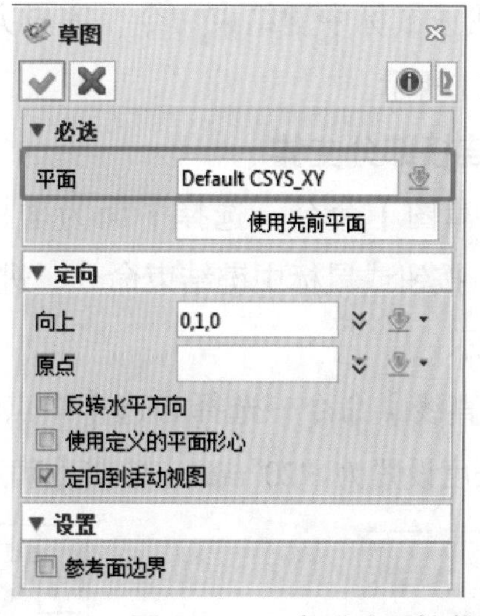

图 2-4-7　方形孔圆柱草图创建

2）单击【圆】命令→选择默认必选【半径】方式→鼠标选择坐标系 XY 中心点→点选【直径】→直径“40”mm→单击【确定】按钮或鼠标中键结束命令，完成方形孔圆柱草图曲线，如图 2-4-8 所示。

3）单击【正多边形】命令→选择默认必选【外接半径】方式→鼠标选择坐标系 XY 中心点→半径“9.5”mm→边数“4”→角度“45”deg→单击【确定】按钮或鼠标中键结束命令，完成方形孔草图曲线，如图 2-4-9 所示。

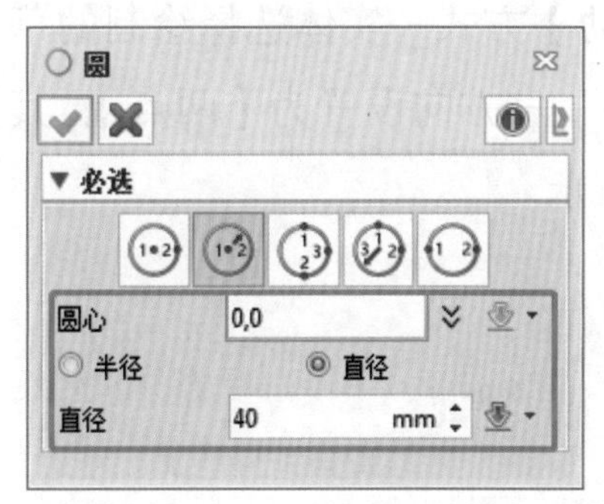
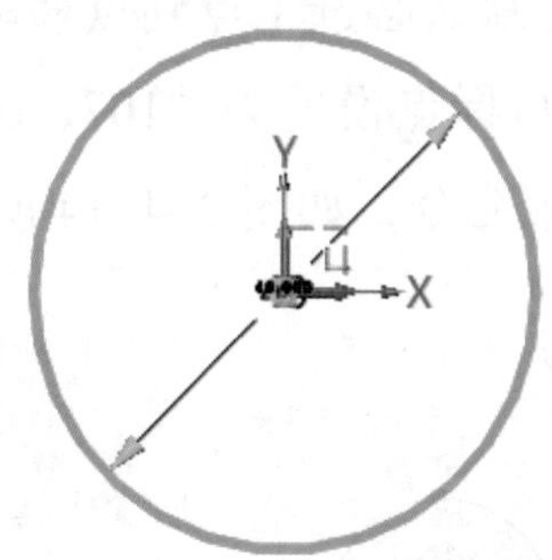

图 2-4-8　主体部分草图

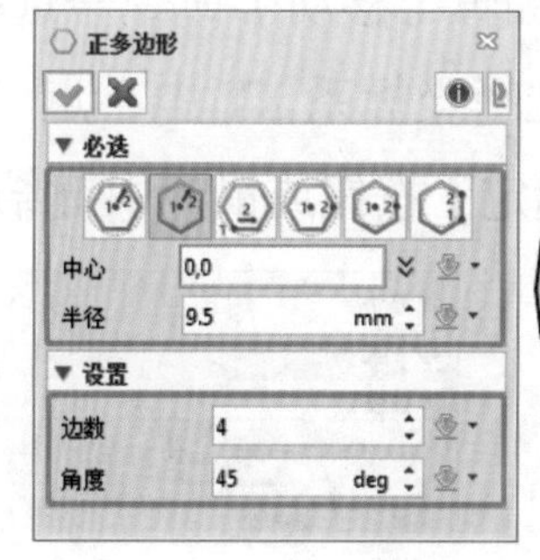
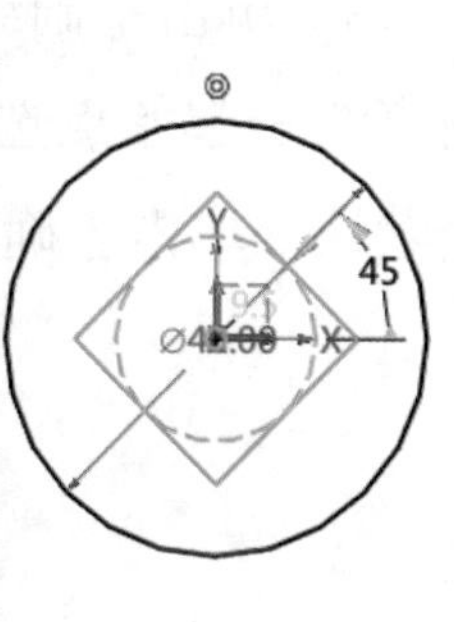

图 2-4-9　方形孔草图曲线

4）单击【草图】工具栏【退出】命令回到建模环境，如图 2-4-10 所示。

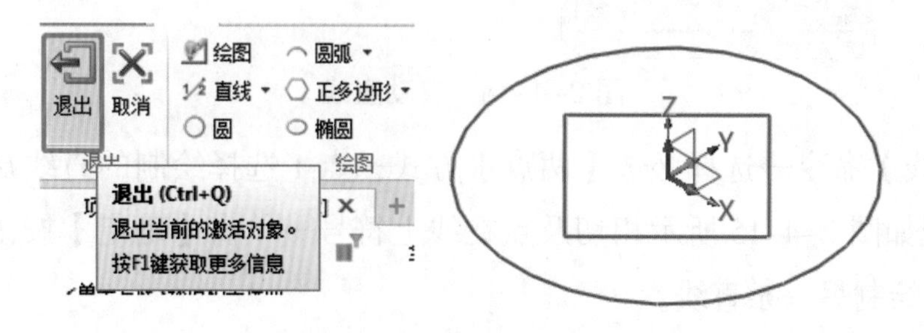

图 2-4-10　退出草图

（3）创建方形孔圆柱

单击【拉伸】命令，轮廓选中草图曲线→拉伸类型【对称】→结束点 E 设置“12.5”mm，其余参数默认→单击【确定】按钮或鼠标中键结束命令，完成方形孔圆柱创建，如图 2-4-11 所示。

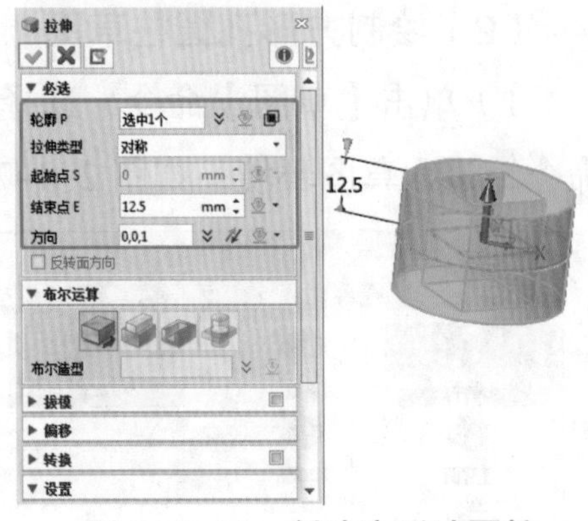

图 2-4-11　创建方形孔圆柱

（4）创建连接部分主体

1）单击【草图】命令→选择平面为坐标系 XY 平面→单击【确定】按钮或鼠标中键结束命令，进入草图环境，如图 2-4-12 所示。

2）单击【直线】命令→选择必选【中点】方式→点 1 选择坐标系 XY 中心点→点 2 设置为“0,10”或长度设置为“20”mm→单击【确定】按钮或鼠标中键结束命令，如图 2-4-13 所示。

图 2-4-12　连接部分主体草图创建

图 2-4-13　绘制直线

3）单击基础编辑【移动】命令→选择默认必选【点到点移动】方式→实体选择绘制的草图直线→起始点选择坐标系 XY 中心点→目标点设置为“107，0”→方向设置为【两点】，其余默认→单击【确定】按钮或鼠标中键结束命令，如图 2-4-14 所示。

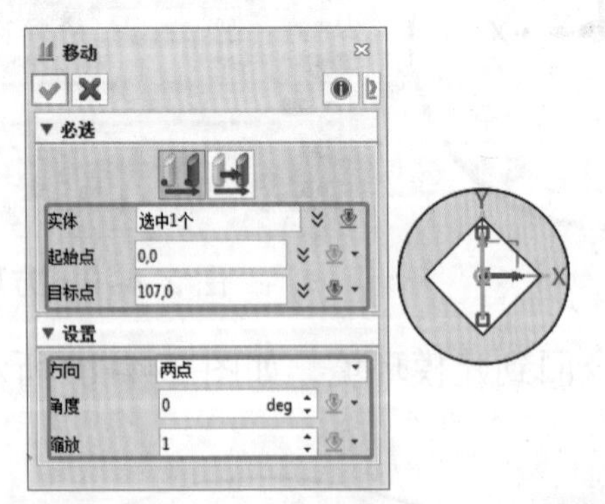

图 2-4-14　移动直线

4）单击【直线】命令→选择必选【两点】方式→点 1 选择绘制的直线端点→点 2 选择方形圆柱周边，出现如图 2-4-15 所示相切及点在线上符号→单击【确定】按钮或鼠标中键结束命令。同样的方法绘制另一条直线。

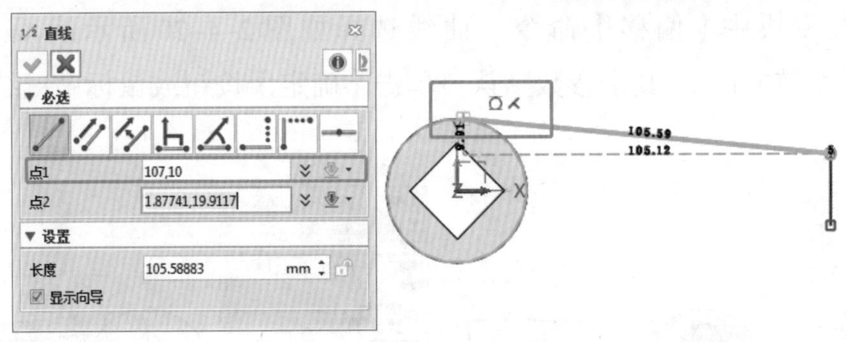

图 2-4-15　绘制直线

5）单击【圆】命令→选择默认必选【半径】方式→鼠标选择坐标系 XY 中心点→点选【直径】→直径“40” mm，单击【确定】按钮或鼠标中键结束命令，完成连接部分主体草图曲线，如图 2-4-16 所示。

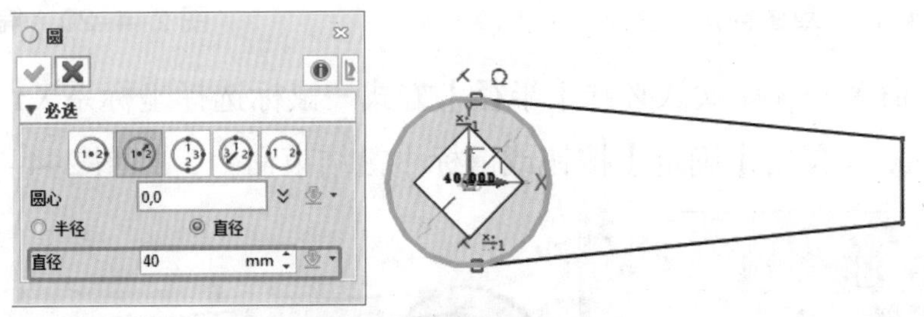

图 2-4-16　绘制圆

6）单击编辑曲线中【单击修剪】命令→修剪点选择修剪部分如图 2-4-17 所示→单击【确定】按钮或鼠标中键结束命令，完成草图曲线→退出草图。

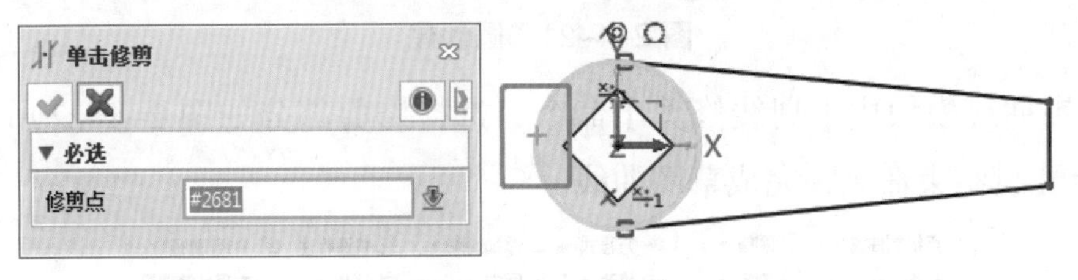

图 2-4-17　修剪

7）单击【拉伸】命令，轮廓选中草图曲线→拉伸类型【对称】→结束点 E 设置“6”mm→布尔运算选择【加运算】，其余参数默认→单击【确定】按钮或鼠标中键结束命令，完成连接部分主体创建，如图 2-4-18 所示。

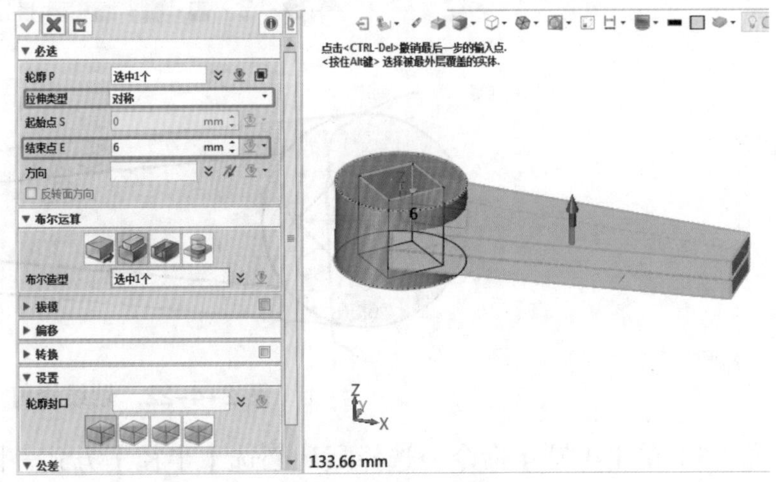

图 2-4-18　拉伸

（5）创建连接部分凹槽

1）单击【草图】命令，选择平面为如图 2-4-19 所示平面→单击【确定】按钮或鼠标中键结束命令，进入草图环境，如图 2-4-19 所示。

2）单击曲线模块中【偏移】命令→曲线选择如图 2–4–20 所示线段→距离设置为“6” mm →勾选【翻转方向】，其余参数默认→单击【确定】按钮或鼠标中键结束命令，完成曲线偏移。

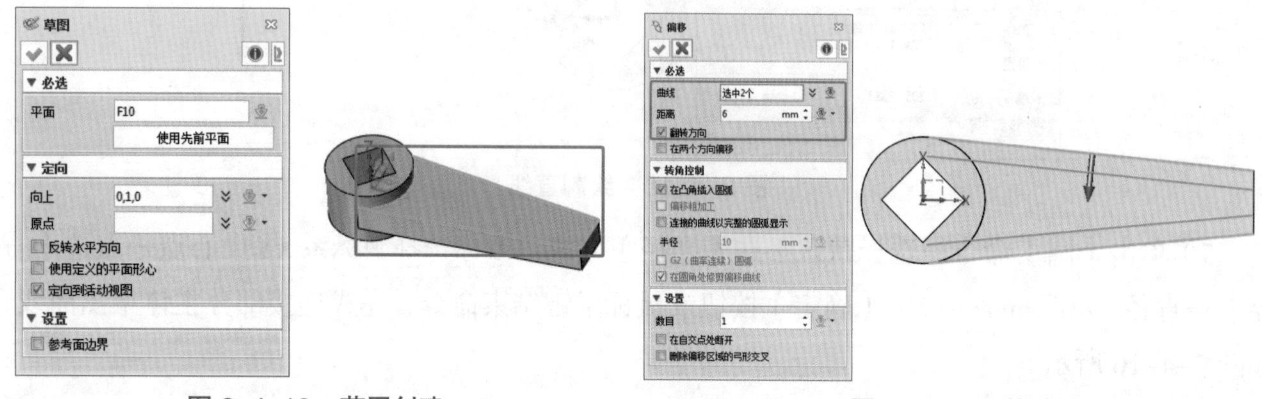

图 2–4–19　草图创建　　　　图 2–4–20　偏移

3）单击【圆】命令→选择默认必选【半径】方式→鼠标选择坐标系 XY 中心点→点选【直径】→直径“40” mm →单击【确定】按钮或鼠标中键结束命令，如图 2–4–21 所示。

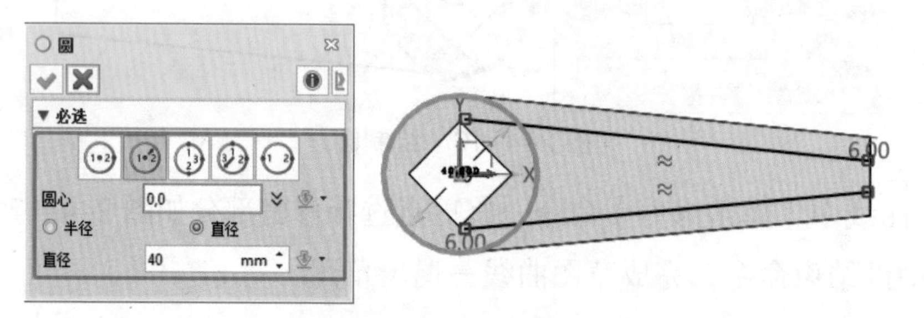

图 2–4–21　圆创建

4）单击编辑曲线模块中【划线修剪】命令→选择修剪部分如图 2–4–22 所示→单击【确定】按钮或鼠标中键结束命令，完成草图曲线。

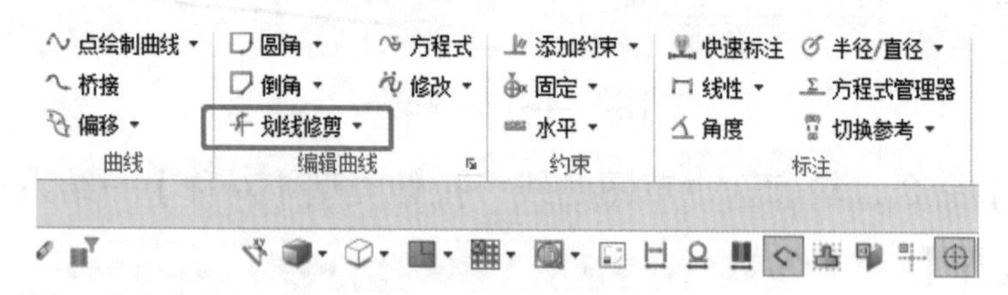

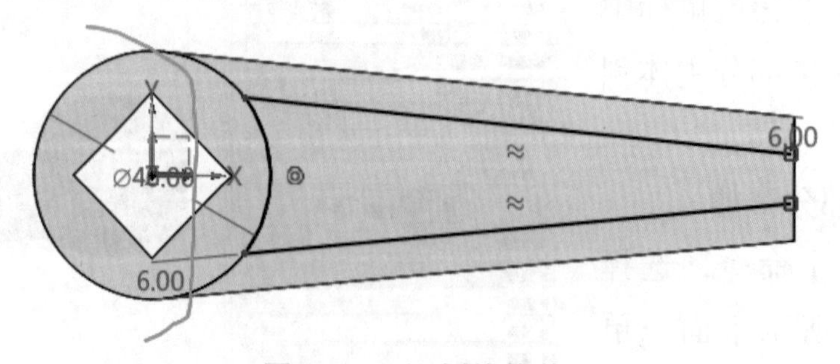

图 2–4–22　划线修剪

5）单击【圆】命令→选择默认必选【半径】方式→圆心选择坐标系任意位置→点选【半径】→半径设置“5” mm →单击【确定】按钮或鼠标中键结束命令，如图 2–4–23 所示。

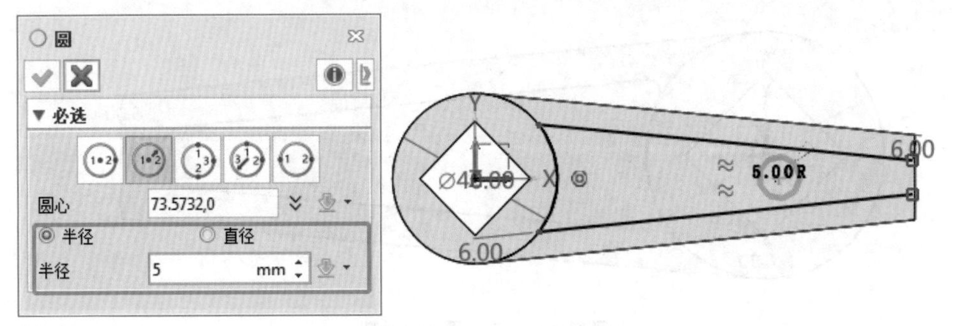

图 2-4-23 圆创建

6）单击约束模块中【添加约束】命令→选择必选【曲线 / 点】，如图 2-4-24 所示→两曲线约束选择【相切】→单击【确定】按钮或鼠标中键结束命令。

7）单击编辑曲线模块中【单击修剪】命令→修剪点选择如图 2-4-25 所示修剪部分→单击【确定】按钮或鼠标中键结束命令，完成草图曲线→退出草图。

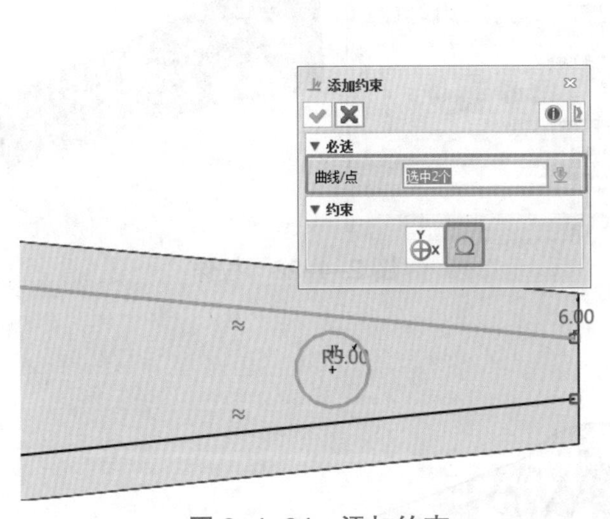

图 2-4-24 添加约束

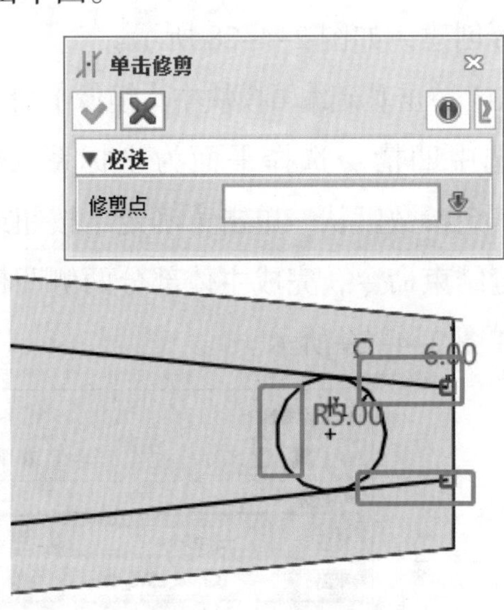

图 2-4-25 单击修剪

8）单击编辑曲线模块中【圆角】命令→曲线 1 和曲线 2 选择倒角曲线，如图 2-4-26 所示→半径设置“2”mm，单击【确定】按钮或鼠标中键结束命令，相同方法完成另一圆角→完成草图曲线如图 2-4-27 所示→退出草图。

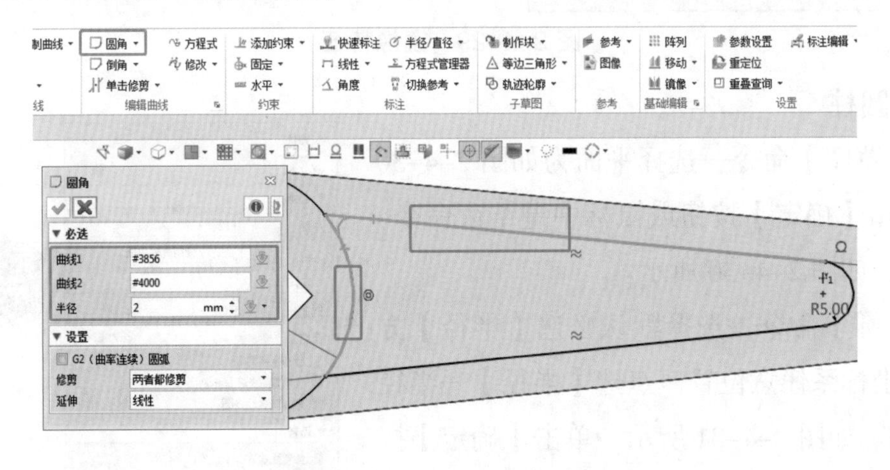

图 2-4-26 圆角参数选择

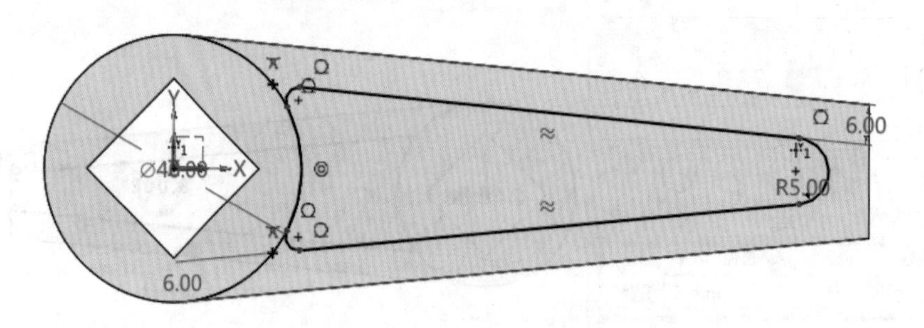

图 2-4-27　圆角创建

9）单击【拉伸】命令，轮廓选中草图曲线→拉伸类型【1 边】→结束点 E 设置“3”mm→修改拉伸方向→布尔运算选择【减运算】→布尔造型选择实体，其余参数默认→单击【确定】按钮或鼠标中键结束命令，完成主体部分创建，如图 2-4-28 所示。

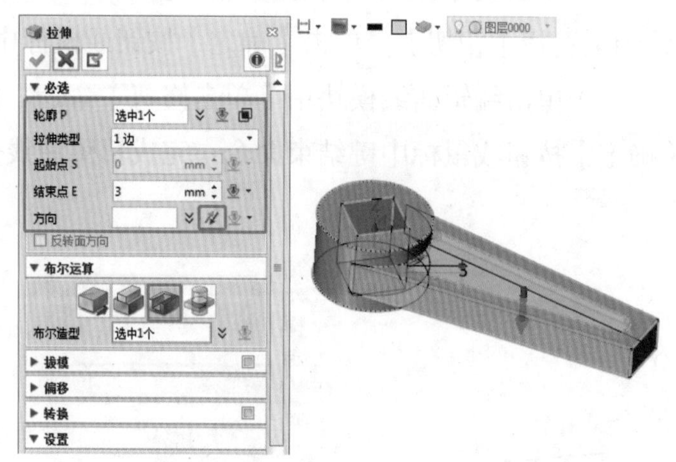

图 2-4-28　拉伸

10）单击基础编辑模块中【镜像】命令→轮廓选中凹槽→选择平面为坐标系 XY 平面，其余参数默认→单击【确定】按钮或鼠标中键结束命令，完成主体部分两侧凹槽创建，如图 2-4-29 所示。

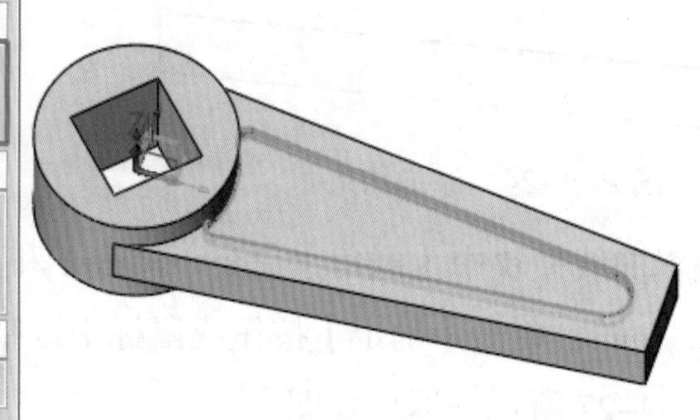

图 2-4-29　镜像特征

（6）创建圆柱

1）单击【草图】命令→选择平面为如图 2-4-30 所示平面→单击【确定】按钮或鼠标中键结束命令，进入草图环境，如图 2-4-30 所示。

2）单击【圆】命令→选择默认必选【半径】方式→圆心选择坐标系任意位置→点选【半径】→半径设置“25”mm，如图 2-4-31 所示→单击【确定】按钮或鼠标中键结束命令→退出草图。

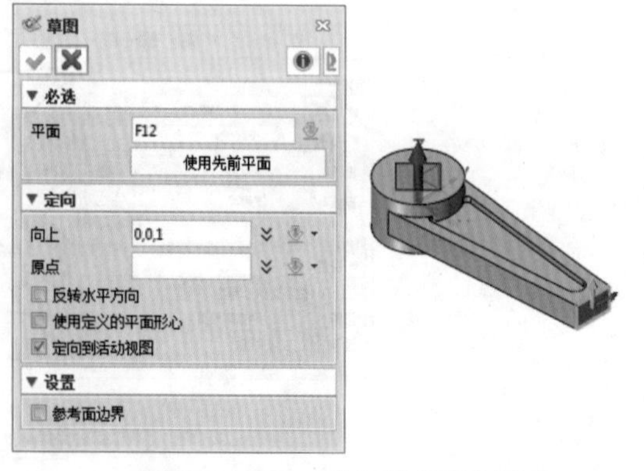

图 2-4-30　草图平面选择

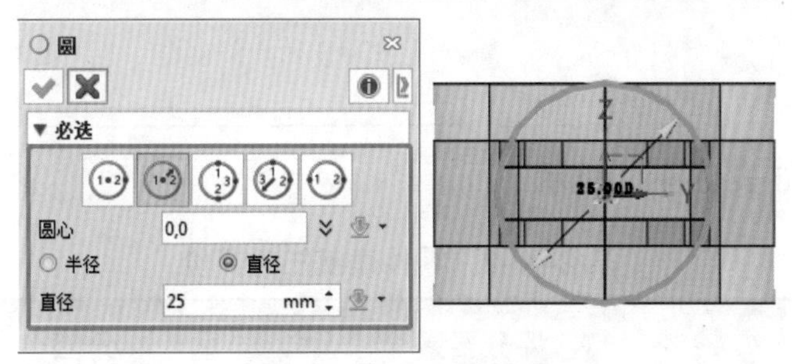

图 2–4–31　圆创建

3）单击【拉伸】命令，轮廓选中草图曲线→拉伸类型【1 边】→结束点 E 设置“3”mm→修改拉伸方向→布尔运算选择【减运算】→布尔造型选择实体，其余参数默认→单击【确定】按钮或鼠标中键结束命令，完成圆柱主体部分创建，如图 2–4–32 所示。

4）单击六面体下【圆柱体】命令→确定圆柱体的中心点，输入圆柱体参数半径“10” mm→长度“70” mm→布尔运算选择【加运算】→布尔造型选中创建好的实体→单击【确定】按钮或鼠标中键结束命令，完成主体圆柱结构创建，如图 2–4–33 所示。

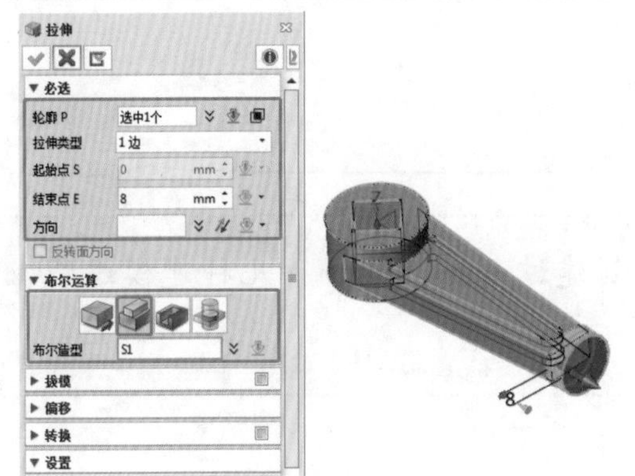

图 2–4–32　拉伸

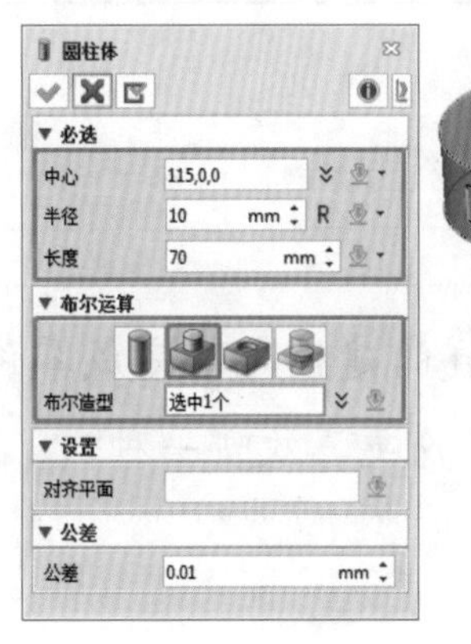

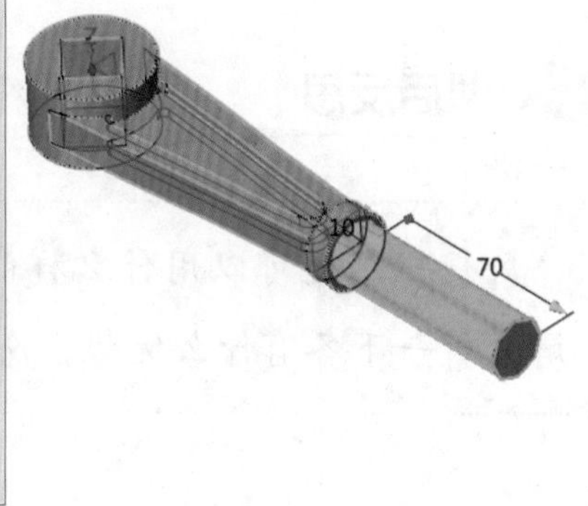

图 2–4–33　圆柱体创建

5）单击工程特征模块中的【倒角】命令→选择默认必选【倒角】方式→选择如图 2–4–34 所示倒角边，倒角距离 s 设置“25” mm→单击【确定】按钮或鼠标中键结束命令→完成手柄创建。

（7）保存文件

使用快捷键（Ctrl+I），显示如图 2–4–35 所示等轴测图，单击【文件】指令，选择【保存】或【另存为】到合适文件夹。

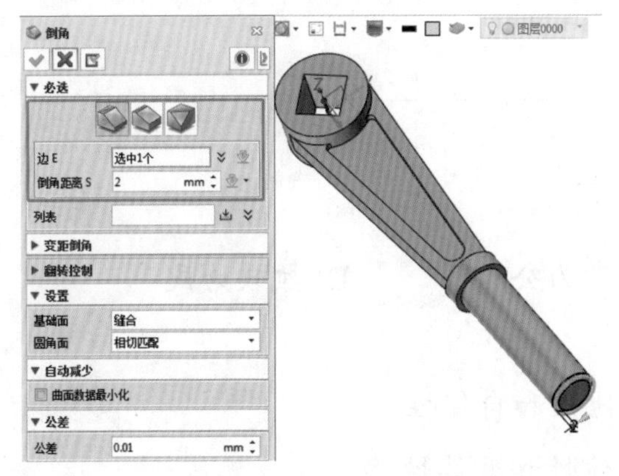

图 2–4–34　倒角

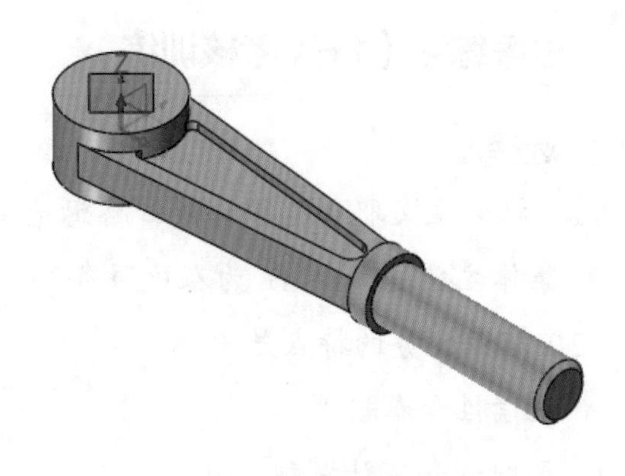

图 2–4–35　保存文件

任务评价

零件建模任务评价如表 2-4-2 所示。

表 2-4-2 零件建模任务评价

序号	项目内容	评分要素	分值	自评	师评
1	手柄建模	建模思路的合理性	30		
		建模要素的完整性	30		
		建模要素的正确性	30		
2	其他	安全文明生产及文件命名正确性	10		
3	合计		100		

课后反思

想一想还可以用什么样的建模思路完成零件的创建过程？比较一下几种建模过程，请分析一下各有什么优势，您更喜欢哪一种？

任务小结

本任务主要介绍一个简单的手柄设计，了解中望 3D 软件实体建模中的一些最基本、常用命令，包含草图工具的使用、实体特征创建、基准面的建立等，这些功能必须熟练掌握；复习了中望 3D 软件草图绘制工具的使用和尺寸的约束方法。

思考练习（1+X 考核训练）

1. 选择题

（1）社会主义职业道德的核心思想是（　　）。

A. 集体主义　　B. 为人民服务　　C. 立党为公　　D. 执政为民

（2）职业义务的特点是（　　）。

A. 无偿性和奉献性　　B. 利他性和自律性

C. 尽职责和不计报酬　　D. 利他性和无偿性

（3）正确行使职业权力的首要要求是（　　）。

A. 要树立一定的权威性　　B. 要求执行：权力的尊严

C. 要树立正确的职业权力观　　D. 要能把握恰当的权力分寸

（4）基准是标注尺寸的（　　）。

A. 起止点　　B. 范围

C. 起点　　D. 方向

（5）图样上的汉字应采用（　　）字。

A. 宋体　　B. 仿宋体

C. 长仿宋体　　D. 楷体

（6）下列哪一项不是投影平行面中水平面的投影特性？（　　）

A. H 面投影反映实形　　B. V 面投影积聚成线

C. W 面投影积聚成线　　D. V 面投影反映实形

（7）三视图之间的投影关系为（　　）。

A. 主视图、俯视图宽相等　　B. 俯视图、左视图长对正

C. 主视图、左视图高平齐　　D. 俯视图、左视图高平齐

（8）物体向不平行于基本投影面的平面投射所得到的视图称为（　　）。

A. 向视图　　B. 基本视图

C. 斜视图　　D. 局部视图

（9）根据给出的主、俯视图，下面正确的左视图是（　　）。

A. 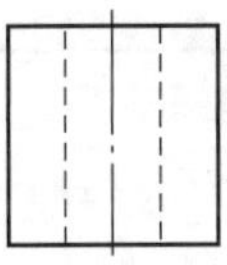　　B.

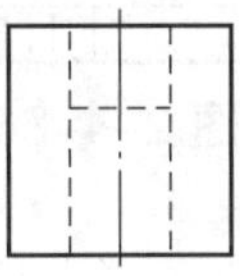

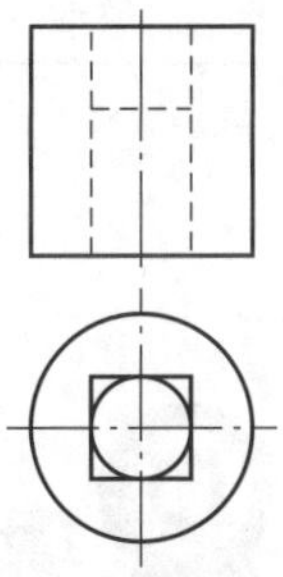

C. 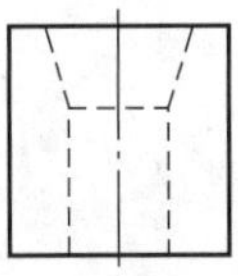　　D.

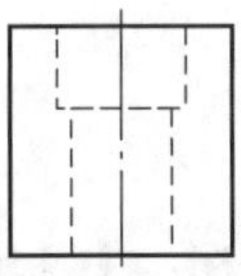

（10）根据给出的主、俯视图，下面正确的轴测图是（　　）。

A. 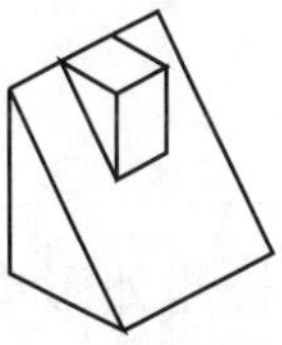　　B.

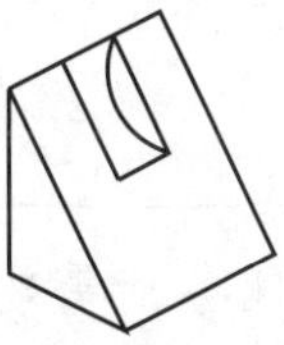

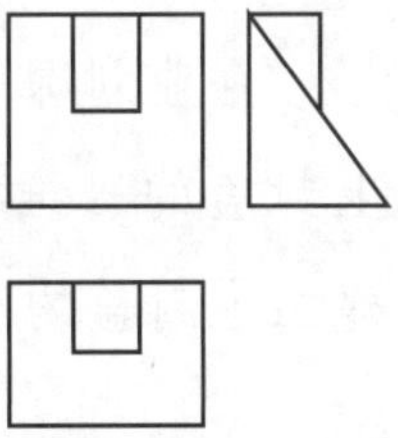

C. 　　D.

2. 绘图题

根据给定零件图纸及尺寸，如图 2-4-36 所示，分析建模思路并完成零件三维模型创建。

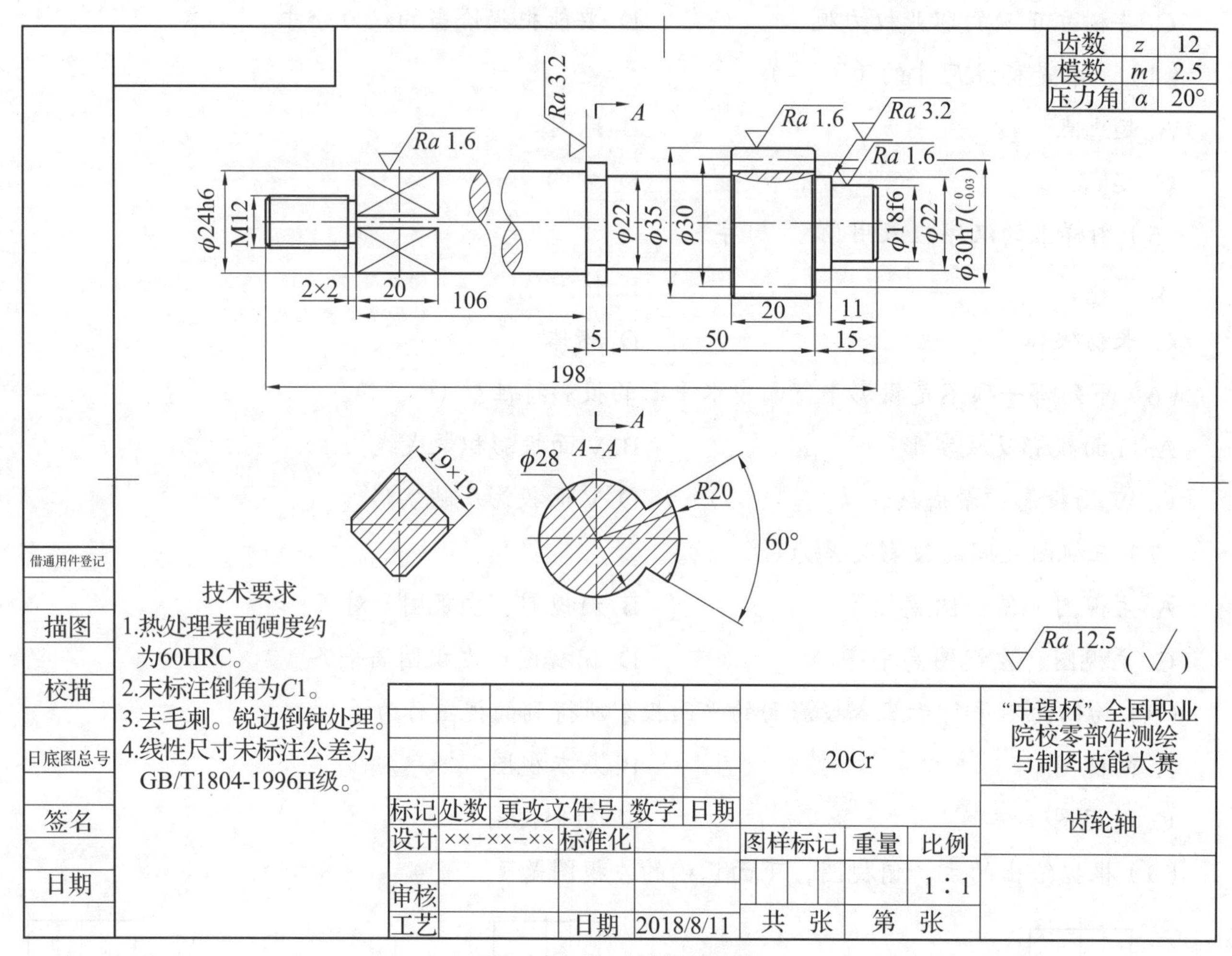

图 2-4-36 绘图题图纸

任务 5 上封盖零件建模

任务描述

企业刘师傅接到一个检测订单任务，需要检测上封盖的加工精度情况，检测外形需要用到上封盖的三维模型。订单企业提供了上封盖的二维图纸，如图 2-5-1 所示，您能帮助刘师傅建立上封盖的三维模型吗？

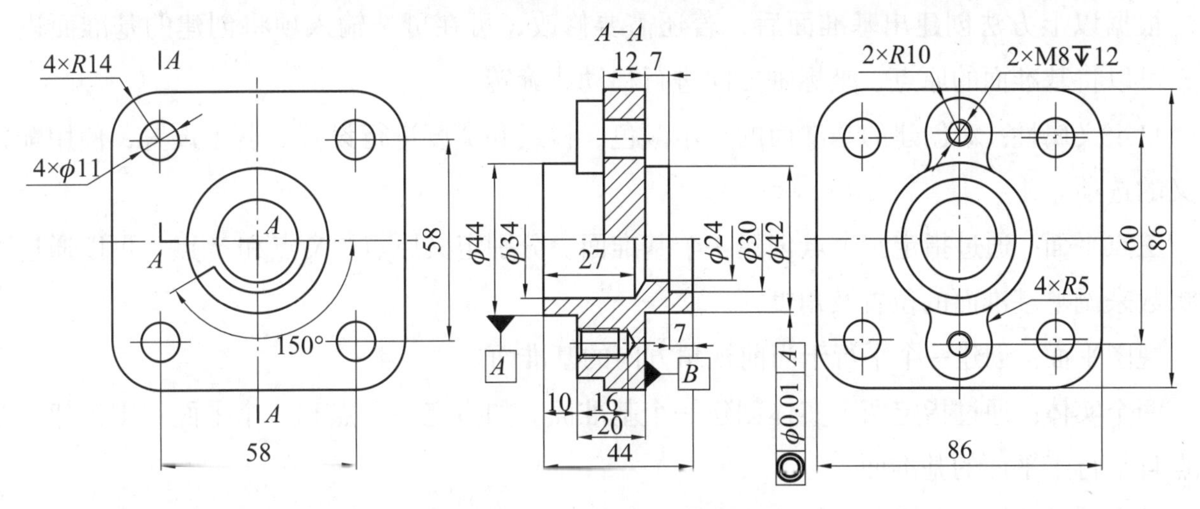

图 2-5-1　上封盖二维图纸

学习目标

1. 熟练掌握常用工程特征的创建方法与步骤。
2. 学会孔特征、倒圆角等具体操作方法。
3. 掌握特征编辑的方法与步骤。
4. 通过有序、规范、严谨的建模过程，养成严谨认真的良好职业素养。
5. 培养学生具有计算机绘图及辅助机械设计和制造的能力。

知识链接

1. 基准面基础操作

在中望 3D 中新建零件图时，会自动在原点处有 XY、YZ、ZX 三个标准基准面。同时可以使用基准面功能自行创建需要的参考基准面，如图 2-5-2 所示。

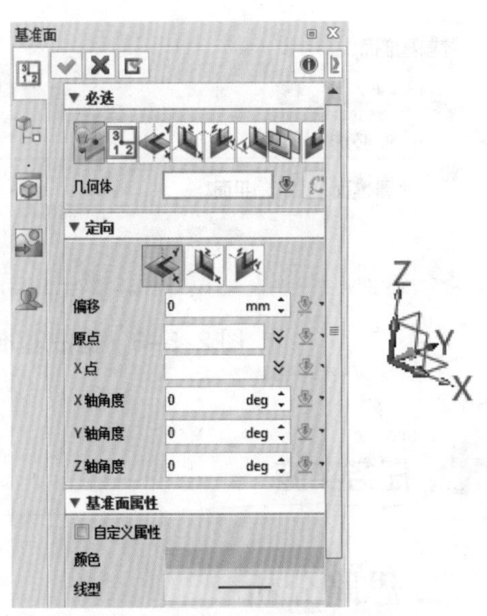

图 2-5-2　基准面对话框

平面系统根据选择的不同几何体自动创建相应的基准面。可以通过下面的参数来调整基准面的位置及角度。

几何体：根据对象自动创建时使用，可以选择线或面。选择线时，选择线上的点为原点，Z 轴方向与线的切线方向一致。选择面时，面的法向即为 Z 轴方向。

偏移：在目前定义位置的基础上偏移一定距离。

原点 /X 点：定义基准面的原点和 X 轴的正方向。

根据以上方法创建出基准面后，若还需要修改，可在可选输入项将创建的基准面进行调整，可以将基准面的原点、坐标轴方向进行移动或旋转。

自定义属性：对创建的基准面的显示颜色、样式和宽度进行设置。若不设置，使用配置中定义的选项。

三点平面：通过指定三个点创建一个基准面。分别定义原点、X 点和 Y 点。可以通过下面的参数来调整基准面的位置及角度。

视图平面：创建一个平行于当前视角方向的基准面。

两个实体：通过指定两个实体创建一个基准面。如指定一个点和一个平面，则创建一个穿过点且平行于平面的基准面。

动态：通过指定坐标点，然后动态调整 X、Y、Z 轴的角度，来创建合适的基准面。

2. 拖曳基准面

单击工具栏中的【造型】—【基准面】后的下三角号，选择【拖拽基准面】功能图标。使用该功能拖曳“矩形”基准面。当功能激活时，所选择的基准面上会显示 8 个可拖拽的点，分别表示上、下、左、右、左上、左下、右上和右下 8 个拖拽方向。可选择一个点拖拽来调整基准面的大小，如图 2-5-3 所示。

3. 坐标

单击工具栏中的【造型】—【基准面】后的下三角号，选择【LCS】功能图标。该功能指定某一基准面作为激活的局部坐标系，任何坐标的输入均需要参考该局部坐标系，而非默认的全局坐标系，如图 2-5-4 所示。

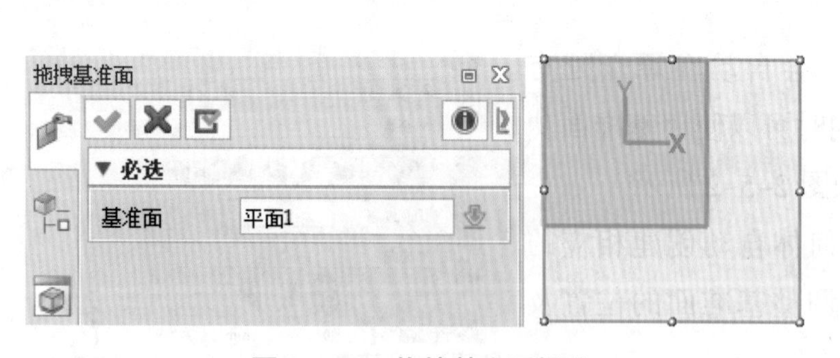

图 2-5-3　拖拽基准面操作

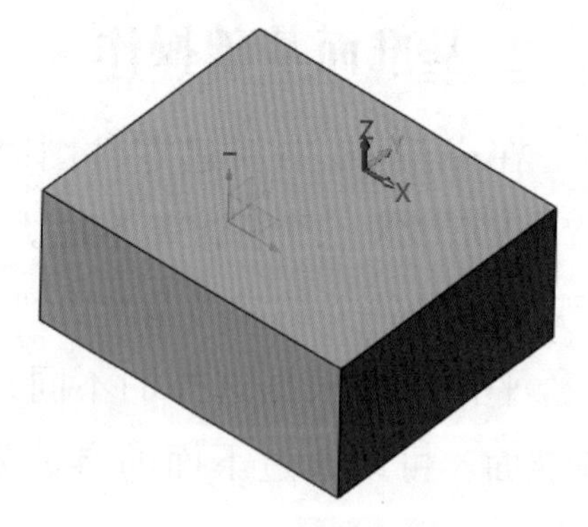

图 2-5-4　局部坐标系

任务实施

1. 思路分析

上封盖零件建模思路如表 2-5-1 所示。

表 2–5–1　上封盖零件建模思路

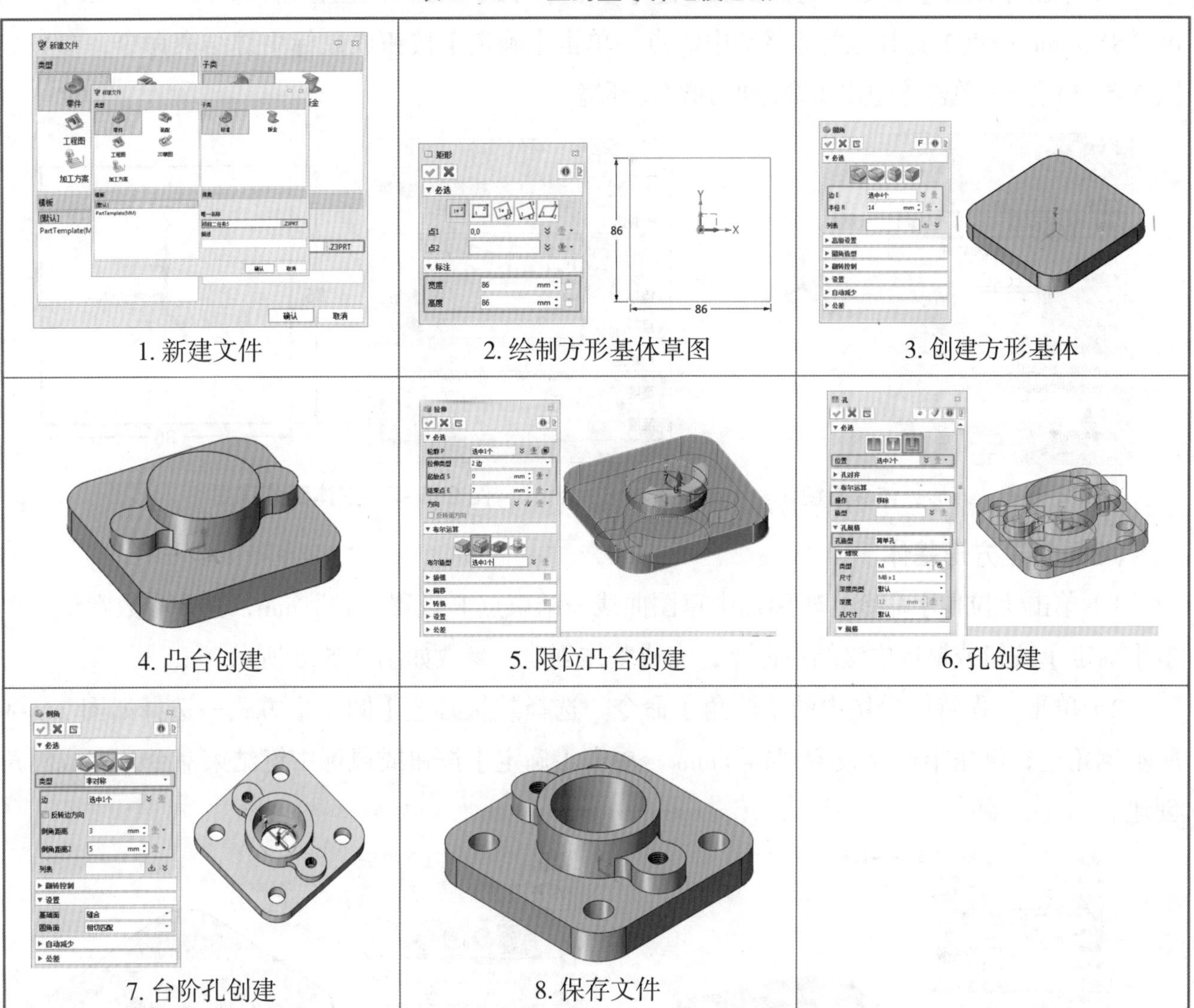

2. 实施步骤

（1）新建文件

启动中望 3D 软件，选择默认类型【零件】→子类【标准】→输入唯一名称“项目二任务 5”→单击【确认】按钮或鼠标中键结束命令，进入建模环境，如图 2–5–5 所示。

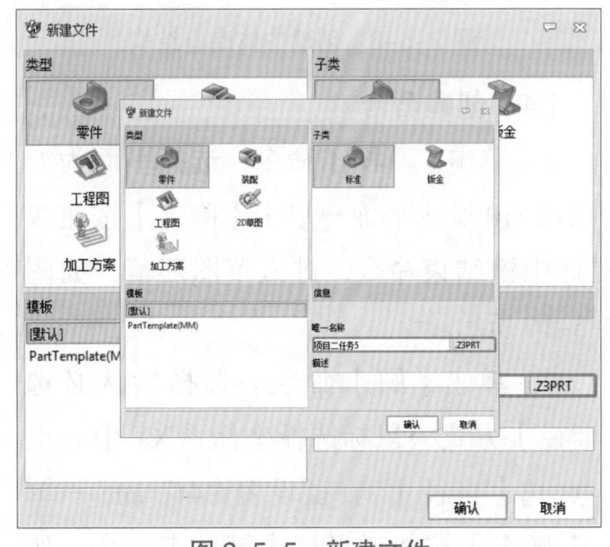

图 2–5–5　新建文件

（2）绘制方形基体草图

1）单击【草图】命令，选择平面为坐标系 XY 平面→单击【确定】按钮或鼠标中键结束命令，进入草图环境，如图 2–5–6 所示。

2）单击【矩形】命令→选择默认必选【中心】方式→在标注位置输入宽度“86” mm →高度“86” mm →点 1 选择坐标系 XY 中心点→单击【确定】按钮或鼠标中键结束命令，参数如图 2–5–7 所示→单击【退出】命令回到建模环境。

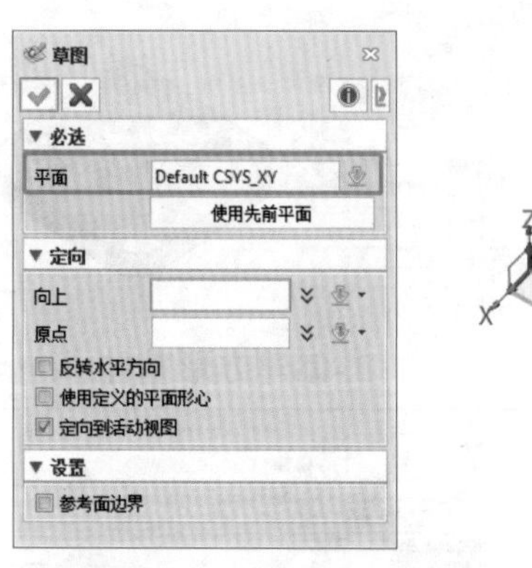

图 2–5–6　方形基体草图创建

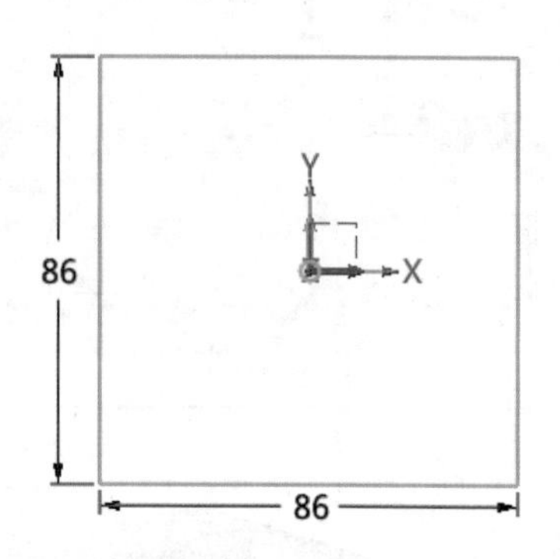

图 2–5–7　主体部分草图

（3）创建方形基体

1）单击【拉伸】命令，轮廓选中草图曲线→结束点 E 设置“12” mm，其余参数默认→单击【确定】按钮或鼠标中键结束命令，完成基体创建，参数如图 2–5–8 所示。

2）单击工程特征模块中的【圆角】命令→选择默认必选【圆角】方式→选择如图 2–5–9 所示倒角边，倒角半径 *R* 设置“14” mm →单击【确定】按钮或鼠标中键结束命令，完成圆角创建。

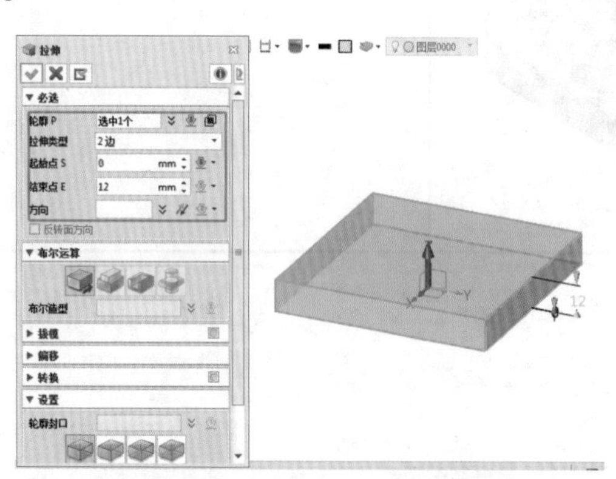

图 2–5–8　创建主体底座结构

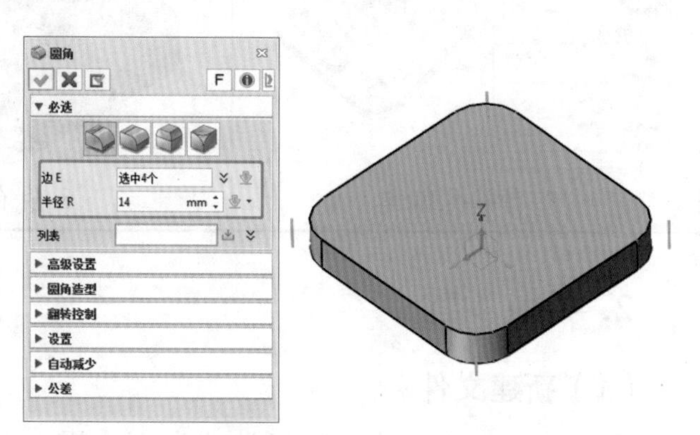

图 2–5–9　圆角创建

（4）创建凸台

1）单击【草图】命令，选择平面为如图 2–5–10 所示平面→单击【确定】按钮或鼠标中键结束命令，进入草图环境，如图 2–5–10 所示。

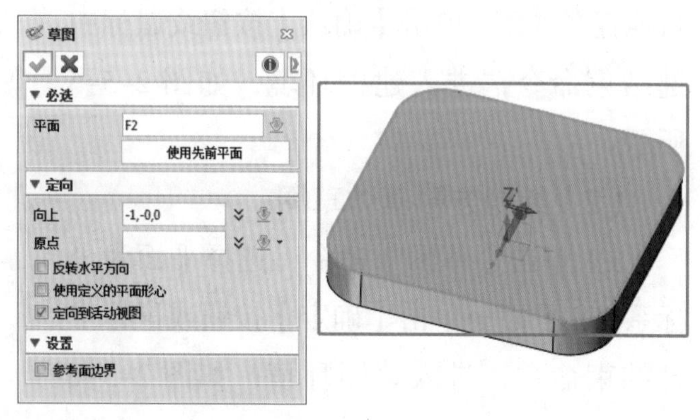

图 2–5–10　草图创建

2）单击【圆】命令→选择默认必选【半径】方式→鼠标选择坐标系 XY 中心点→点选【直径】，直径设置“44” mm →单击【确定】按钮或鼠标中键结束命令，如

图 2-5-11 所示。

3）单击【圆】命令→选择默认必选【半径】方式→圆心选择坐标“0，30”→点选【半径】，半径设置“10” mm→单击【确定】按钮或鼠标中键结束命令，如图 2-5-12 所示。

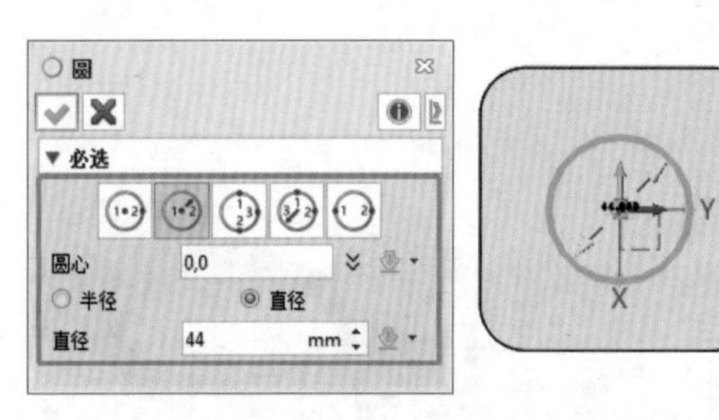

图 2-5-11　圆创建

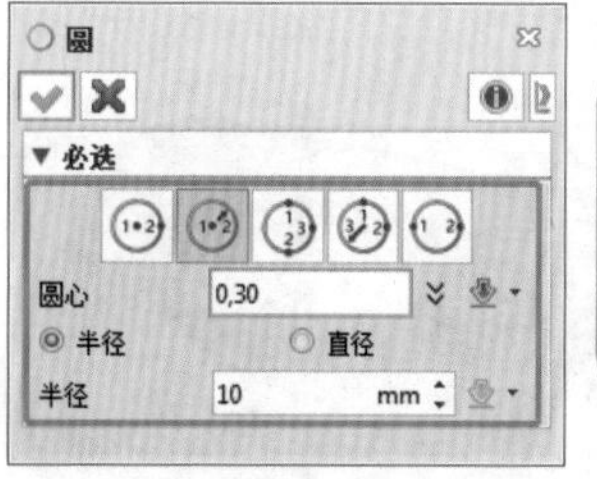

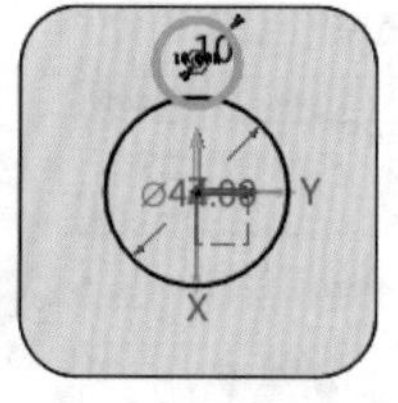

图 2-5-12　参数设置

4）草图环境下，单击编辑曲线模块中的【圆角】命令→曲线 1、曲线 2 选择如图 2-5-13 所示曲线→半径设置“5”mm→修剪设置为“不修剪”→单击【确定】按钮或鼠标中键结束命令，如图 2-5-14 所示，相同方式创建另一条圆角→完成圆角创建。

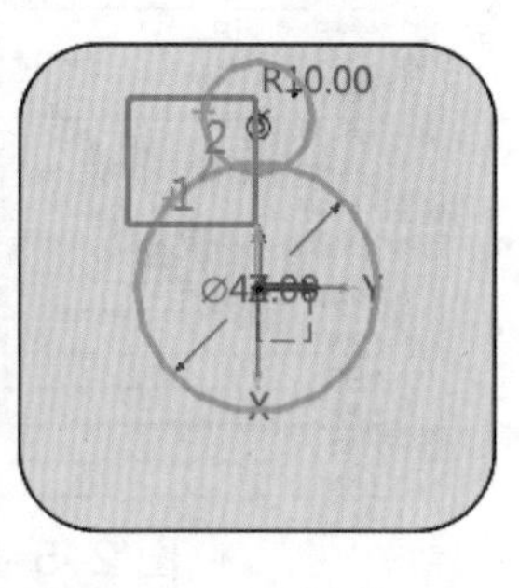

图 2-5-13　圆角参数

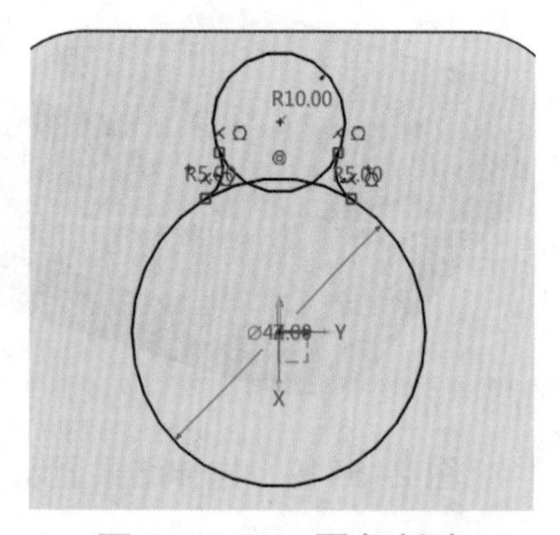

图 2-5-14　圆角创建

5）单击编辑曲线模块中【单击修剪】命令→修剪点依次选择如图 2-5-15 所示“1、2、3”修剪部分→单击【确定】按钮或鼠标中键结束命令，完成草图曲线→退出草图。

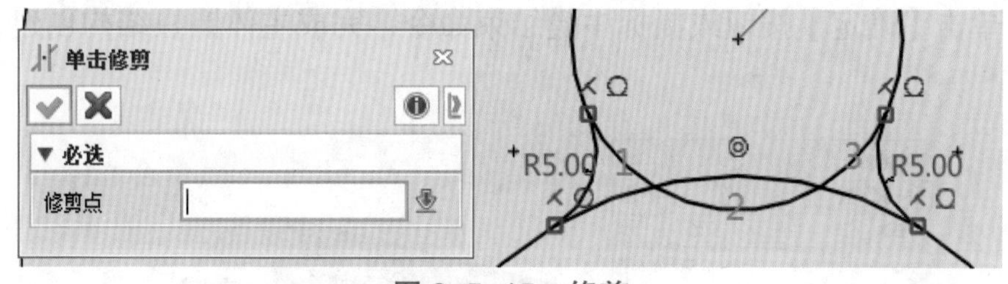

图 2-5-15　修剪

6）单击基础编辑模块中【镜像】命令→实体选中如图 2-5-16 所示曲线，镜像线选择【Y 轴】，其余参数默认→单击【确定】按钮或鼠标中键结束命令，完成草图创建，参数如图 2-5-16 所示→退出草图。

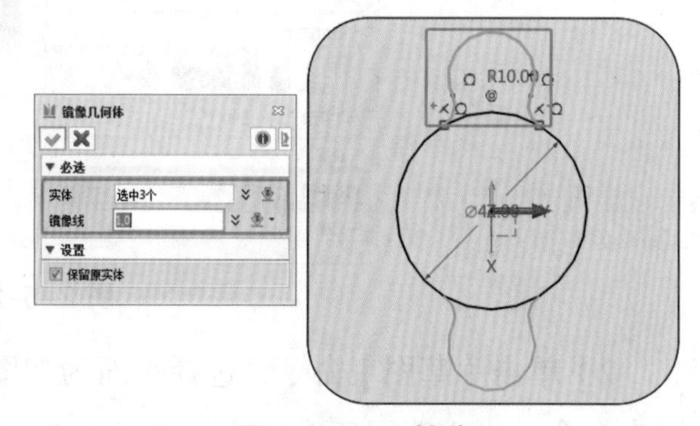

图 2-5-16　镜像

7）单击【拉伸】命令，轮廓选中草图曲线→结束点 E 设置“8” mm→布尔运算选择【加运算】→布尔造型选择实体→单击如图 2–5–17 所示位置“3”显示→选择两处拉伸截面，如图 2–5–18 所示→单击【确定】按钮或鼠标中键结束命令，完成如图 2–5–19 所示结构→相同方式，单击【拉伸】命令，完成圆柱凸台结构，显示如图 2–5–20 所示。

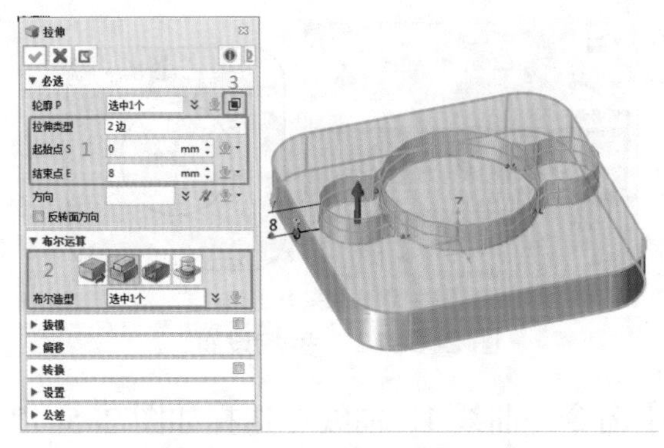

图 2–5–17　拉伸参数设置

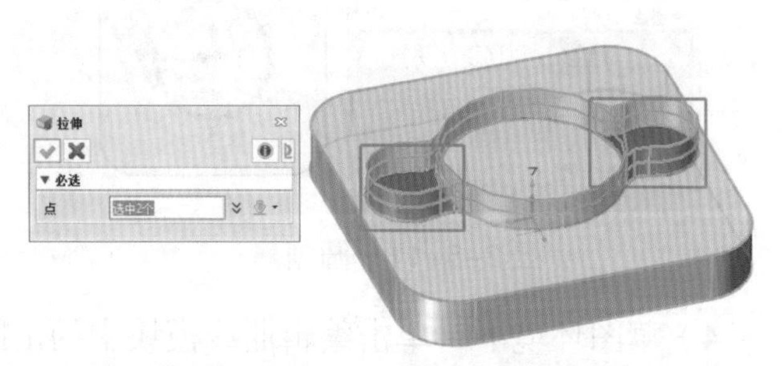

图 2–5–18　拉伸区域选择

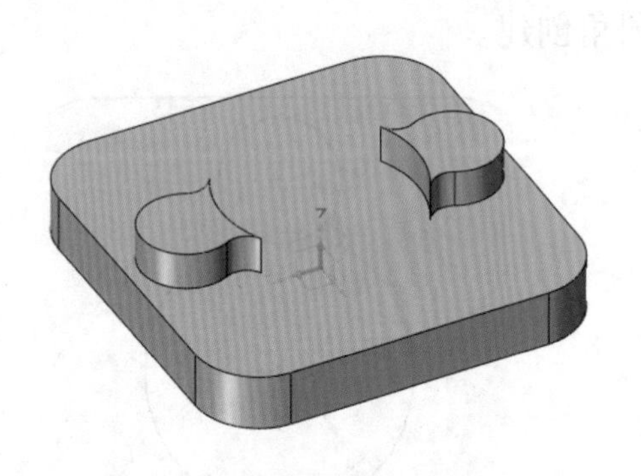
图 2–5–19　拉伸结果显示

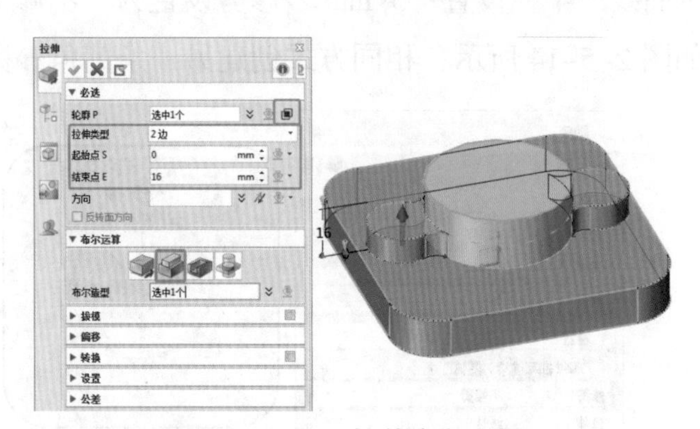

图 2–5–20　拉伸参数设置

（5）创建另一侧凸台

1）单击六面体下【圆柱体】命令→中心选择 XY 平面中心→输入圆柱体参数半径“21”mm→长度“7”mm→布尔运算选择【加运算】→布尔造型选中已创建实体→对齐平面选择 XY 平面→单击【确定】按钮或鼠标中键结束命令，完成主体圆柱结构创建，如图 2–5–21 所示。

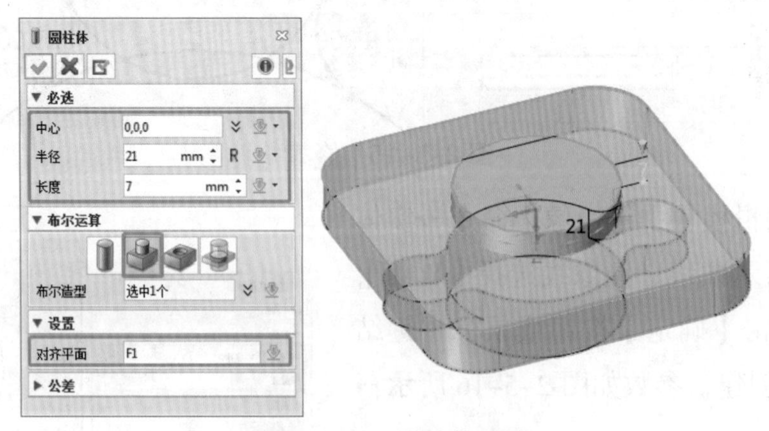

图 2–5–21　圆柱体创建

2）单击【草图】命令，选择平面为如图 2–5–22 所示平面→单击【确定】按钮或鼠标中键结束命令，进入草图环境→绘制如图 2–5–23 所示草图→退出草图。

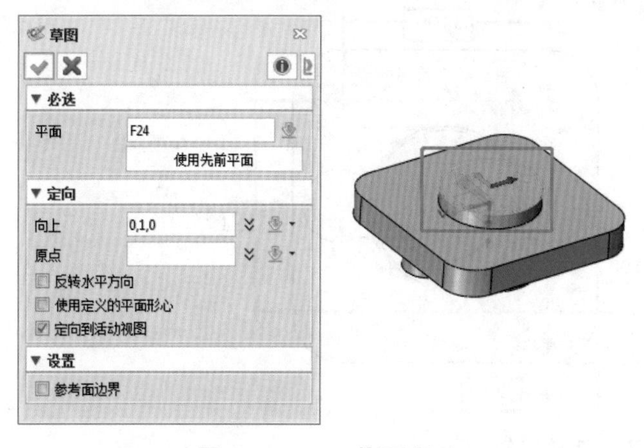

图 2–5–22　草图创建　　　　图 2–5–23　绘制草图

3）单击【拉伸】命令，轮廓选中草图曲线→拉伸类型【2 边】→结束点 E 设置“7”mm→布尔运算选择【加运算】→布尔造型选择实体，其余参数默认→单击【确定】按钮或鼠标中键结束命令，完成凸台创建，如图 2–5–24 所示。

（6）创建 4 个螺栓孔

1）单击【草图】命令→选择平面为如图所示平面→单击【确定】按钮或鼠标中键结束命令，进入草图环境→绘制如图 2–5–25 所示草图→退出草图。

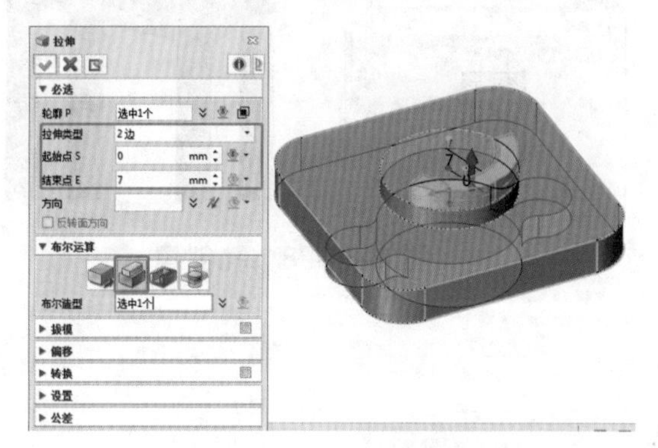

图 2–5–24　拉伸参数设置

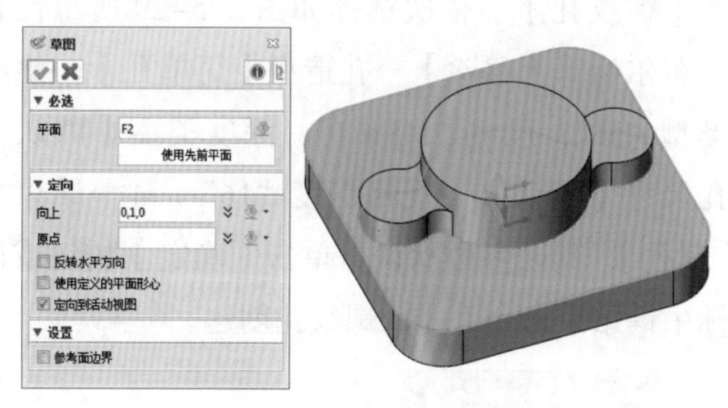

图 2–5–25　草图创建

2）单击子草图【2×2 穿孔阵列】命令→必选基点设置为“–43，–43”→单击【确定】按钮或鼠标中键结束命令→双击如图 2–5–26 所示穿孔阵列，修改尺寸参数，如图 2–5–27 所示。

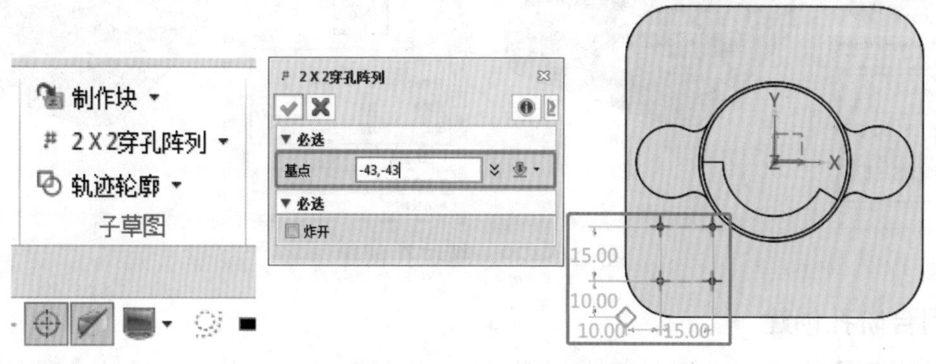

图 2–5–26　2×2 穿孔阵列

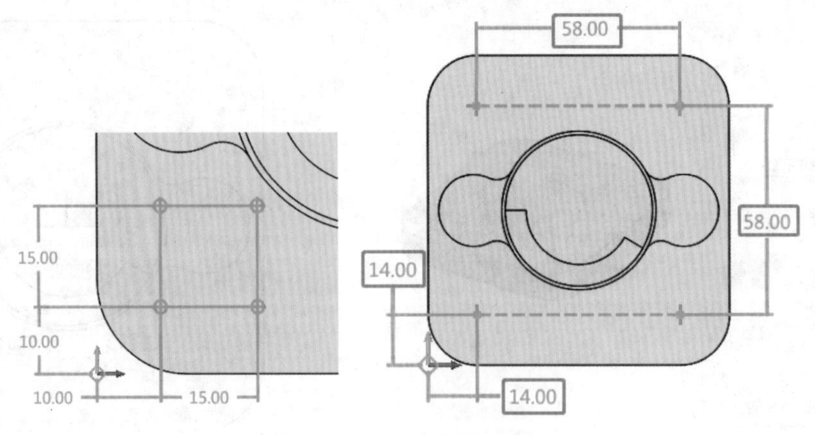

图 2-5-27 参数设置

3）单击工程特征模块中的【孔】命令→必选【常规孔】→位置依次选择 2×2 阵列点→布尔运算【移除】→孔造型【简单孔】→规格直径“11” mm→结束端【通孔】，其余参数默认→单击【确定】按钮或鼠标中键结束命令，完成螺栓孔创建，如图 2-5-28 所示。

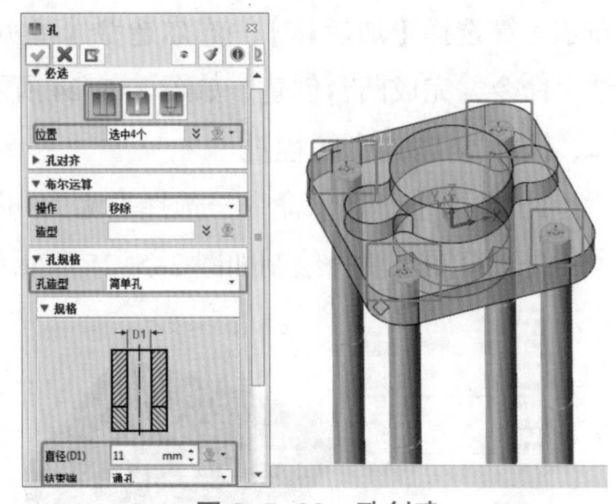

图 2-5-28 孔创建

4）单击工程特征模块中的【孔】命令→必选【螺纹孔】→依次选择如图 2-5-29 所示位置→布尔运算【移除】→孔造型【简单孔】→螺纹类型“M”，尺寸“M8×1”，深度类型【默认】，孔尺寸【默认】→规格深度“16” mm→结束端【盲孔】，其余参数默认→单击【确定】按钮或鼠标中键结束命令，完成螺纹孔创建。

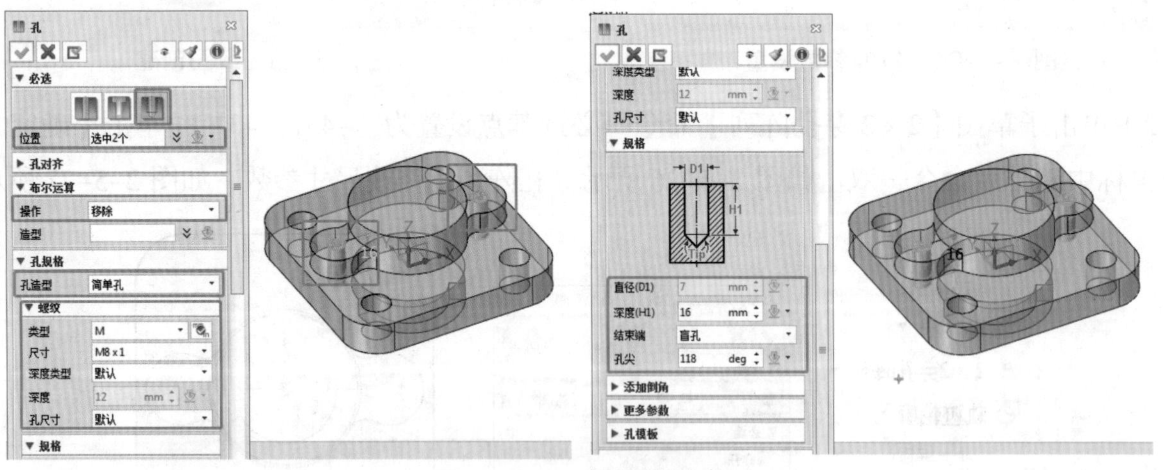

图 2-5-29 螺纹孔创建

（7）中间台阶孔创建

1）单击【草图】命令，选择平面为如图 2-5-30 所示平面→单击【确定】按钮或鼠标中键结束命令，进入草图环境。

2）单击【圆】命令→选择默认必选【半径】方式→鼠标选择坐标系 XY 中心点→点选【直径】，直径设置“34” mm →单击【确定】按钮或鼠标中键结束命令→退出草图，如图 2-5-31 所示。

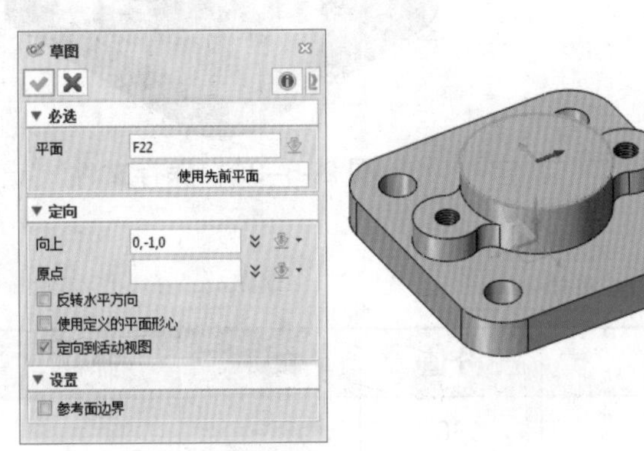

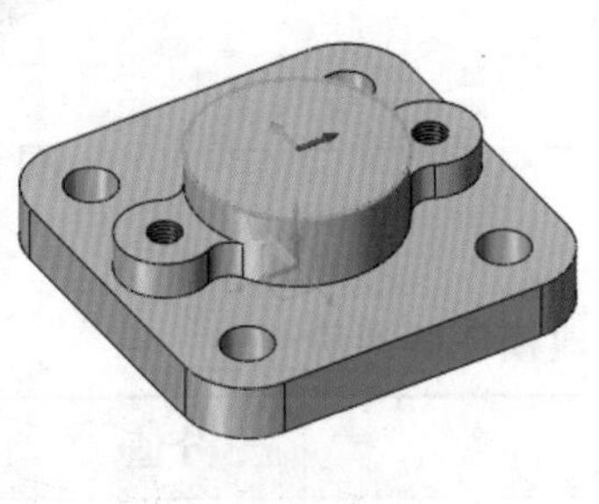

图 2-5-30　草图创建

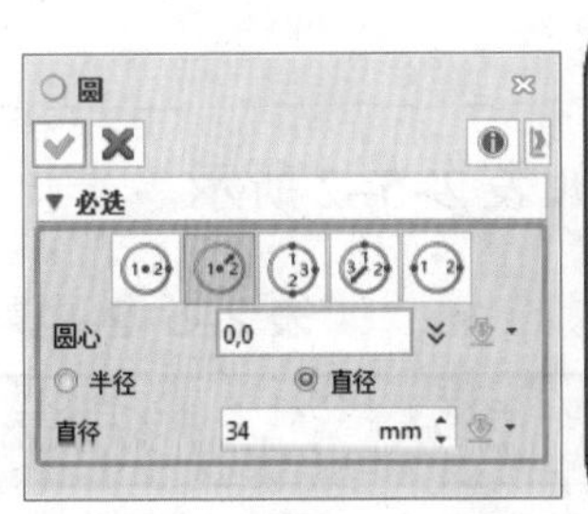

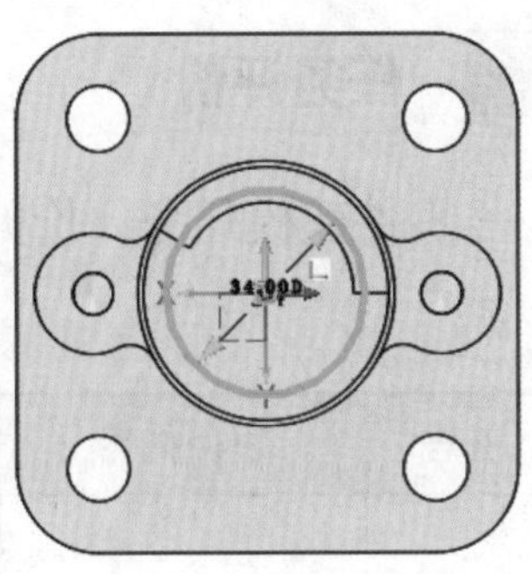

图 2-5-31　圆创建

3）单击【拉伸】命令，轮廓选中草图曲线→结束点 E 设置“27” mm →修改拉伸方向→布尔运算选择【减运算】→布尔造型选择实体，其余参数默认→单击【确定】按钮或鼠标中键结束命令，完成孔创建，参数如图 2-5-32 所示。

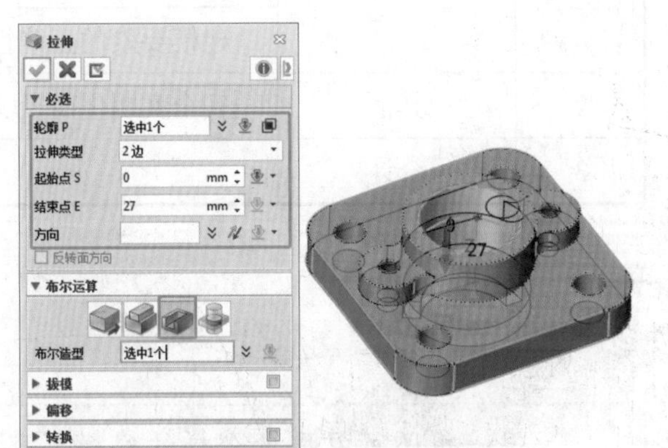

图 2-5-32　拉伸参数设置

4）单击工程特征模块中的【孔】命令→必选【常规孔】→位置选择中心→布尔运算【移除】→孔造型【简单孔】→规格直径“24” mm →结束端【通孔】，其余参数默认→单击【确定】按钮或鼠标中键结束命令，完成孔创建，参数如图 2-5-33 所示。

5）单击工程特征模块中的【倒角】命令→选择必选【非对称】方式→选择倒角边，倒角距离设置“3” mm，倒角距离 2 设置“5” mm →单击【确定】按钮或鼠标中键结束命令，完成倒角创建，如图 2-5-34 所示。

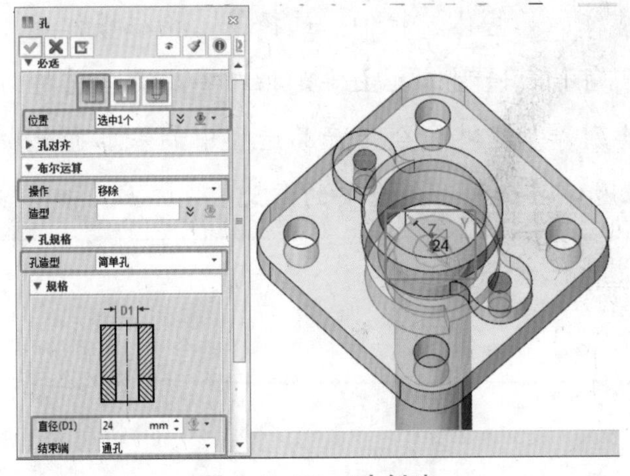

图 2-5-33　孔创建

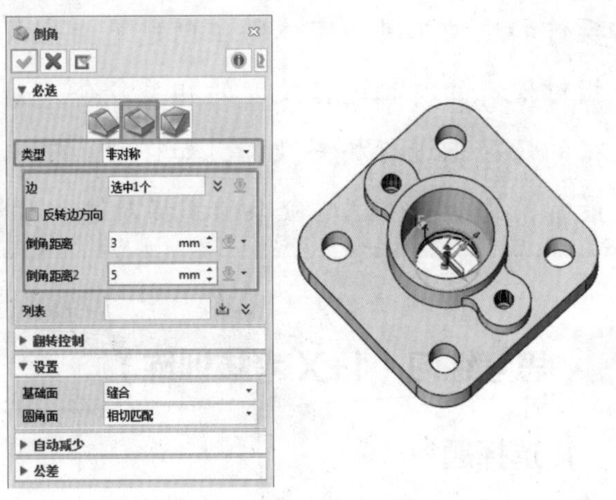

图 2-5-34　倒角创建

（8）保存文件

使用快捷键（Ctrl+I），显示如图 2-5-35 所示等轴测图，单击【文件】指令，选择【保存】或【另存为】到合适文件夹。

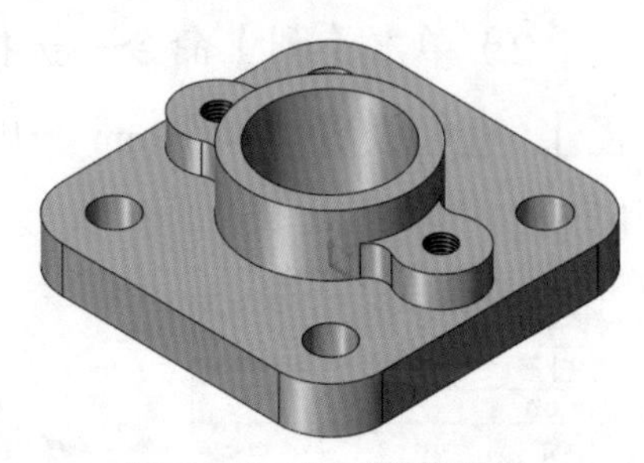

图 2-5-35　保存文件

任务评价

零件建模任务评价如表 2-5-2 所示。

表 2-5-2　零件建模任务评价

序号	项目内容	评分要素	分值	自评	师评
1	上封盖建模	建模思路的合理性	30		
		建模要素的完整性	30		
		建模要素的正确性	30		
2	其他	安全文明生产及文件命名正确性	10		
3	合计		100		

课后反思

想一想还可以用什么样的建模思路完成零件的创建过程？请试试看，比较一下几种建模过程，并分析一下各有什么优势，您更喜欢哪一种？

任务小结

本任务主要介绍了中望 3D 软件实体建模中常用的命令，包含实体特征创建、特征操作和造型工具。实体特征创建是指生成新特征，如基体、拉伸、选择等。特征操作是指对现有的特征进行改变的相关命令，如倒圆角等。造型工具主要是指在不改变当前特征的情况下进行相关操作，如移动、镜像、阵列等。这些命令是产品造型中最基本也是最常用的功能，这些命令的掌握对进一步深入地学习造型有着重要的意义。

思考练习（1+X 考核训练）

1. 选择题

（1）办事公道要求做到（　　）。

A. 坚持原则，秉公办事　　　　B. 公平交易，实行平均主义

C. 一心为公，不计较他人得失　　　　D. 办事以本单位利益为重

（2）酒店工作人员职业道德行为规范条款中有（　　）。

A. 满腔热情，多劝饮酒　　　　B. 搞好房间卫生，陪客人聊天

C. 工作负责，不断纠正客人错误　　　　D. 宾客至上，优质服务

（3）职业道德行为的特点之一是（　　）。

A. 认真修养，才能成为高尚的人　　　　B. 对他人和社会影响重大

C. 不管行为方式如何，只要效果好　　　　D. 在职业活动环境中才有职业道德

（4）图中 $B–B$ 剖视图采用的剖切面是（　　）。

A. 单一剖切平面　　　　B. 单一斜剖切平面

C. 几个相交的剖切平面　　　　D. 几个平行的剖切平面

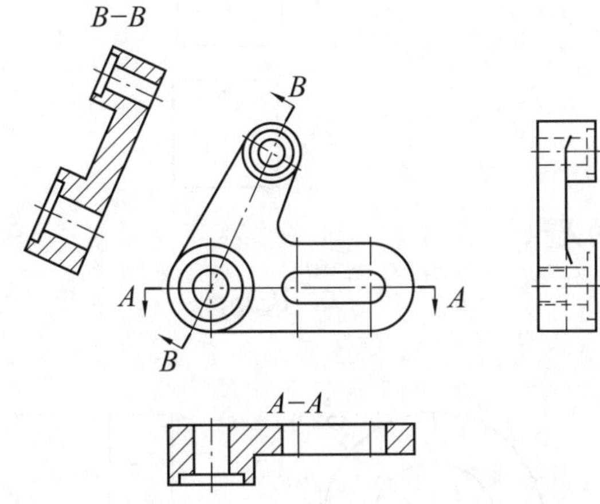

（5）根据给定的主、左视图，正确的俯视图为（　　）。

A. 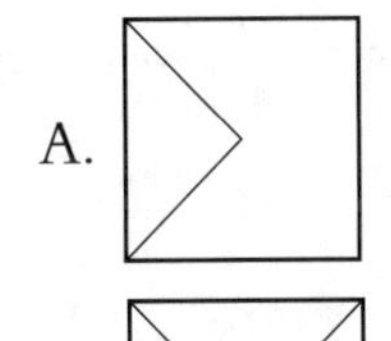

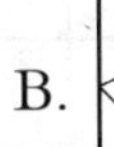

B. 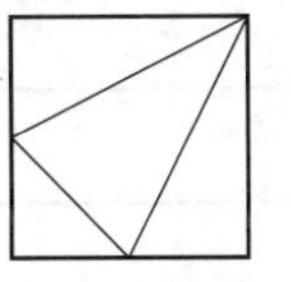

C.

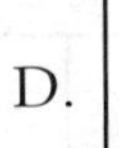

D.

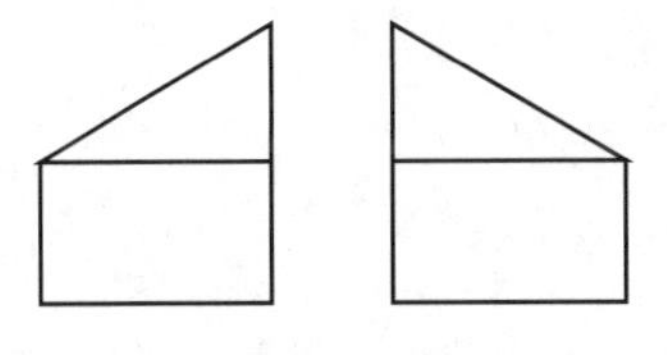

（6）根据给定的主、俯视图，正确的左视图为（　　）。

A. 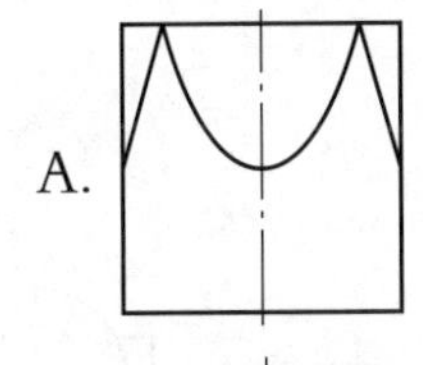

B. 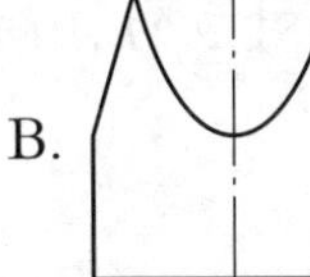

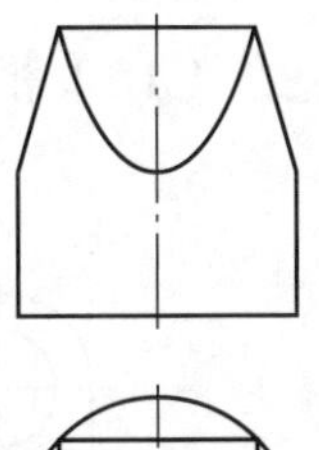

C. 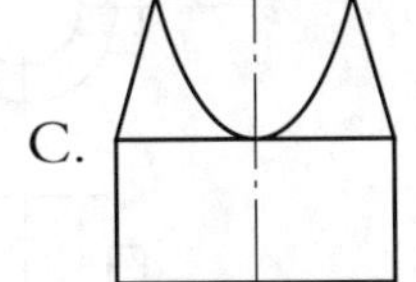

D. 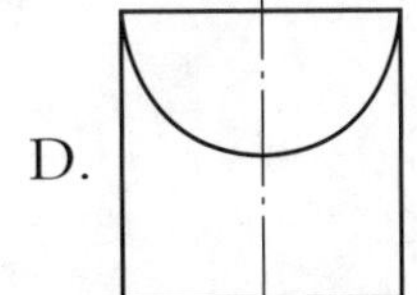

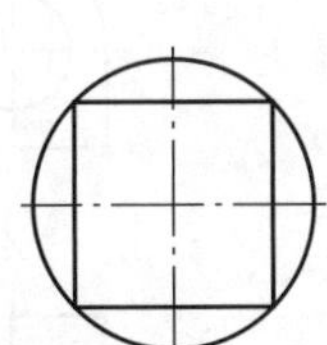

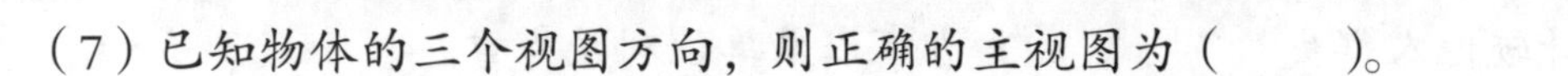
（7）已知物体的三个视图方向，则正确的主视图为（　　）。

A. 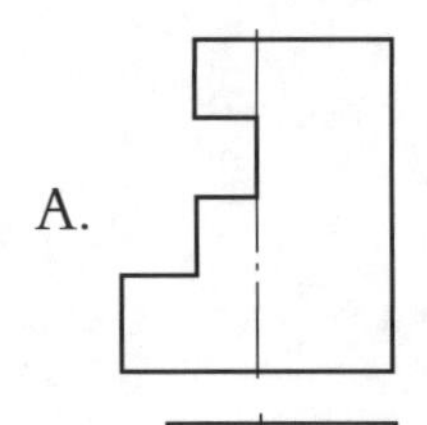

B. 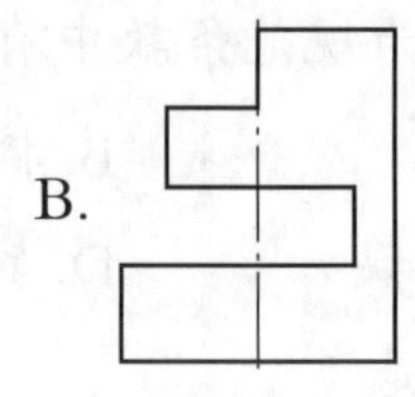

C. 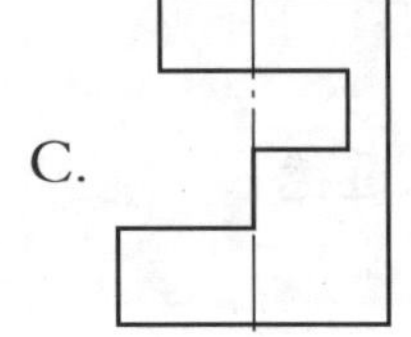

D. 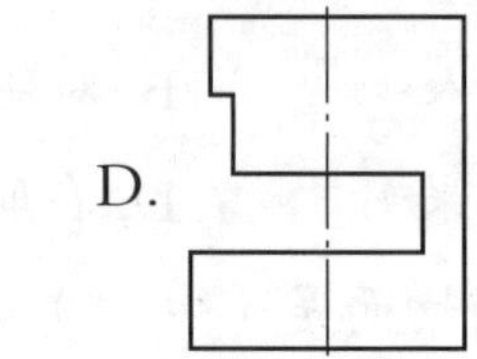

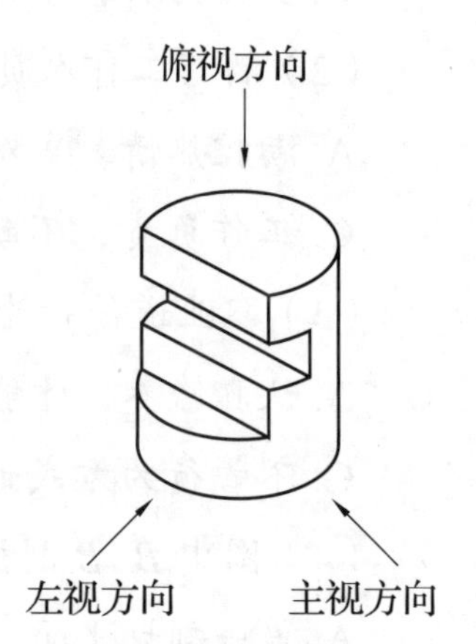

（8）根据主、俯视图确定正确的左视图为（　　）。

A. 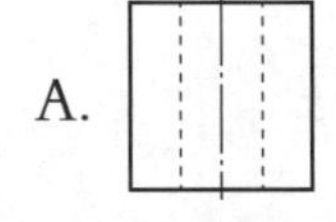

B. 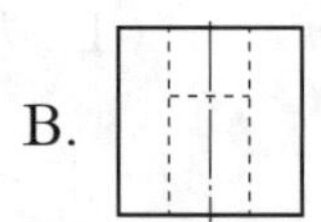

C. 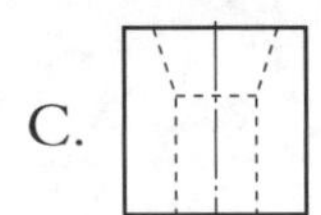

D. 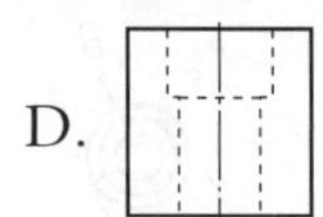

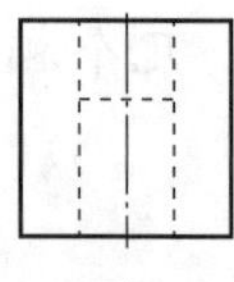

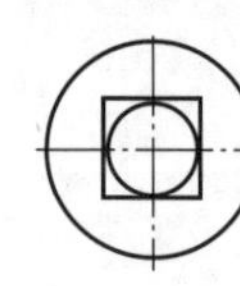

（9）图中尺寸标注错误的是（　　）。

A. 30　　B. 50　　C. R35　　D. 85

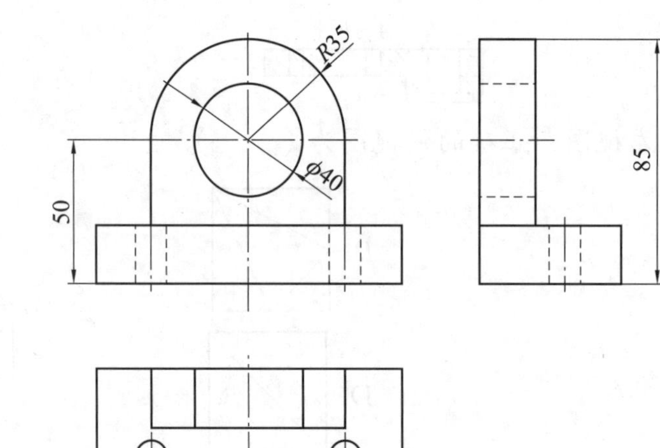

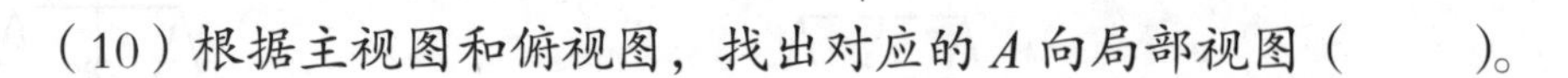
（10）根据主视图和俯视图，找出对应的 *A* 向局部视图（　　）。

A. 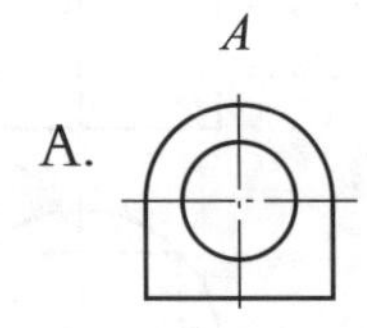

B. 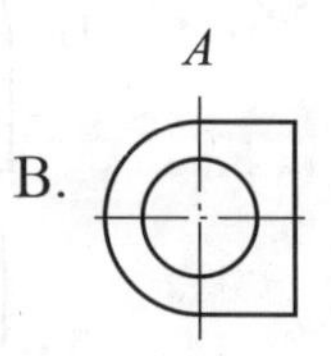

C. 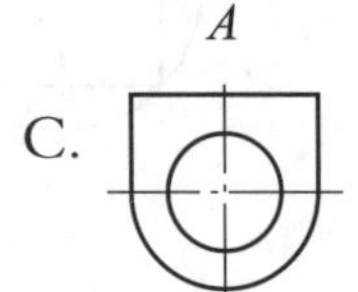

D. 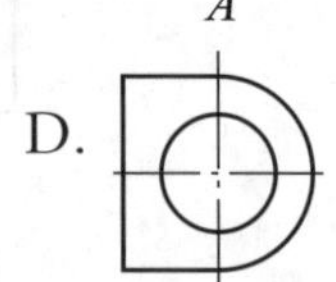

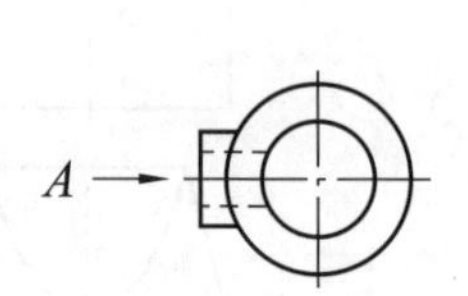

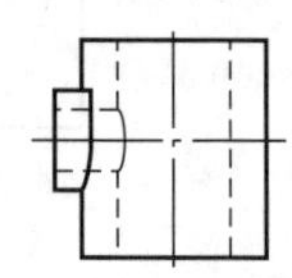

2. 绘图题

根据给定零件图纸及尺寸，如图 2-5-36 所示，分析建模思路并完成零件三维模型创建。

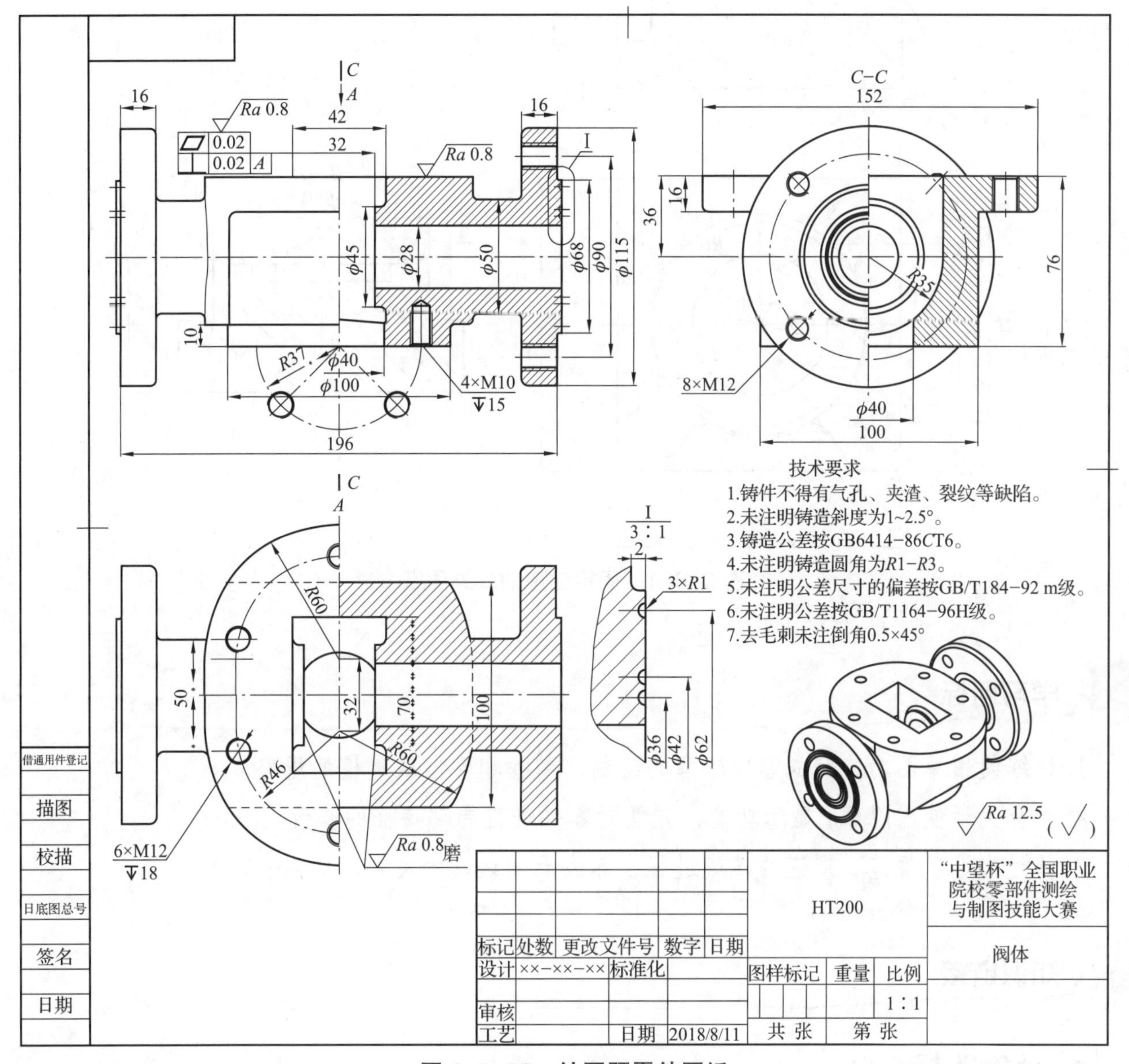

图 2-5-36　绘图题零件图纸

任务 6　固定底座零件建模

任务描述

企业张师傅接到一个数控铣削加工订单任务，订单企业提供了零件的二维图纸，如图 2-6-1 所示，您能帮助张师傅建立编程加工用的三维模型吗？

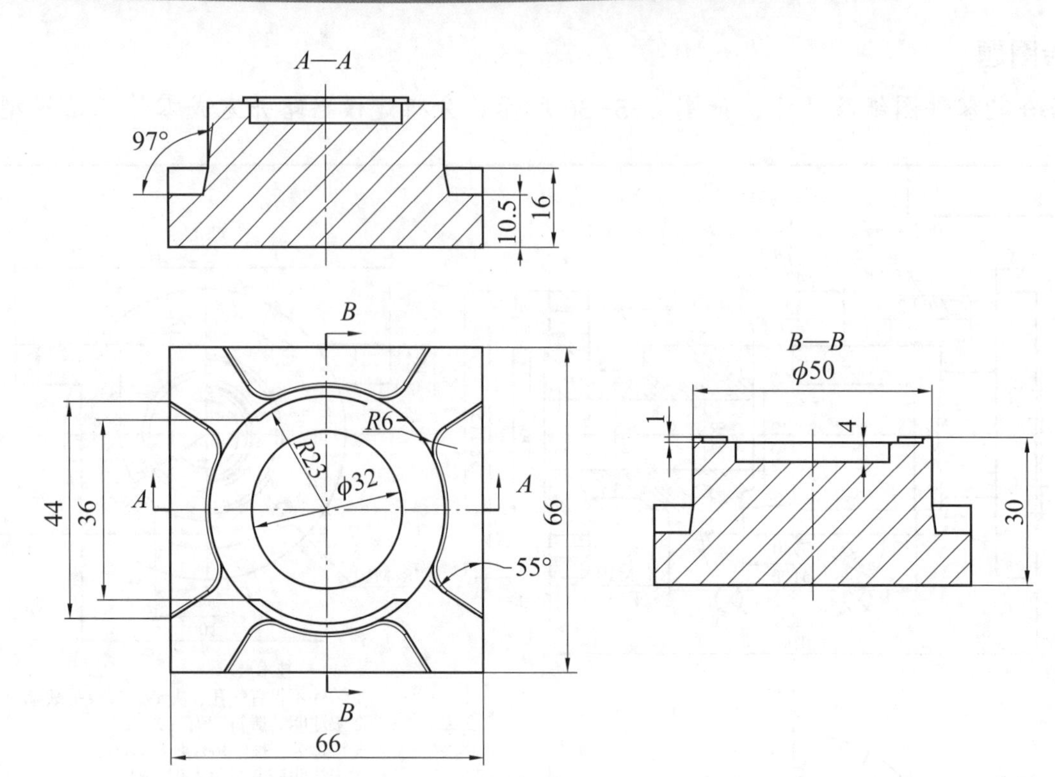

图 2-6-1　固定底座的二维图纸

学习目标

1. 熟练使用草图功能完成零件轮廓的绘制，掌握零件增减建模的思路。
2. 学会灵活使用隐藏 / 显示功能，方便对零件进行局部特征的修改。
3. 通过有序、规范、严谨的建模过程，养成严谨认真的良好职业素养。

知识链接

1. 对象选择

如果想选择单个对象，则可以直接在图形区进行选择。如果想取消选择，则需要按住 Ctrl 键。当然，可以按住 Shift 键进行链选，如图 2-6-2 所示。

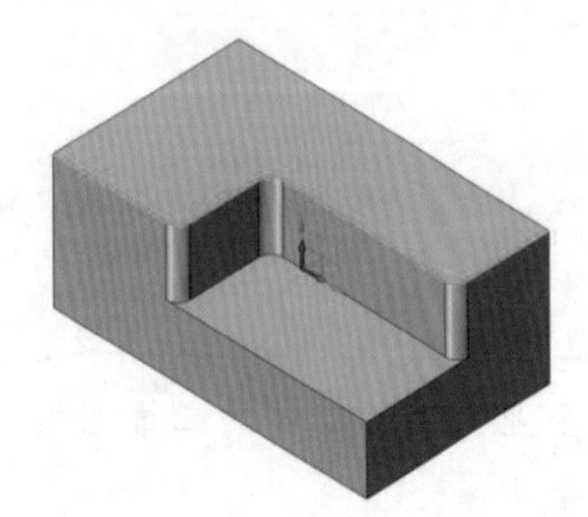

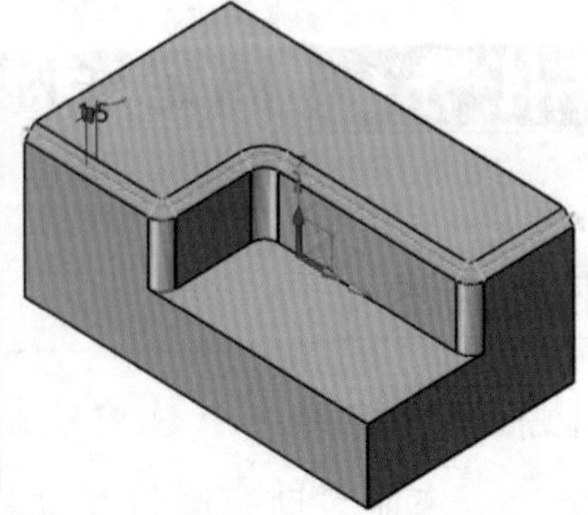

图 2-6-2　用 Shift 进行链选

2. 使用过滤器选择

在很多时候，为了更快、更容易地进行对象选择，最好先在过滤器列表中选择对象类型。如图 2–6–3 所示，在过滤器列表中选择【特征】，这时候当鼠标在模型上移动时，只有特征类对象会高亮显示。

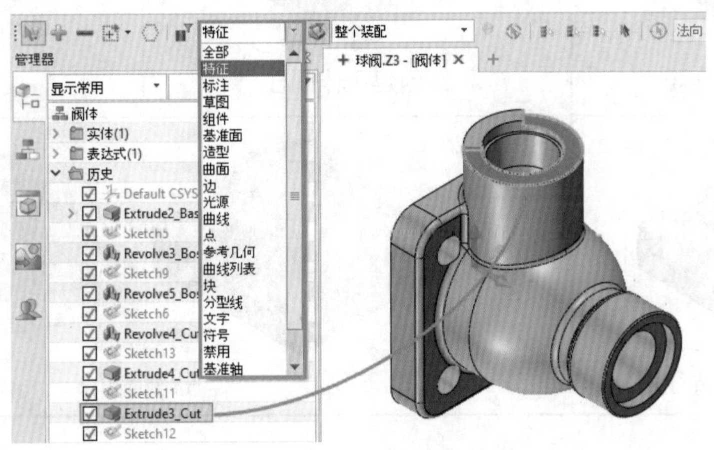

图 2–6–3　使用过滤器选择

3. 选择隐藏对象

有时候想选择的对象位于模型内部或者被其他对象所覆盖，在中望 3D 中有两种方法去选择这些隐藏对象。

第一种方法，如图 2–6–4 所示，按住 Alt 键，同时，鼠标移动到想选择的对象的位置。

第二种方法，是在隐藏对象所在的位置鼠标右击，进入【从列表拾取】选项，然后从列表中选择对象，如图 2–6–5 所示，隐藏的面被选取。

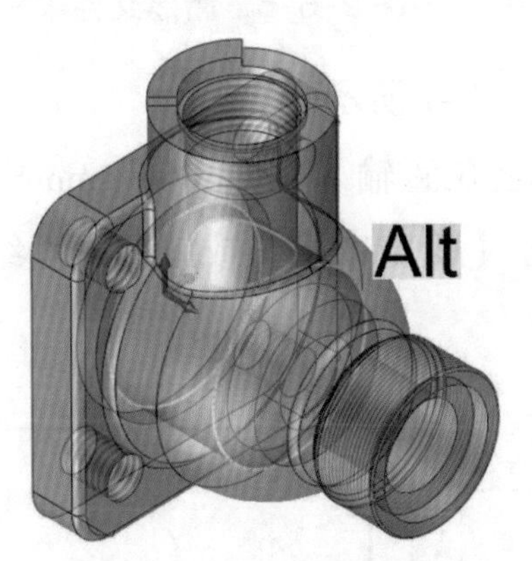

图 2–6–4　使用 Alt 键选择

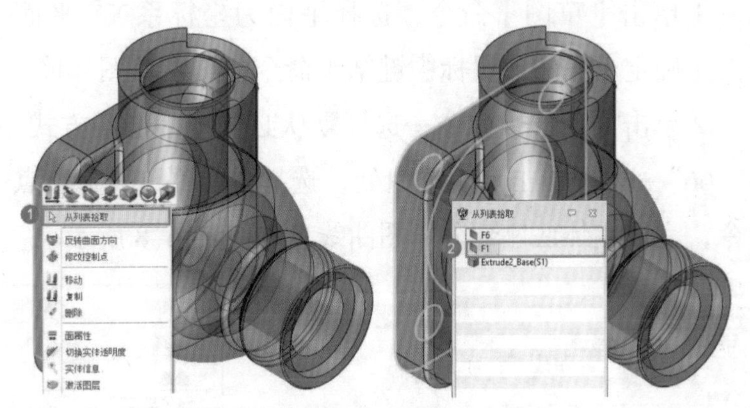

图 2–6–5　从列表中拾取

任务实施

1. 思路分析

建模思路如表 2–6–1 所示。

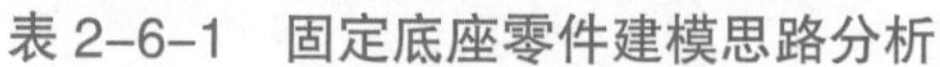

表 2–6–1　固定底座零件建模思路分析

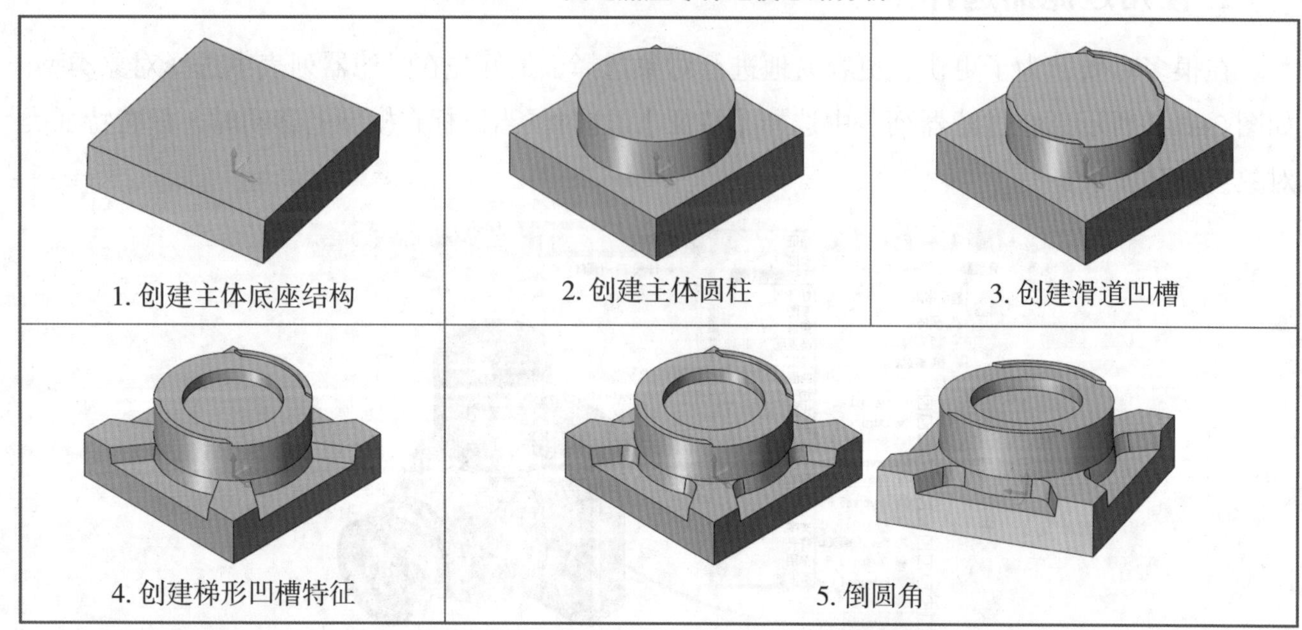

2. 实施步骤

（1）新建文件

启动中望 3D 软件，选择默认类型【零件】→子类【标准】→输入唯一名称“项目二任务 6”→单击【确定】按钮或鼠标中键结束命令，进入建模环境，如图 2–6–6 所示。

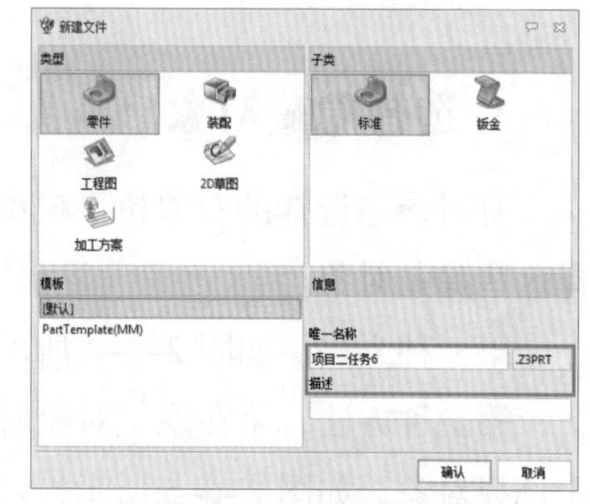

图 2–6–6　新建文件

（2）创建主题底座

1）绘制主体底座草图

①单击【草图】命令，选择平面为坐标系 XY 平面→单击【确定】按钮或鼠标中键结束命令，进入草图环境，如图 2–6–7 所示。

②单击【矩形】命令→选择默认必选【中心】方式→在标注位置输入宽度“66”mm→高度“66”mm→单击点 1 空白处，选择坐标系 XY 中心点→单击【确定】按钮或鼠标中键结束命令，完成主体底座部分草图曲线，如图 2–6–8 所示。

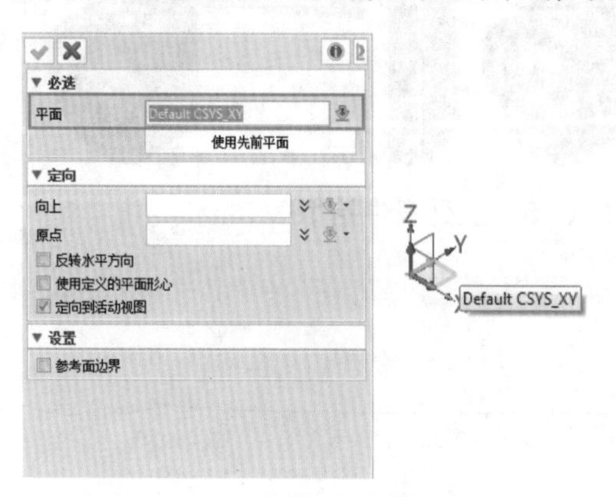

图 2–6–7　主体底座草图创建

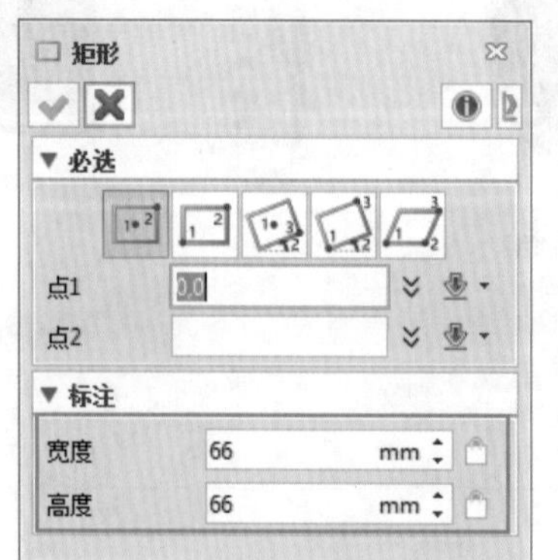

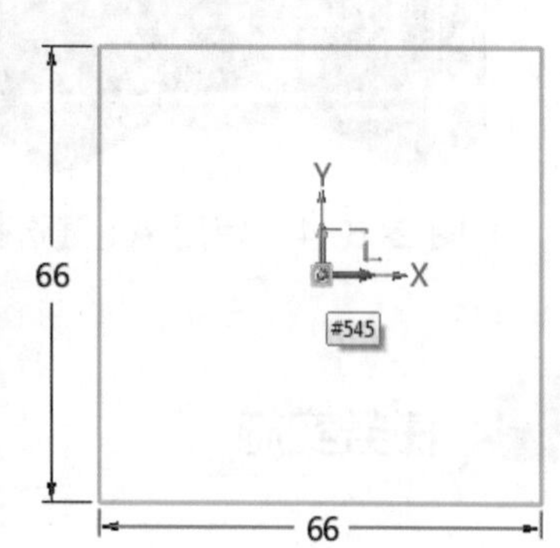

图 2–6–8　主体部分草图

③单击【草图】工具栏【退出】命令回到建模环境，如图 2-6-9 所示。

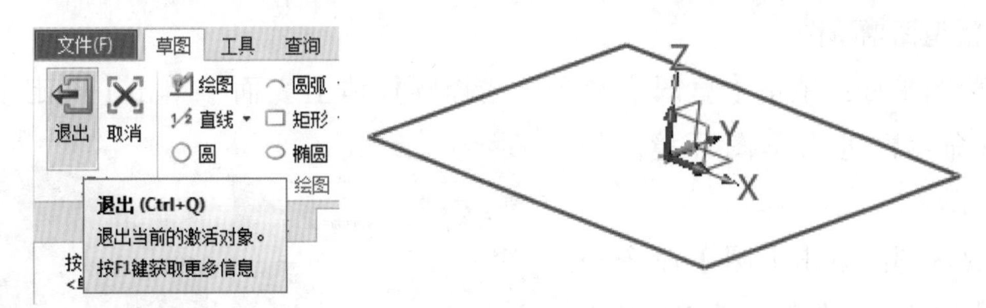

图 2-6-9　退出草图

2）创建主体底座

单击【拉伸】命令，轮廓选中草图曲线→结束点 E 设置“16”mm，其余参数默认→单击【确定】按钮或鼠标中键结束命令，完成主体底座结构创建，如图 2-6-10 所示。

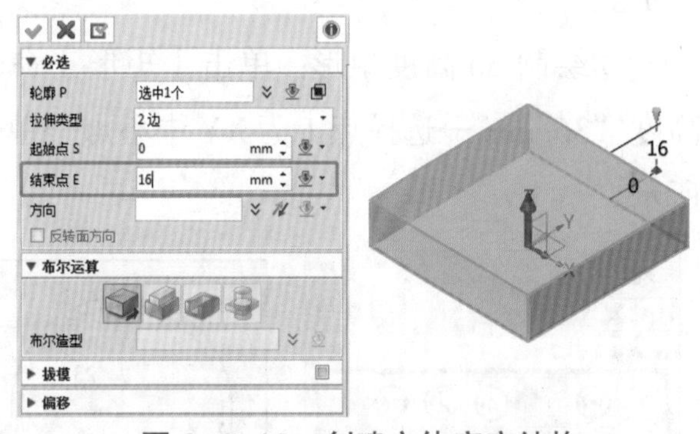

图 2-6-10　创建主体底座结构

（3）创建主体圆柱

1）选择中心点

单击六面体下【圆柱体】命令→在绘图区鼠标右击，在弹出的对话框选择【两者之间】方式→分别选择主体底座上表面的左右对角两端点，确定为圆柱的中心点，如图 2-6-11 所示。

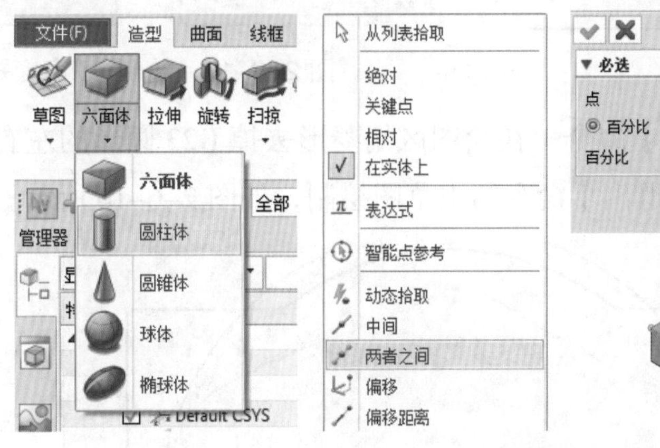

图 2-6-11　选择圆柱中心点

2）输入圆柱体参数

输入圆柱体参数半径“25”mm→长度“14”mm→布尔运算选择【加运算】→布尔造型选中创建好的底座→单击【确定】按钮或鼠标中键结束命令，完成主体圆柱结构创建，如图 2-6-12 所示。

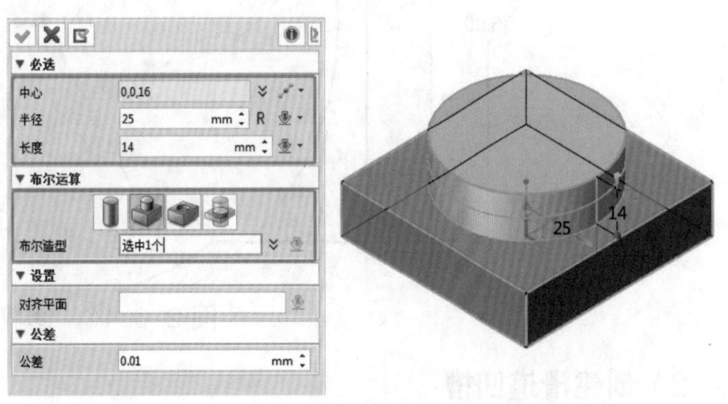

图 2-6-12　主体圆柱结构创建

（4）创建滑道凹槽

1）绘制滑道凹槽草图

①选择草图平面：单击【草图】命令，选择圆柱体上表面→单击【确定】按钮或鼠标中键结束命令，进入草图环境，如图 2–6–13 所示。

②绘制 $R23$ 圆：单击【圆】命令→选择【半径】方式→选择圆心为 XY 中心点→输入半径“23” mm →单击【确定】按钮或鼠标中键结束命令，如图 2–6–14 所示。

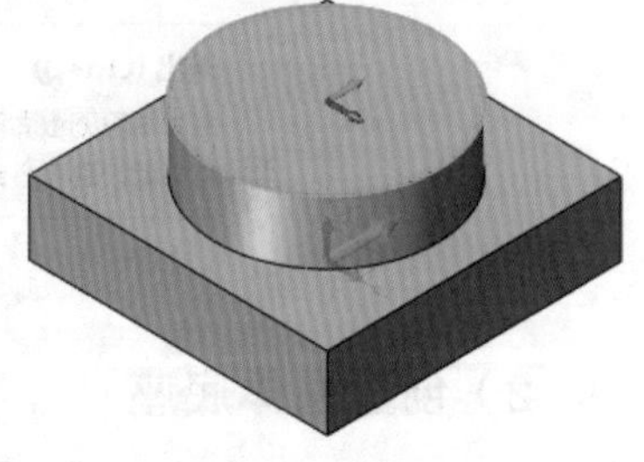

图 2–6–13　选择草图平面

③绘制 36 高度矩形：单击【矩形】命令→选择【中心】方式→输入标注宽度“55” mm，高度“36”mm →选择点 1 为 XY 中心点→单击【确定】按钮或鼠标中键结束命令，如图 2–6–15 所示。

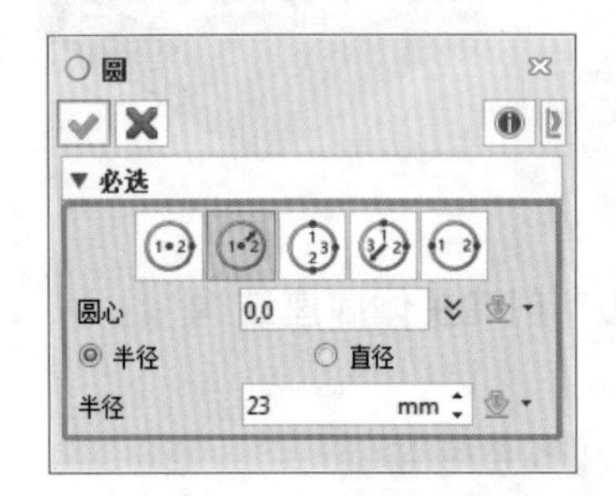

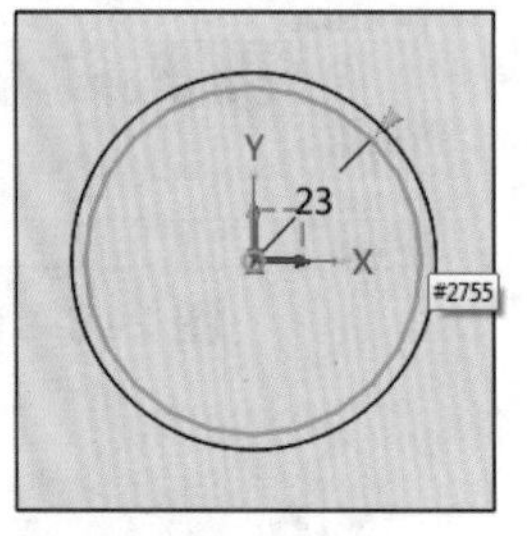

图 2–6–14　绘制 $R23$ 圆

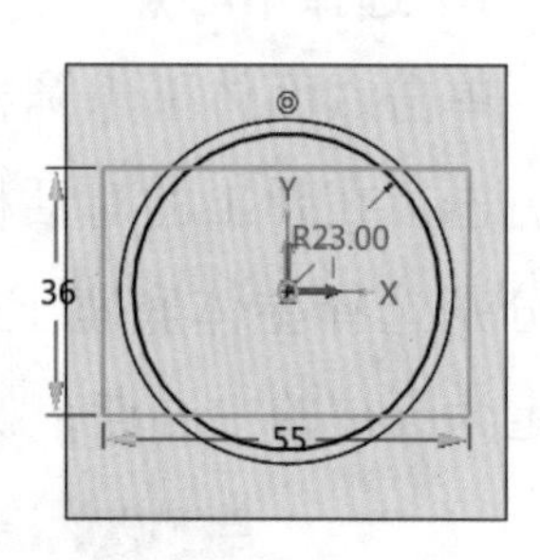

图 2–6–15　绘制 36 高度矩形

④修剪图形：单击【划线修剪】命令→在绘图区划菱形去掉 R23 圆形的左右两边和 36 高度矩形的部分上下边→单击草图【退出】命令结束草图绘制，如图 2–6–16 所示。

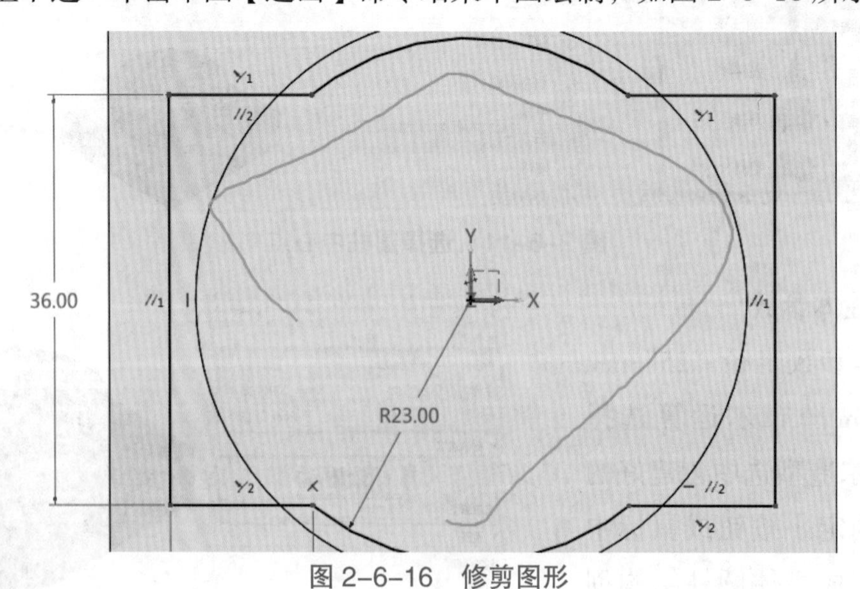

图 2–6–16　修剪图形

2）创建滑道凹槽

单击【拉伸】命令，轮廓选中草图曲线→结束点 E 设置“1” mm →方向在绘图区鼠标右

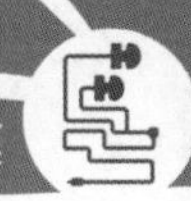

击选择【-Z 轴】→布尔运算选择【减运算】→布尔造型选择主体，其余参数默认→单击【确定】按钮或鼠标中键结束命令，完成滑道凹槽结构创建，如图 2-6-17 所示。

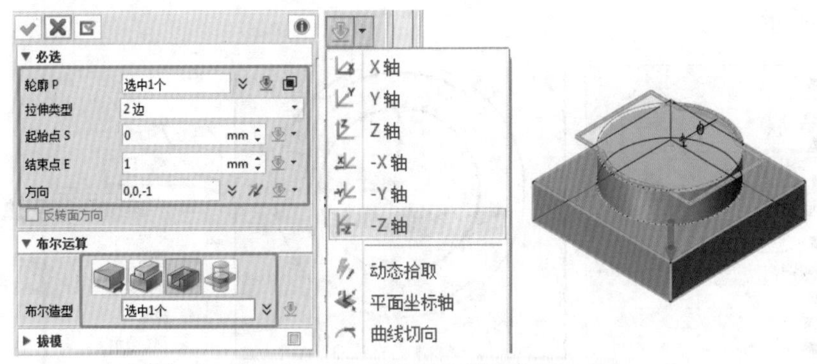

图 2-6-17　滑道凹槽图形创建

（5）创建凹孔

单击【圆柱体】命令→鼠标右击选择【曲率中心】→选择滑道凹槽 *R*23 圆弧边缘确定圆柱体中心点→输入半径“16” mm，长度“-4” mm→布尔运算选择【减运算】→布尔造型选择主体，其余参数默认→单击【确定】按钮或鼠标中键结束命令，完成凹孔结构创建，如图 2-6-18 所示。

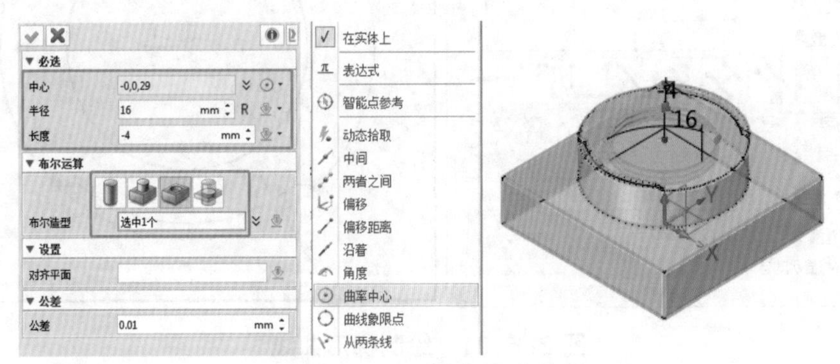

图 2-6-18　创建凹孔结构

（6）创建梯形凹槽特征

1）绘制梯形凹槽草图

①选择草图平面：单击【草图】命令，选择主体方形上表面→单击【确定】按钮或鼠标中键结束命令，进入草图环境，如图 2-6-19 所示。

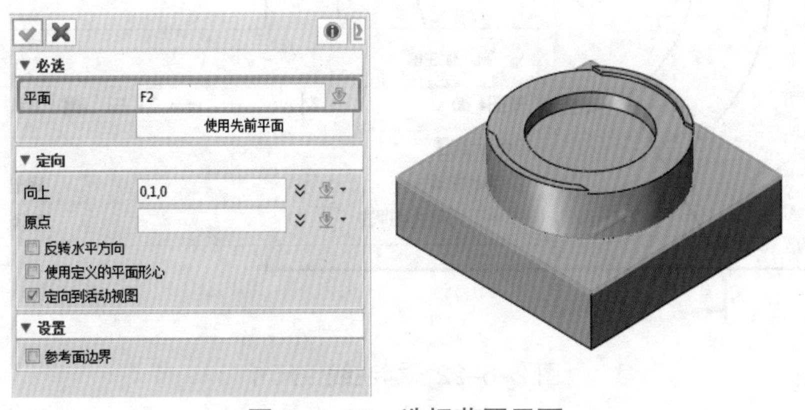

图 2-6-19　选择草图平面

②参考曲线：单击【参考】命令→默认必选【曲线】方式→选择 *R*25 圆弧边缘，转换为参考曲线→在参考曲线鼠标右击，选择快捷键【切换类型】按钮→转换为构造型可编辑实体线，设置如图 2-6-20 所示。

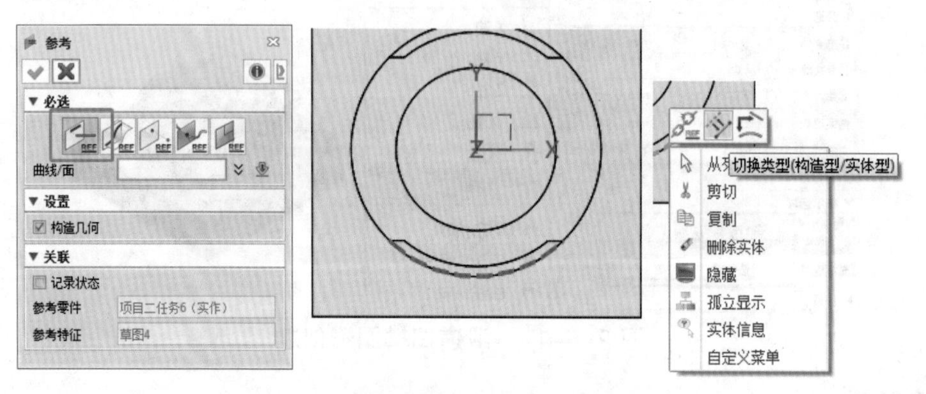

图 2-6-20 参考 R25 曲线

③绘制梯形曲线：单击【直线】命令→默认必选【两点】方式，按图示绘制直线→单击【确定】按钮或鼠标中键结束命令，如图 2-6-21 所示。

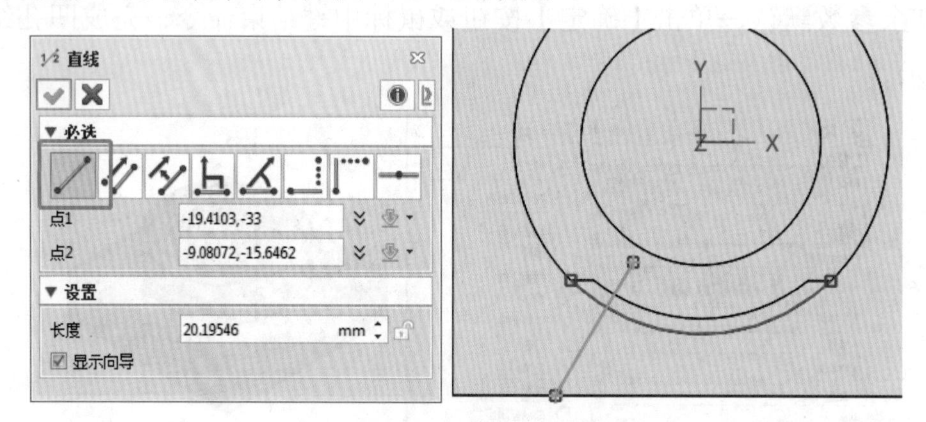

图 2-6-21 绘制梯形曲线

④标注线性尺寸：单击【线性】标注命令→选择直线下端点，选择坐标系中心点，下拉出水平尺寸→输入距离“22”mm→选择【取消】按钮退出标注，如图 2-6-22 所示。

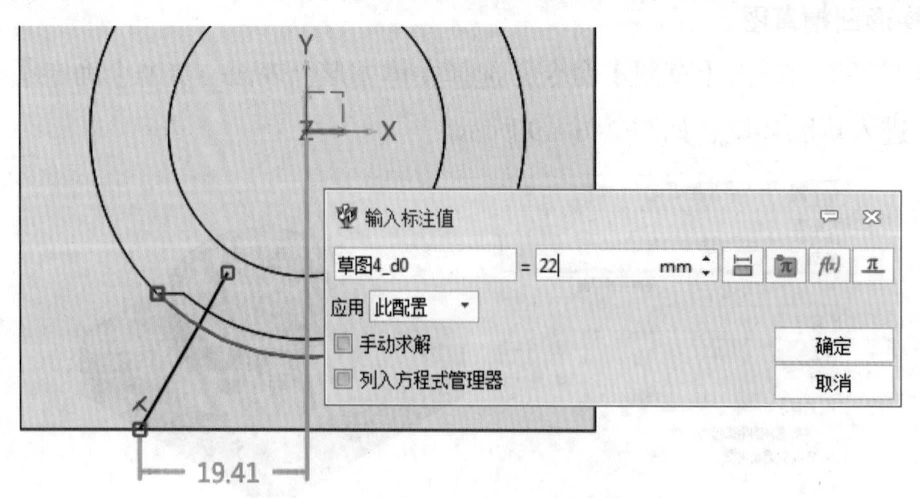

图 2-6-22 标注线性尺寸

⑤标注角度尺寸：单击【角度】标注命令→选择直线，选择主体下边缘，拉出角度尺寸→输入角度“55”deg→选择【取消】按钮退出标注，如图 2–6–23 所示。

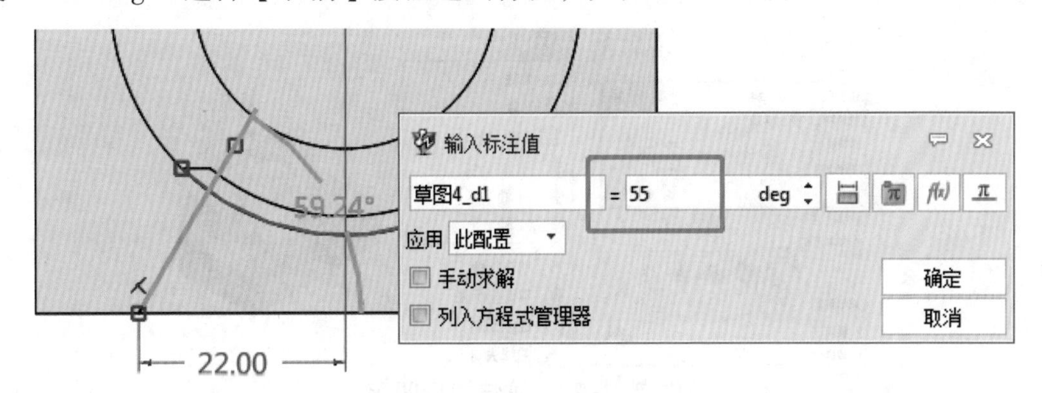

图 2–6–23　标注线性尺寸

⑥镜像曲线：单击【镜像】命令→实体选择直线，镜像线选择 Y 轴→选择【取消】按钮退出标注，如图 2–6–24 所示。

⑦修剪图形：单击【划线修剪】命令→在绘图区划曲线去掉多余曲线→单击草图【退出】命令结束草图绘制，如图 2–6–25 所示。

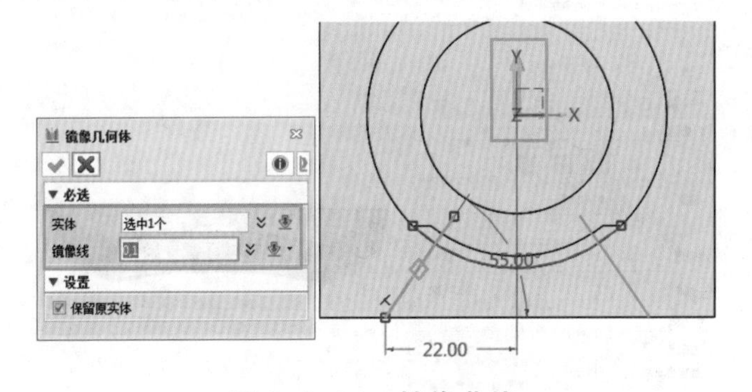

图 2–6–24　镜像曲线

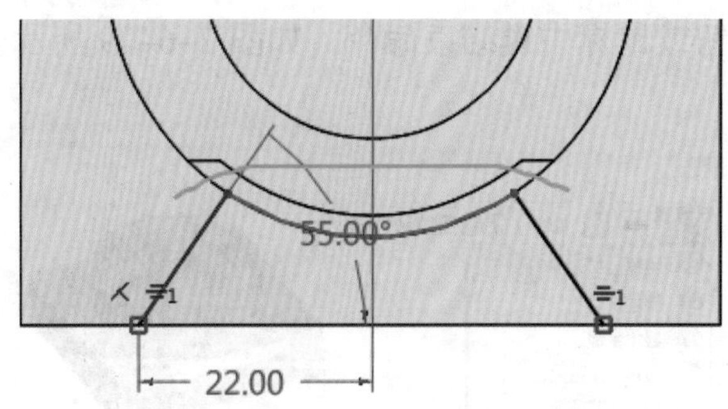

图 2–6–25　修剪图形

⑧绘制封闭直线：单击【直线】命令→默认必选【两点】方式，按图示绘制直线→单击【确定】按钮或鼠标中键结束命令，单击草图【退出】命令，退出草图，如图 2–6–26 所示。

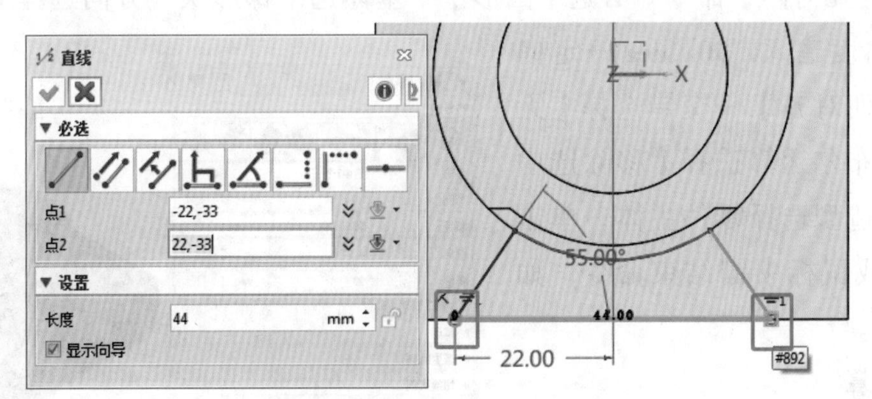

图 2–6–26　绘制封闭直线

2）拉伸梯形凹槽

单击【拉伸】命令，轮廓选中草图曲线→结束点 E 设置“5.5”mm→方向在绘图区鼠标右击选择【-Z 轴】→布尔运算选择【基体】，其余参数默认→单击【确定】按钮或鼠标中键结束命令，完成梯形凹槽结构创建，如图 2-6-27 所示。

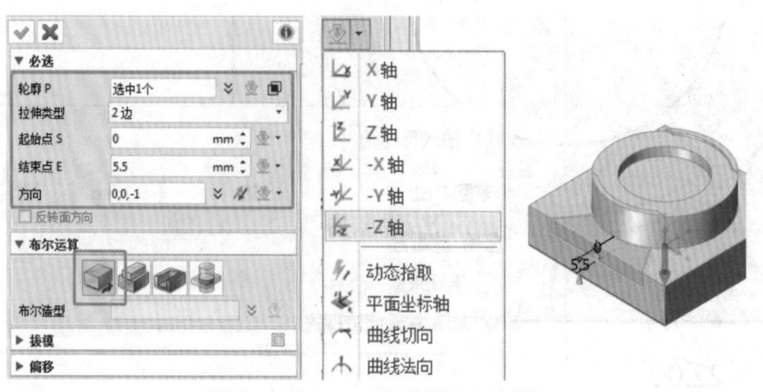

图 2-6-27　拉伸梯形凹槽

3）隐藏显示梯形块

单击【隐藏】命令，选中零件主体→单击【确定】按钮或鼠标中键结束命令，如图 2-6-28 所示。

4）拔模梯形块角度

单击【拔模】命令，必选【零件拔模不动的三条边】→角度输入“7” deg →单击【确定】按钮或鼠标中键结束命令，如图 2-6-29 所示。

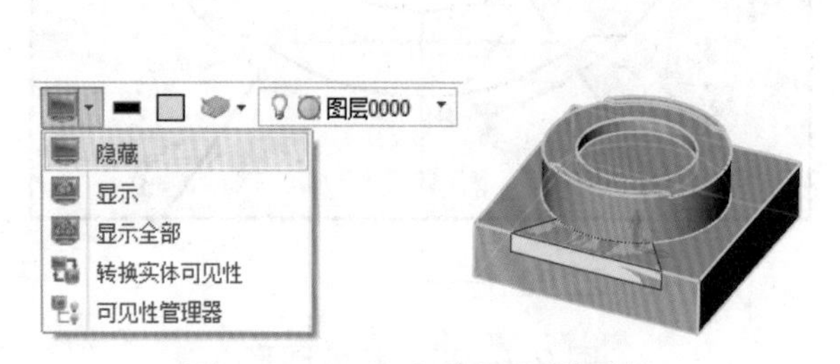

图 2-6-28　隐藏显示梯形块

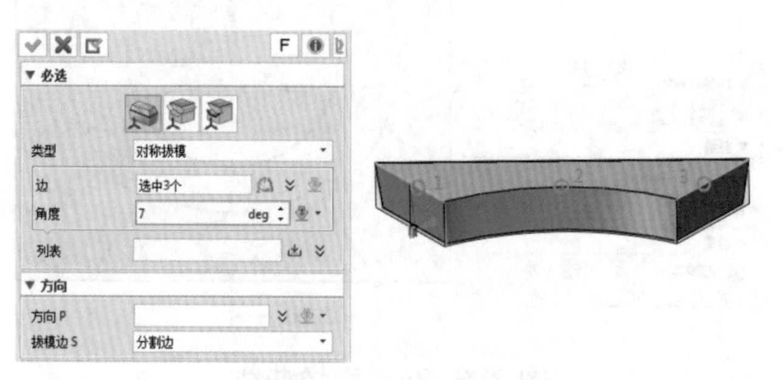

图 2-6-29　拔模梯形块角度

5）阵列梯形块几何体

单击【阵列几何体】命令→必选【圆形】→基体选中梯形块→方向选择【Z 轴】→数目输入“4”→角度输入“90” deg →定向对齐选择【阵列对齐】→交错选择【无交错阵列】→布尔运算选择【移除选中实体】→布尔造型选择零件主体→单击【确定】按钮或鼠标中键结束命令，如图 2-6-30 所示。

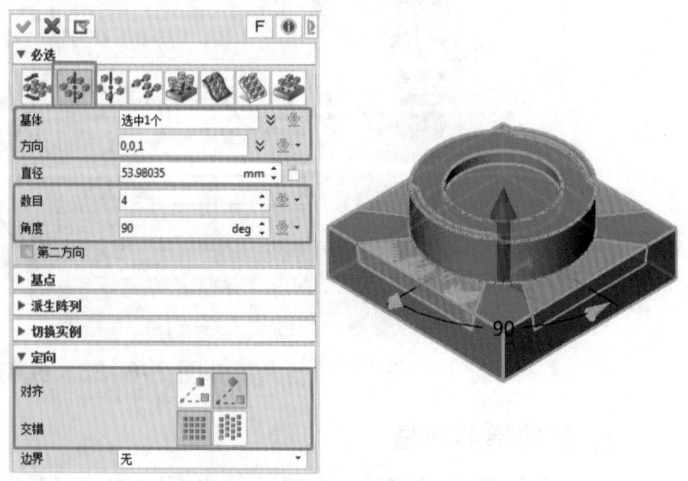

图 2-6-30　阵列梯形块

6）布尔运算

单击【移除实体】命令，基体选中零件主体，移除选中 4 个梯形块→单击【确定】按钮或鼠标中键结束命令，如图

2-6-31 所示。

（7）倒圆角

单击【圆角】命令→边 E 选中 8 条圆角边→半径输入“5” mm →单击【确定】按钮或鼠标中键结束命令，如图 2-6-32 所示。

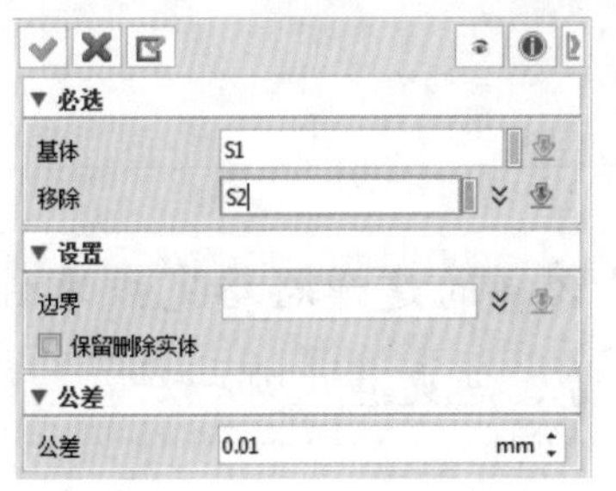

图 2-6-31　布尔运算

（8）保存文件

使用快捷键（Ctrl+I），显示如图 2-6-33 所示等轴测图，单击【文件】指令，选择【保存】或【另存为】到合适文件夹。

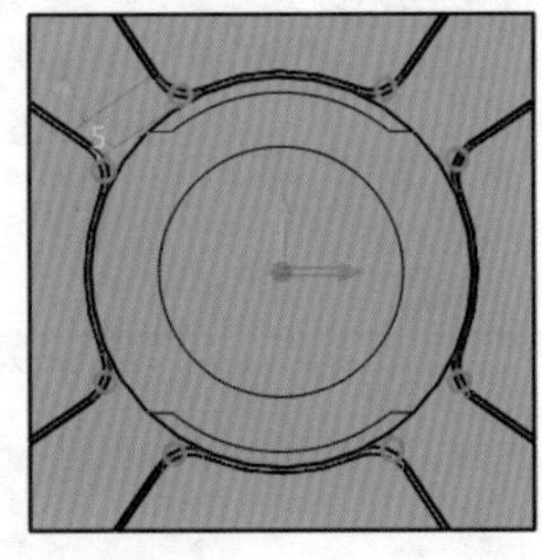

图 2-6-32　倒圆角

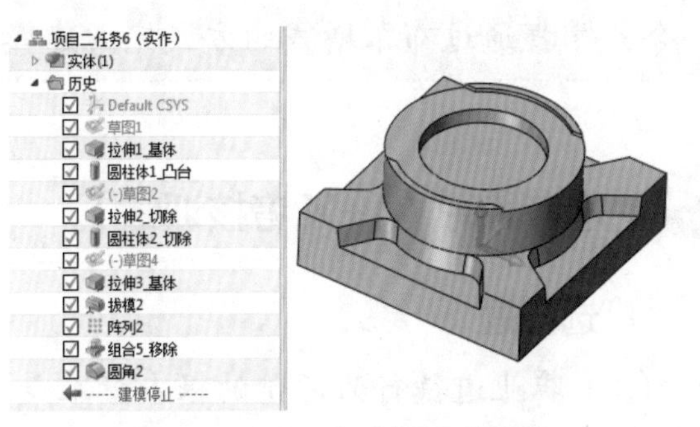

图 2-6-33　完成创建并保存

任务评价

任务评价如表 2-6-2 所示。

表 2-6-2　任务评价

序号	评价内容	分值	自评	师评
1	熟练掌握草图常用命令的使用，辅助完成零件特征轮廓的创建	10		
2	熟练掌握基本体造型、拉伸等基础造型命令完成建模的思路和方法	10		
3	熟练掌握圆角、拔模等工程特征命令完成建模的思路和方法	20		
4	熟练掌握通过布尔增减的方式完成建模的思路	20		
5	能够熟练运用基础编辑的设计方法，对几何形体进行阵列等修改操作	20		
6	能够灵活运用 DA 工具栏的隐藏 / 显示功能，方便对零件进行局部特征的修改	20		
合计（满分 100 分）		100		

课后反思

想一想还可以用什么样的建模思路完成零件的创建过程？比较一下几种建模过程，并分析一下各有什么优势，您更喜欢哪一种？

任务小结

能够熟练使用软件的基本体造型、拉伸等基础造型命令和圆角、拔模等工程特征命令，掌握通过布尔增减的方式完成建模的思路和方法。

思考练习（1+X 考核训练）

1. 选择题

（1）职业道德行为评价的根本标准是（　　）。

A. 好与坏　　B. 公与私　　C. 善与恶　　D. 真与伪

（2）职业道稳行为修养过程中不包括（　　）。

A. 自我学习　　B. 自我教育　　C. 自我满足　　D. 自我反省

（3）学习职业道德的重要方法之一是（　　）。

A. 理论学习与读书笔记相结合　　B. 个人自学与他人实践相结合

C. 知行统一与三德兼修相结合　　D. 掌握重点与理解要点相结合

（4）与三视图对应的立体示意图，正确的是（　　）。

A. 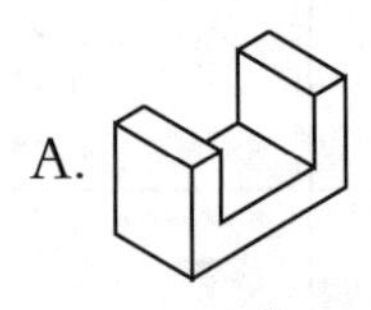
B. 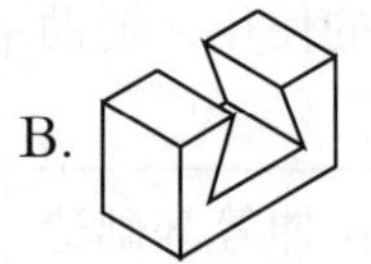
C. 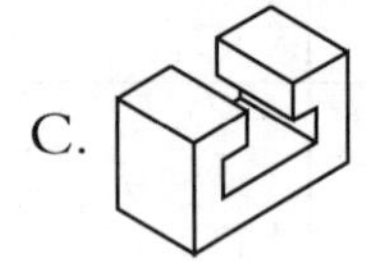
D. 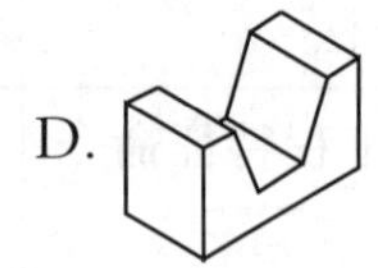

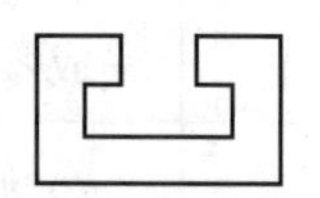
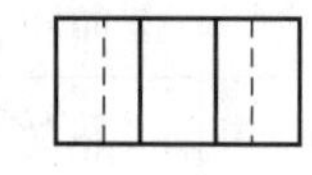

（5）与三视图对应的立体示意图，正确的是（　　）。

A. 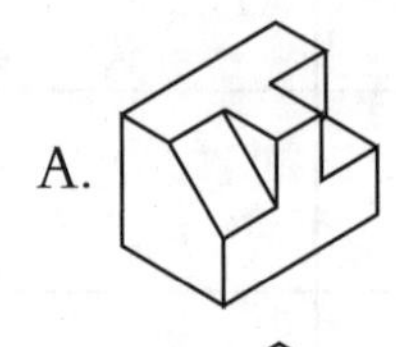
B. 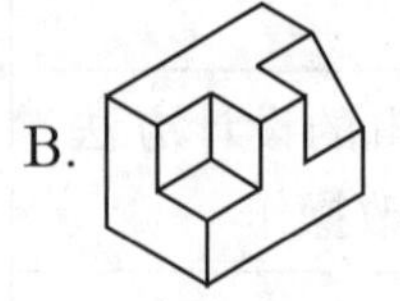
C. 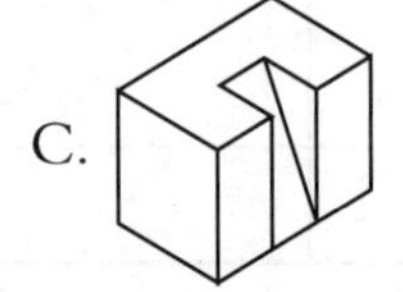
D. 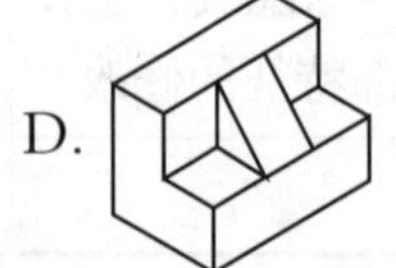

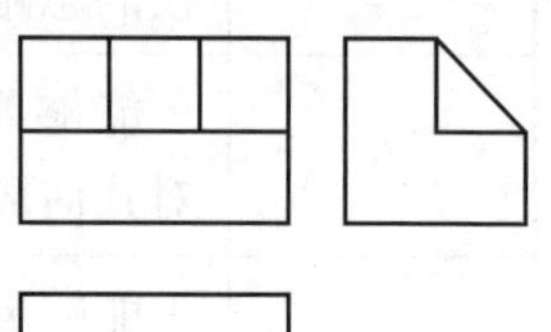
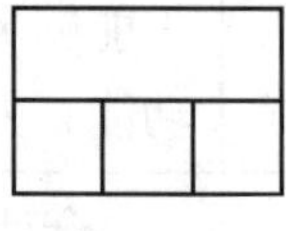

（6）与立体示意图对应的三视图，正确的是（　　）。

A. 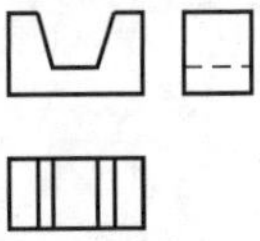　　B.

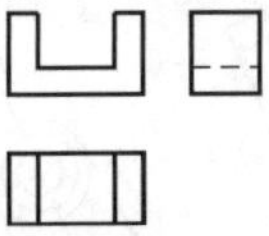

C. 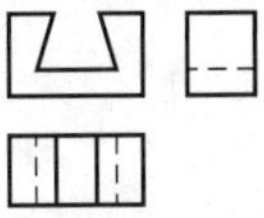　　D.

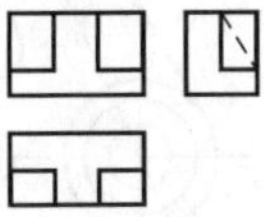

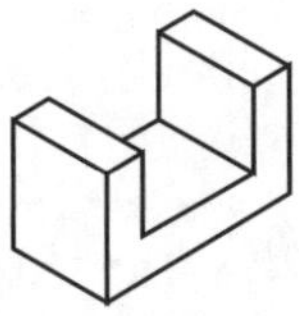

（7）已知物体的三个视图方向，则正确的主视图为（　　）。

俯视方向

A. 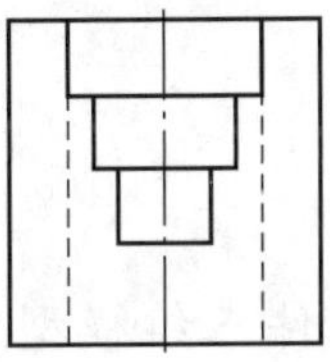　　B.

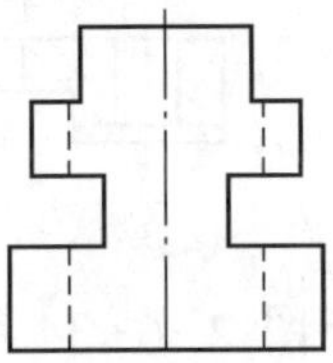

C. 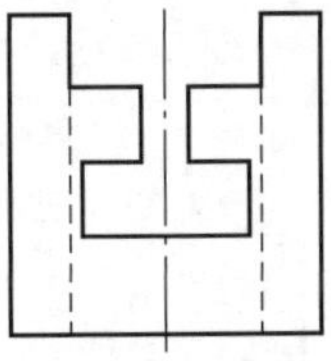　　D.

左视方向　主视方向

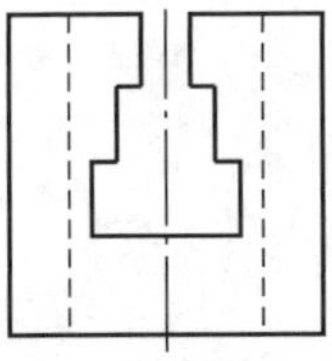

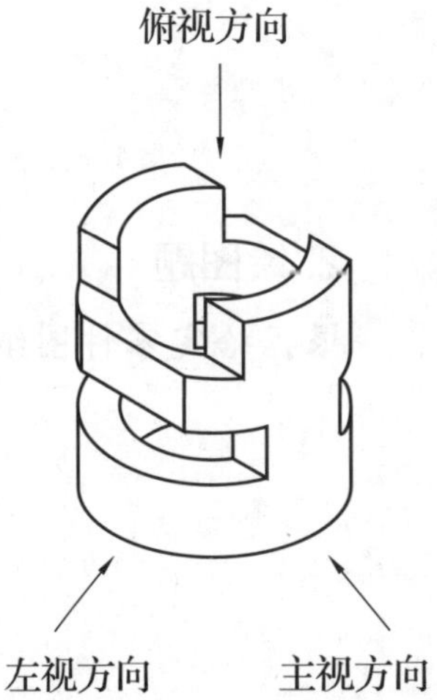

（8）图中四组图形，正确的是（　　）。

A. 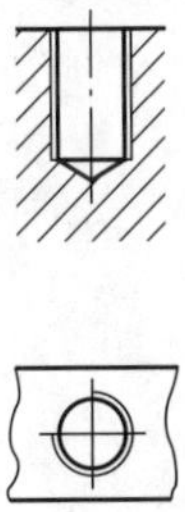　　B. 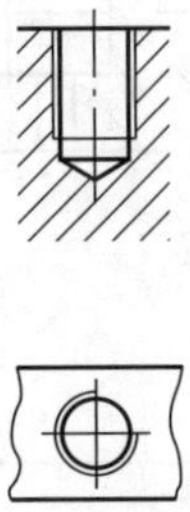　　C. 　　D.

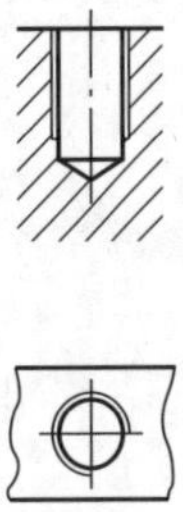

（9）如图所示，该机件的视图表达形式是（　　）。

A. 基本视图　　B. 剖视图　　C. 移出断面图　　D. 重合断面图

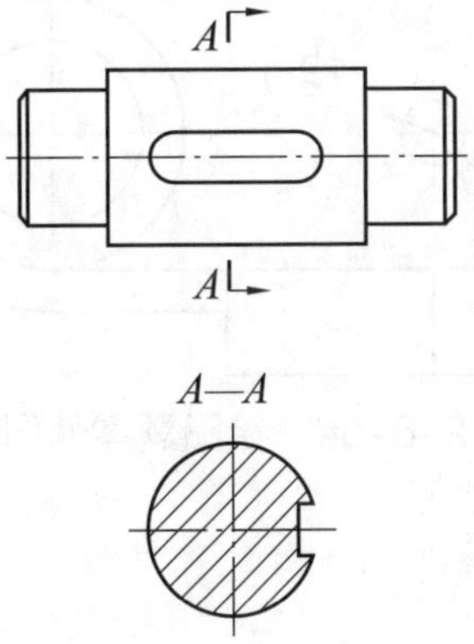

A　A

A—A

（10）图中 A–A 剖视图采用的剖切面是（　　）。

A. 单一剖切平面　　B. 单一斜剖切平面

C. 几个相交的剖切平面　　D. 几个平行的剖切平面

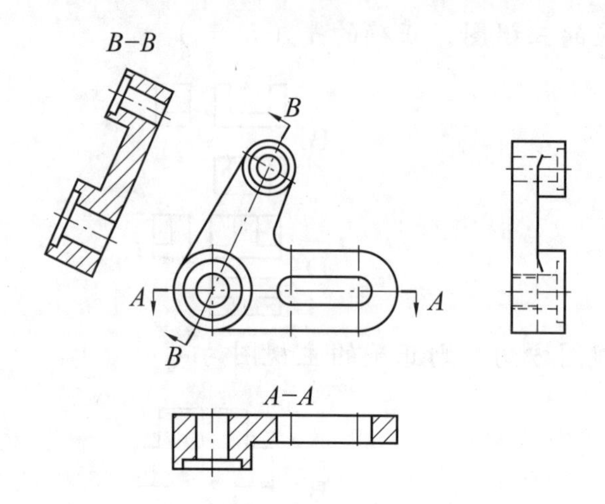

2. 绘图题

根据给定零件图纸及尺寸，如图 2–6–34 所示，分析建模思路并完成零件三维模型创建。

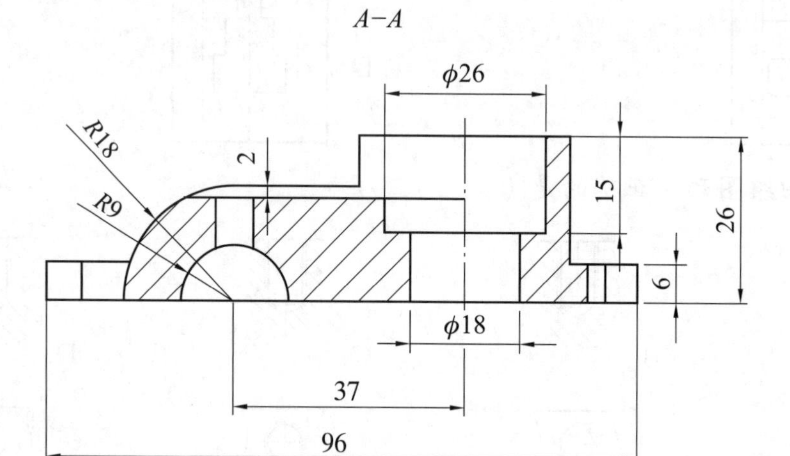

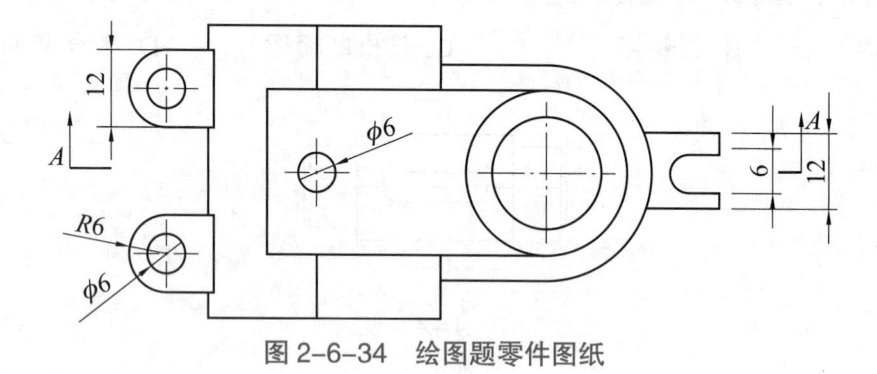

图 2–6–34　绘图题零件图纸

项目三
组件装配与工程图绘制

工业软件的重要性

MATLAB 是美国 MathWorks 的一款商业数学软件，是 matrix&laboratory 两个词的组合，意为矩阵工厂（矩阵实验室），该软件主要面对科学计算、可视化以及交互式程序设计的高科技计算环境。它将数值分析、矩阵计算、科学数据可视化，以及非线性动态系统的建模和仿真等诸多强大功能集成在一个易于使用的视窗环境中，为科学研究、工程设计，以及必须进行有效数值计算的众多科学领域提供了一种全面的解决方案，并在很大程度上摆脱了传统非交互式程序设计语言（如 C、Fortran）的编辑模式。

2020 年 6 月，美国通过实体清单禁止我国部分企业和高校使用 MATLAB 软件，禁用 MATLAB 就代表中国研究人员的研究不能使用 MATLAB 的计算结果，国内尚未有自研 MATLAB 的替代品，因此严重影响了我国某些企业的技术开发和某些高校的人才培养。通过此事，我国再一次认识到工业软件的重要性，以及核心技术也是不可能通过引进获取的。

工业软件对于一项工程来说相当于绘制这项工程图纸的工具，其重要程度不言而喻。

1. 工业软件赋能工业发展

工业软件对工业的发展具有极其重要的技术赋能、杠杆放大与行业带动作用。在产品研发的早期阶段采用工业软件即可对最终产品的成本和质量有着 15~35 倍的杠杆效应，考虑到在产品全生命周期、订单全生命周期和工厂全生命周期中，工业软件都有几倍到几十倍的杠杆效应；工业软件对工业产品有至少 10 倍的杠杆放大和行业带动作用。

2. 工业软件赋智工业产品

工业软件对于工业品价值提升有着重要影响，不仅是因为产品研发、生产等软件可以有效地提高工业品的质量和降低成本，更因为软件已经作为“软零件”“软装备”嵌入众多的工业品之中。

目前的工业品发展规律是，在常规物理产品中嵌入工业软件之后，不仅可以有效地提升该产品的智能程度，也有效提高其产品附加值。代码数量越多，产品的智能程度和附加值就越高。

3. 工业软件创新工业产品

发展工业软件是复杂产品研发创新之必需。目前，产品的结构复杂程度、技术复杂程度，以及产品更新换代的迭代速度，如果离开各类工业软件的辅助支撑，仅仅依靠人力已经是不可能实现的研发任务。诸如飞机、高铁、卫星、火箭、汽车、手机、核电站等复杂工业品，研发方式已经从“图纸＋样件”的传统方式转型到完全基于研发设计类工业软件的全数字化“定义产品”的阶段。以飞机研制为例，由于采用了“数字样机”技术，设计周期由常规的 2.5 年缩短到 1 年，减少设计返工 40%。

基于工业软件所形成的数字孪生技术，企业在开发新产品时，可以事先做好数字孪生体，以较低成本，在数字孪生体上预先做待开发产品的各种数字体验，直至在数字空间中把生产、装配、使用、维护等各阶段的产品状态都调整和验证到最佳状态，再将数字产品投产为物理产品，一次性把产品做好做优。基于数字孪生的数字体验是对工业技术的极其重要的贡献与补充，是产品创新的崭新技术手段。

4. 工业软件促进企业转型

发展工业软件是推进企业转型的重要手段。工业软件具有鲜明的行业特色，广泛应用于机械制造、电子制造、工业设计与控制等众多细分行业中，支撑着工业技术和硬件、软件、网络、计算机等多种技术的融合，是加速两化融合推进企业转型升级的手段。在研发设计环节中不断推动企业向研发主体多元化、研发流程并行化、研发手段数字化、工业技术软件化的转变；在生产制造过程中，生产制造软件的深度应用，使生产呈现敏捷化、柔性化、绿色化、智能化的特点，加强了企业信息化的集成度，提高了产品质量和生产制造的快速响应能力；在企业经营管理上推动管理思想软件化、企业决策科学化、部门工作协同化，提高了企业经营管理能力。

5. 工业软件推动信创发展

工业软件凝聚了最先进的工业研发、设计、管理的理念，以及知识、方法和工具。国外厂商为维护国际竞争地位，主要对外出售固化了上一代甚至上几代技术和数据的工业软件，甚至采取禁售或者“禁运”关键软件模块等手段进行技术保护。工业软件应用于工业生产经营过程中，计算、记录并存储工业活动所产生的数据，工业软件的可控程度直接影响工业数据安全。随着云计算等新一代信息技术的发展，一些国外软件巨头提供订阅式工业软件，用户在应用平台产生的数据存储在云端服务器上，随时可掌握用户关键工程领域核心数据、知识产权信息、产品生产制造等商业信息。随着国际形势变化，我国企业在使用国外软件时将会面临较大的数据泄漏风险，存在极大的数据安全隐患。因此，发展自主工业软件是实现信创的重要举措。

任务1　平口虎钳装配设计

任务描述

企业刘师傅接到一个模型装配订单任务，需要对现有零件进行模拟装配，并设计装配思路来指导工人师傅装配。订单企业提供了支撑座的所有三维零件，如图3-1-1所示，您能帮助刘师傅进行三维模型的装配吗？

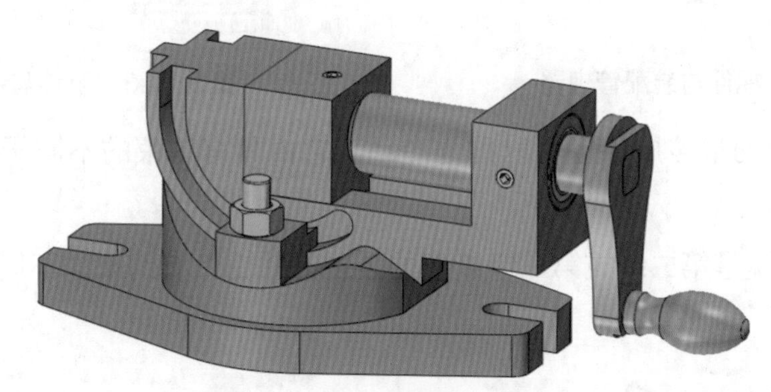

图3-1-1　支撑座三维图纸

学习目标

1. 熟悉装配环境与工具的使用方法。
2. 掌握装配中组件的添加方法及装配约束。
3. 掌握创建部件装配的基本流程。
4. 掌握添加装配约束的方法与技巧。
5. 能正确使用装配环境与使用装配工具。
6. 能在装配中添加组件与约束。
7. 能综合应用装配模块功能完成复杂部件装配。
8. 通过有序、规范、严谨的建模过程，养成严谨认真的良好职业素养。

知识链接

1. 装配概述

在CAD中所有完整的产品设计都是由多个零件组成，但是，在装配级别上，零件通常称为零部件，也就是说在CAD软件中装配件由零件装配而成。

以下为相关术语和定义。

零件：独立的单个模型。零件由设计变量，几何形状，材料属性和零件属性组成，如图 3-1-2 所示。

组件：组成子装配件最基本的单元。此外，当组件不在装配中时其被称作零件，如图 3-1-3 所示。

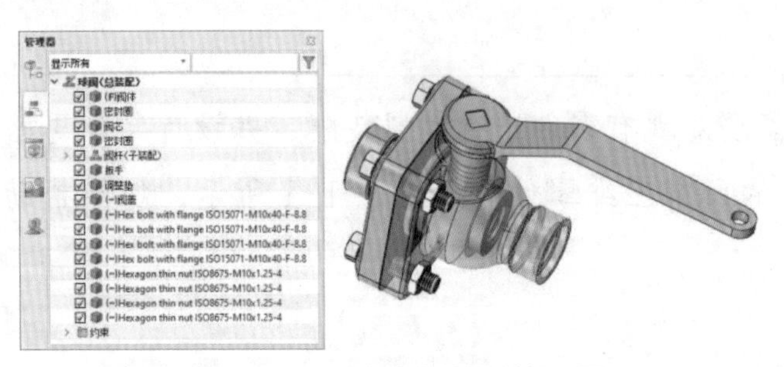

图 3-1-2 零件与装配管理器

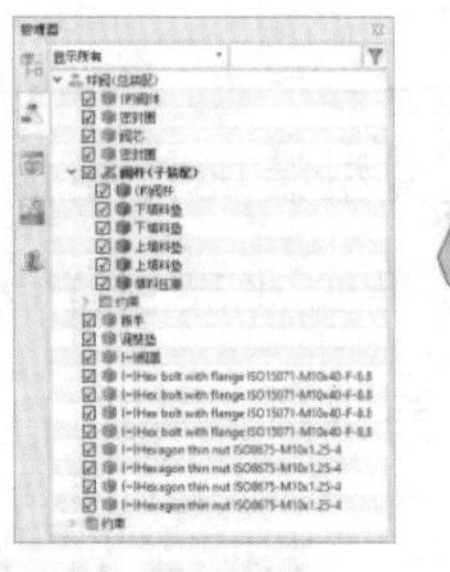
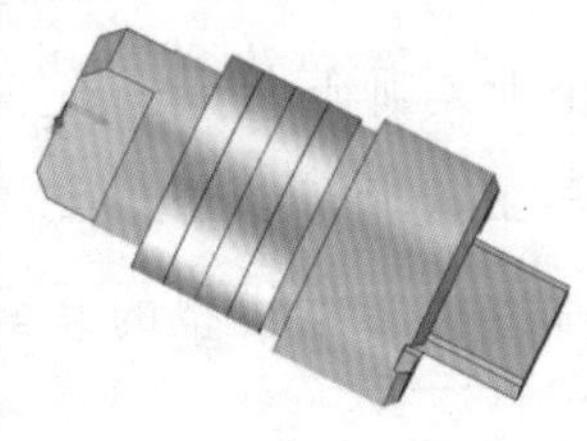

图 3-1-3 组件与装配管理器

装配：装配建模的最终成品也可以称为产品，它由具有约束的不同子装配或零部件组成，如图 3-1-4 所示。

子装配：通常来说是第二级或第二级以下的装配，并由具有约束的不同子装配或组件组成，如图 3-1-5 所示。

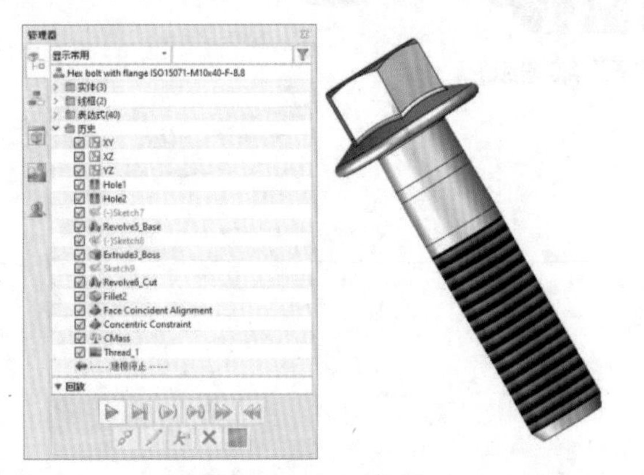

图 3-1-4 装配

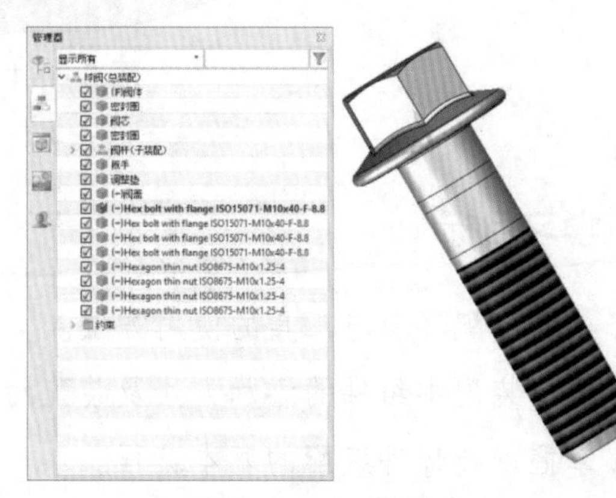

图 3-1-5 子装配

约束：在装配中，我们可以通过约束定义组件的空间位置和组件之间的相对运动，然后分析零件之间是否存在干涉，以及它们是否正常运动，如图 3-1-6 所示。

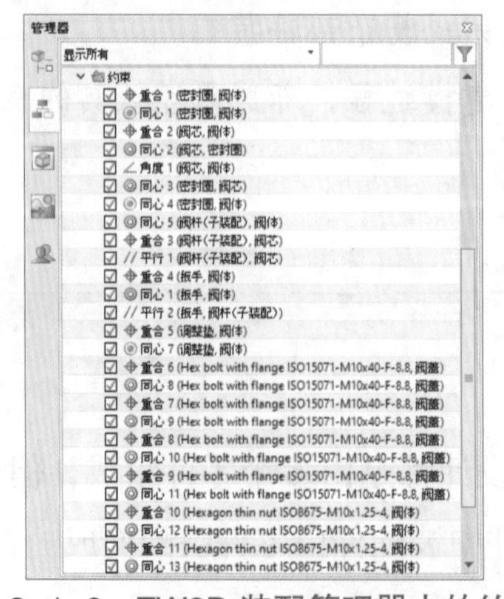

图 3-1-6 ZW3D 装配管理器中的约束

2. 装配层级树

图 3–1–7 可以更好地反映不同的组件与装配之间的层级关系。

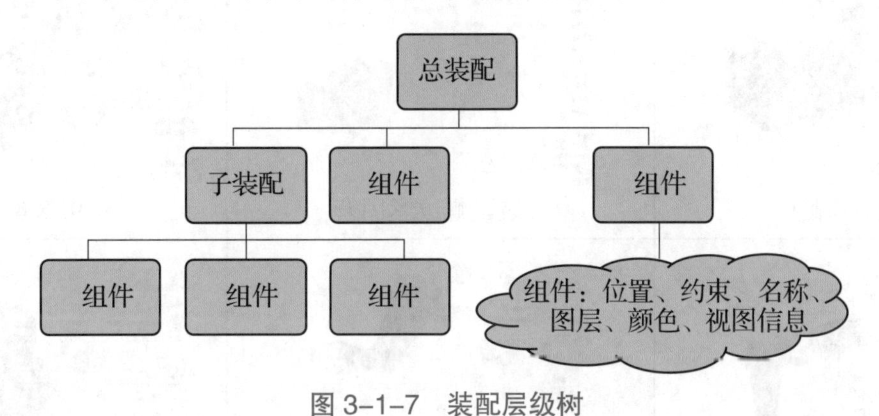

图 3–1–7　装配层级树

如图 3–1–7 所示，装配在不同层级可分为多个子装配和组件，同时每一个子装配也由不同的组件组成。在装配树中，每一个分支代表着不同的组件和子装配，装配树的最高级是总装配。

任务实施

1. 思路分析

装配设计思路如表 3–1–1 所示。

表 3–1–1　装配设计思路分析

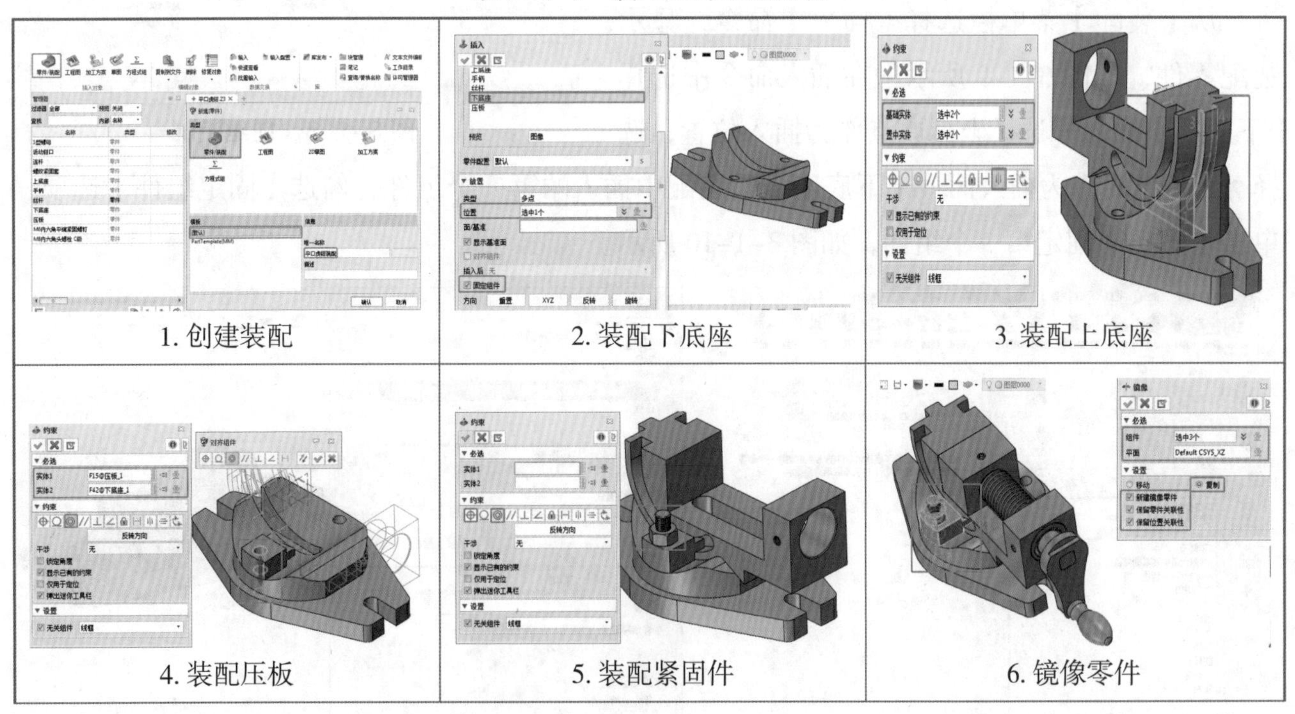

续表

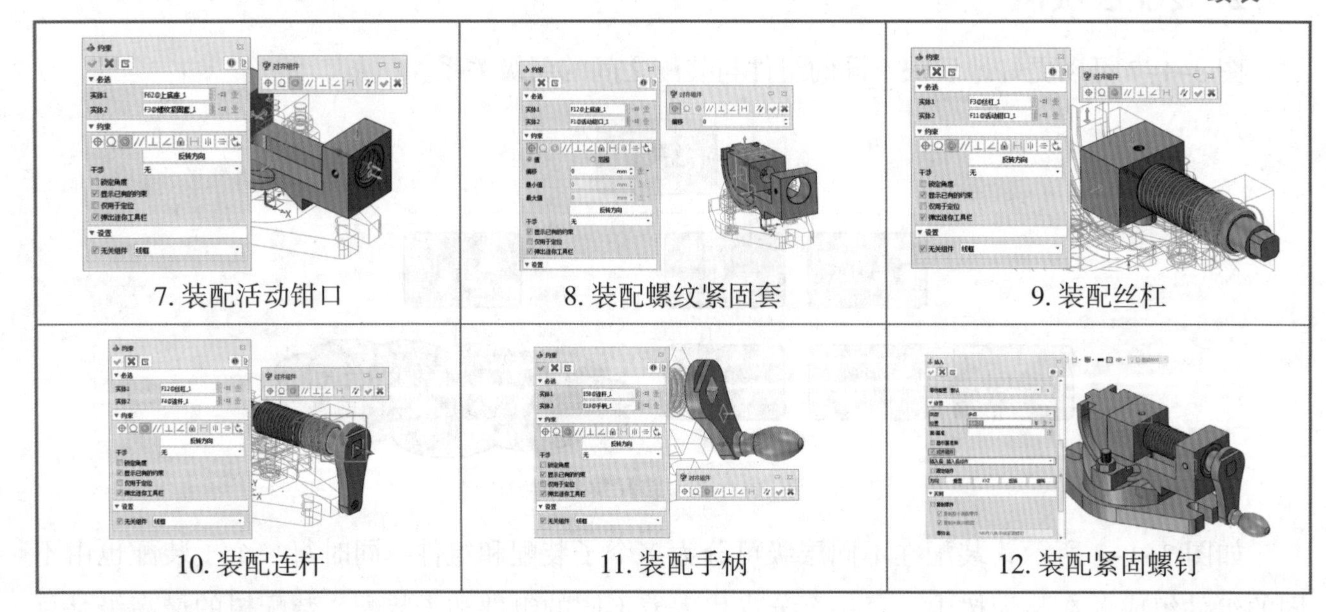

7. 装配活动钳口	8. 装配螺纹紧固套	9. 装配丝杠
10. 装配连杆	11. 装配手柄	12. 装配紧固螺钉

2. 实施步骤

（1）进入装配

打开已有的【Z3 文件】→创建一个新的【零件 / 装配】对象→选择模板【默认】→唯一名称命名为“平口虎钳装配”→进入装配环境，如图 3-1-8 所示。

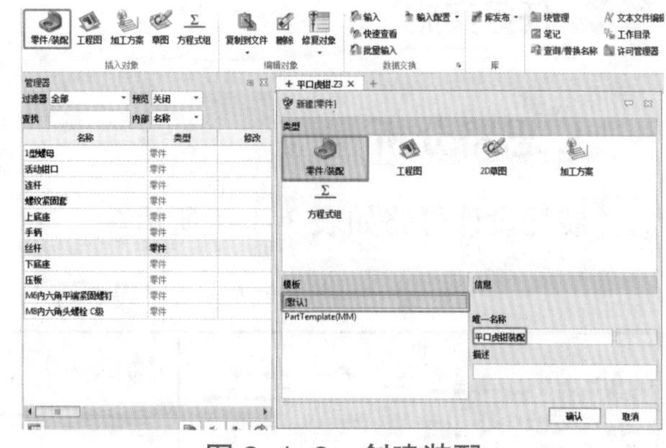

图 3-1-8　创建装配

（2）插入第一个组件并固定

从【装配】菜单栏选择【插入】命令，显示装配零件，如图 3-1-9 所示→在插入命令中选择【下底座】插入→选择坐标原点作为插入位置，选择 XY 基准面作为插入面→【下底座】是装配中插入的第一个组件，勾选【固定组件】选项→单击【确认】固定第一个组件，如图 3-1-10 所示。

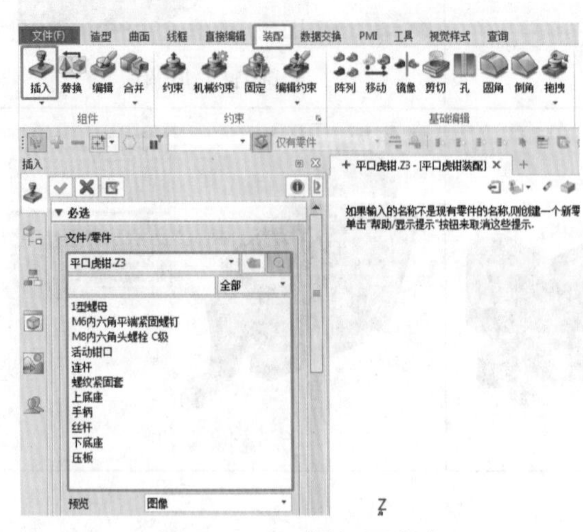

图 3-1-9　插入下底座

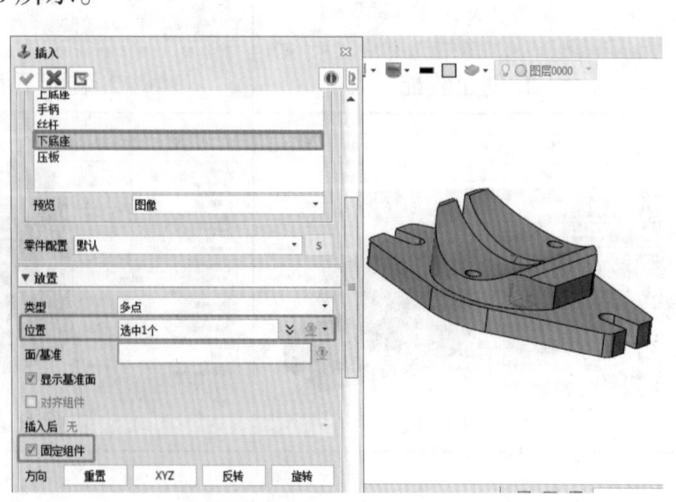

图 3-1-10　固定组件

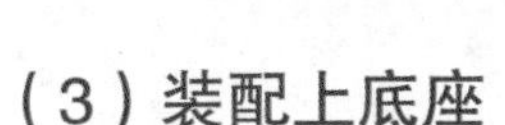

（3）装配上底座

1）插入上底座

从【装配】菜单栏选择【插入】命令，显示装配零件，如图 3–1–11 所示→在插入命令中选择【上底座】插入→选择空白处作为插入位置，方便约束→将【固定组件】勾选去掉→单击【确认】插入上底座。

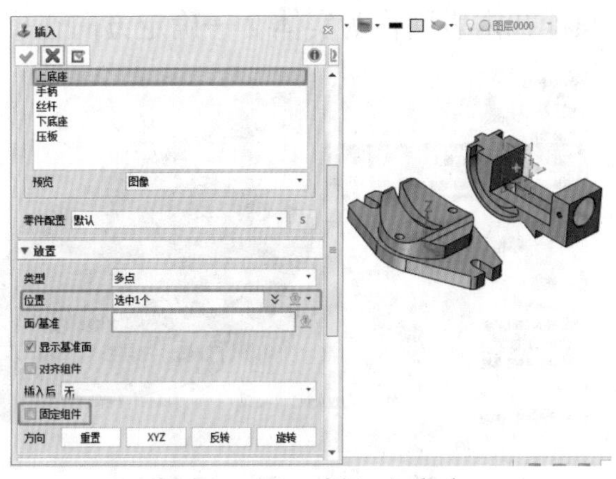

图 3–1–11　插入上底座

2）添加同心约束

在约束窗口选择【同心约束】→选择如图 3–1–12 所示上底座的底面 1 作为实体 1 和下底座上表面 2 作为实体 2→确定方向正确后，单击【确定】。

3）添加置中约束

在约束窗口选择【置中约束】→选择如图 3–1–13 所示下底座的导向槽侧面 1、2 作为基础实体 1 和上底座导向凸台侧面 3、4 作为置中实体→确定方向正确后，单击【确定】完成上底座装配。

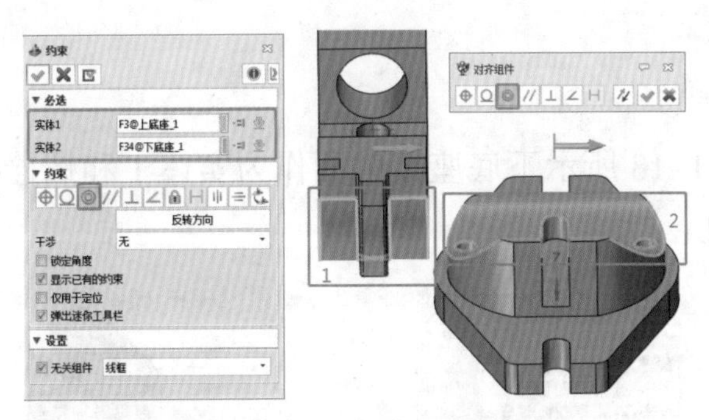

图 3–1–12　添加同心约束

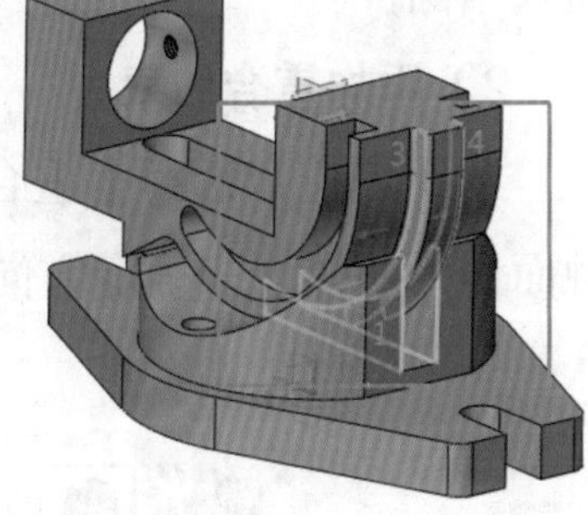

图 3–1–13　添加置中约束

（4）装配压板

1）插入压板

从【装配】菜单栏选择【插入】命令，显示装配零件，如图 3–1–14 所示→在插入命令中选择【压板】插入→选择空白处作为插入位置，通过调整方向【XYZ】【反转】【旋转】将零件放置合适位置→将【固定组件】勾选去掉→单击【确认】插入压板。

2）添加同心约束 1

在约束窗口选择【同心约束】→选择如图 3–1–15 所示上底座的底面 1 作为实体 1 和下底座上表面 2 作为实体 2→确定方向正确后，单击【确定】。

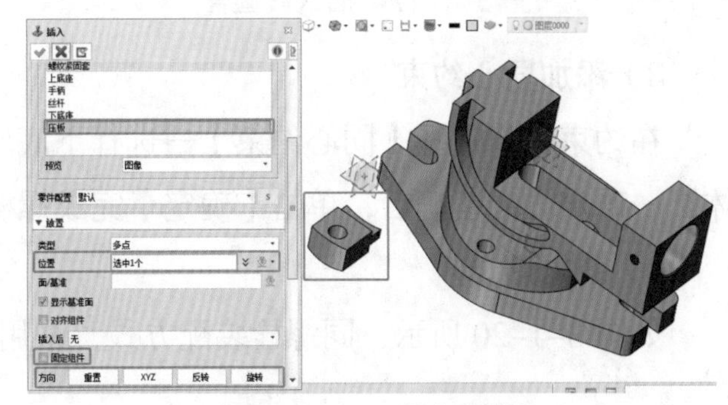

图 3–1–14　插入压板

3）添加同心约束 2

在约束窗口选择【同心约束】→选择如图 3–1–16 所示压板孔内表面作为实体 1 和下底座螺栓孔内表面作为实体 2→确定方向正确后，单击【确定】完成压板装配。

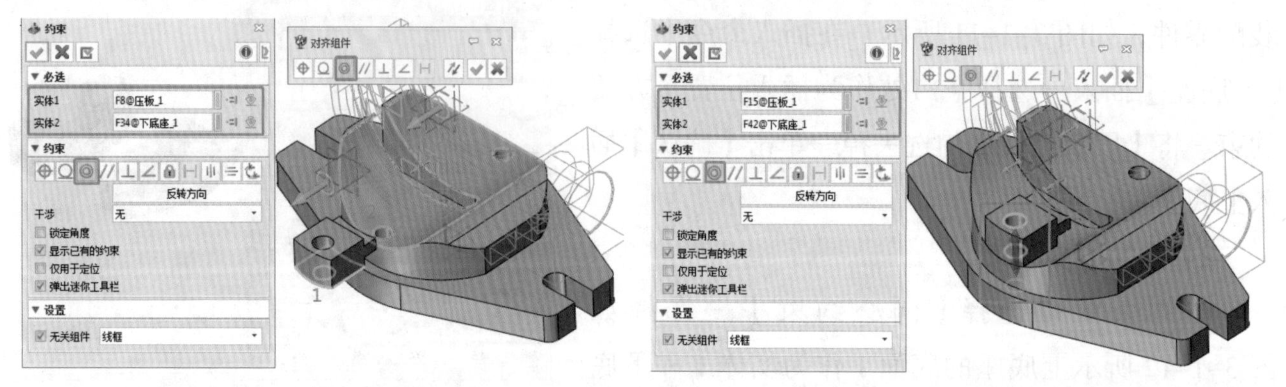

图 3–1–15　添加同心约束 1　　　　图 3–1–16　添加同心约束 2

（5）装配紧固件

1）插入紧固件，螺栓、螺母分别插入

从【装配】菜单栏选择【插入】命令，显示装配零件，如图 3–1–17 所示→在插入命令中选择紧固件【I 型螺母】【M8 内六角头螺栓 C 级】插入→选择空白处作为插入位置，通过调整方向【XYZ】【反转】【旋转】将零件放置合适位置→将【固定组件】勾选去掉→单击【确认】插入紧固件。

2）添加重合约束

在约束窗口选择【重合约束】→选择如图 3–1–18 所示下底座接触面作为实体 1 和螺栓接触面作为实体 2→确定方向正确后，单击【确定】。

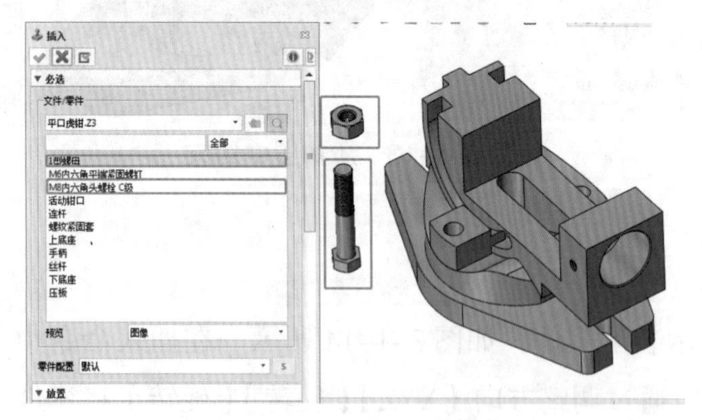

图 3–1–17　插入紧固件

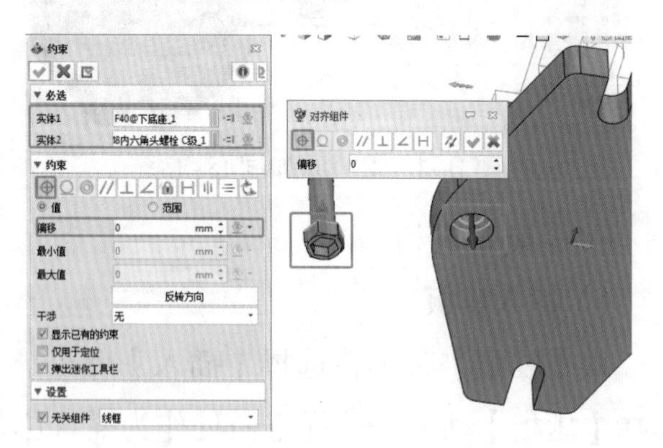

图 3–1–18　添加重合约束

3）添加同心约束

在约束窗口选择【同心约束】→选择下底座螺栓孔内表面作为实体 1 和螺栓圆柱面作为实体 2→确定方向正确后，单击【确定】完成螺栓装配，如图 3–1–19 所示。

4）装配螺母

如图 3–1–20 所示，同螺栓装配方式，采用【重合】【同心约束】完成螺母装配。

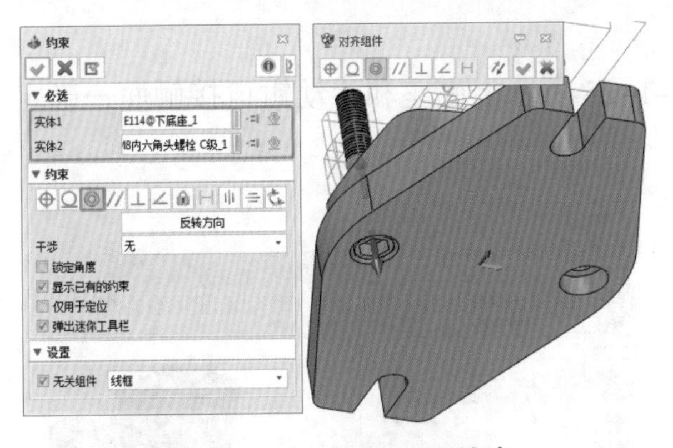

图 3-1-19　添加同心约束

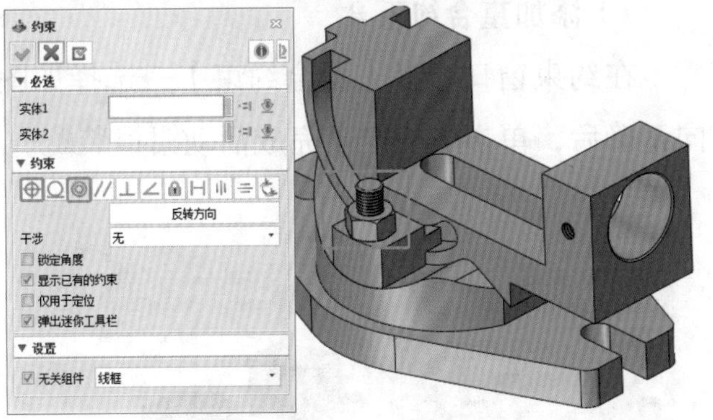

图 3-1-20　装配螺母

（6）镜像压板、紧固件

在基础编辑模块中选择【镜像】→组建选择压板、螺栓、螺母→平面选择 XZ 平面→设置点选【复制】，勾选【新建镜像零件】【保留零件关联性】【保留位置关联性】→确定方向正确后，单击【确定】完成镜像，如图 3-1-21 所示。

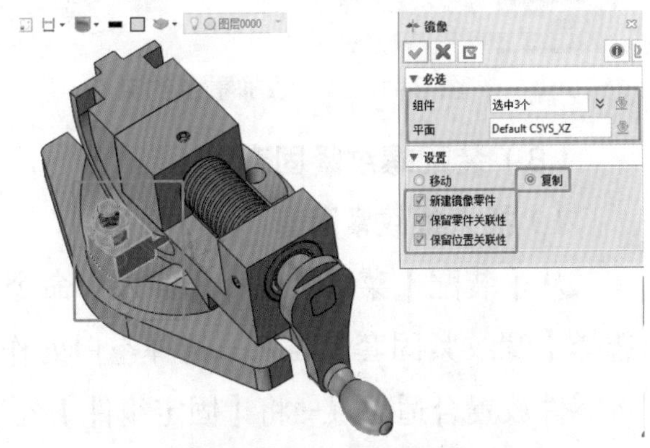

图 3-1-21　镜像零件

（7）装配活动钳口

1）插入活动钳口

从【装配】菜单栏选择【插入】命令，显示装配零件，如图 3-1-22 所示→在插入命令中选择【活动钳口】插入→选择空白处作为插入位置，通过调整方向【XYZ】【反转】【旋转】将零件放置合适位置→将【固定组件】勾选去掉→单击【确认】插入活动钳口。

2）添加重合约束 1

在约束窗口选择【重合约束】→选择如图 3-1-23 所示上底座上表面作为实体 1 和活动钳口上表面作为实体 2→确定方向正确后，单击【确定】。

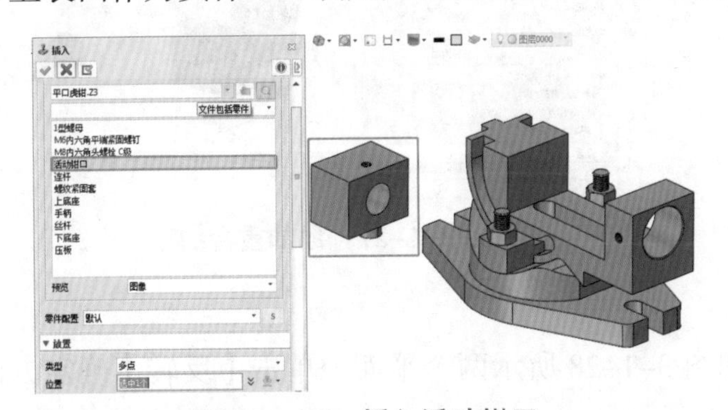

图 3-1-22　插入活动钳口

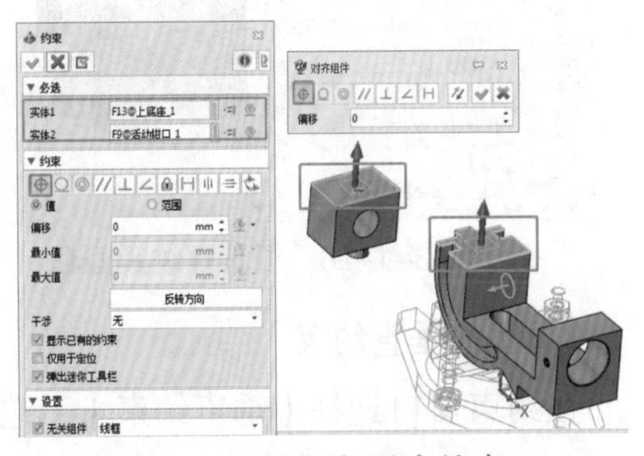

图 3-1-23　添加重合约束 1

3）添加重合约束 2

在约束窗口选择【重合约束】→选择如图 3-1-24 所示上底座侧面作为实体 1 和活动钳口侧面作为实体 2→确定方向正确后，单击【确定】。

4）添加重合约束 3

在约束窗口选择【重合约束】→选择如图 3-1-25 所示上底座和活动钳口接触面→确定方向正确后，单击【确定】完成活动钳口装配。

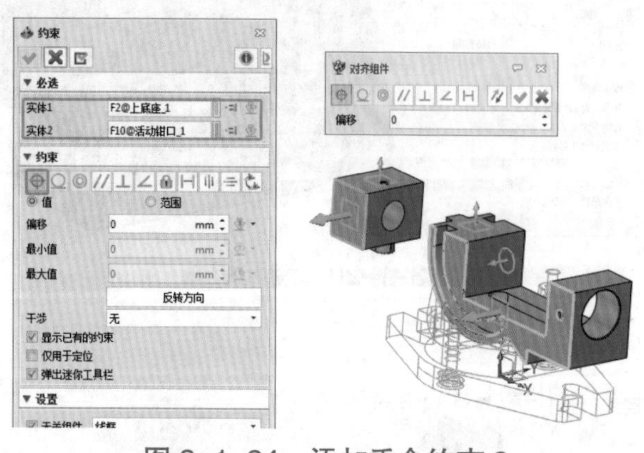

图 3-1-24 添加重合约束 2

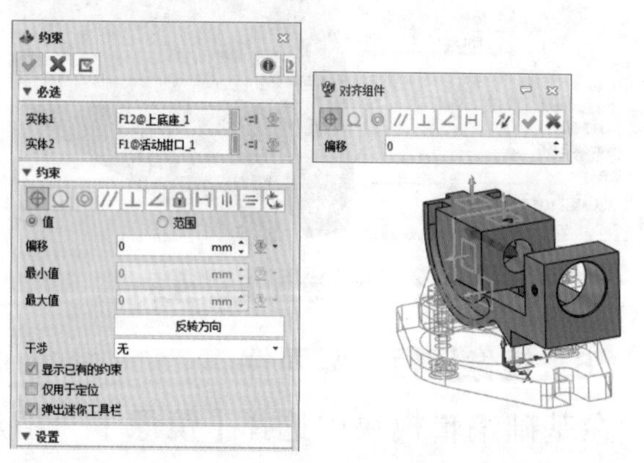

图 3-1-25 添加重合约束 3

（8）装配螺纹紧固套

1）插入螺纹紧固套

从【装配】菜单栏选择【插入】命令，显示装配零件，如图 3-1-26 所示→在插入命令中选择【螺纹紧固套】插入→选择空白处作为插入位置，通过调整方向【XYZ】【反转】【旋转】将零件放置合适位置→将【固定组件】勾选去掉→单击【确认】插入螺纹紧固套。

2）添加重合约束

在约束窗口选择【重合约束】→选择如图 3-1-27 所示两个平面→单击【反转】确定方向正确后，单击【确定】。

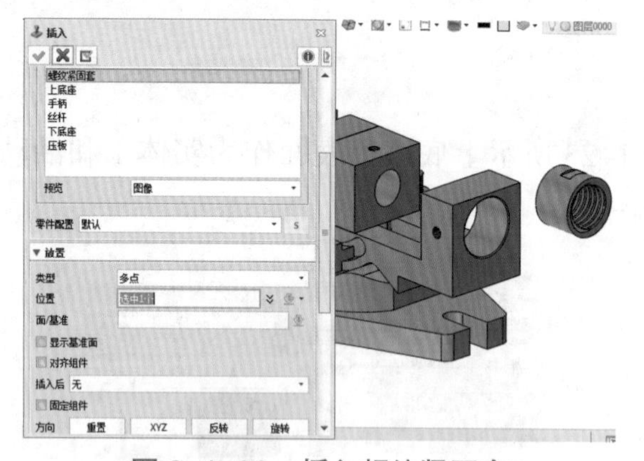

图 3-1-26 插入螺纹紧固套

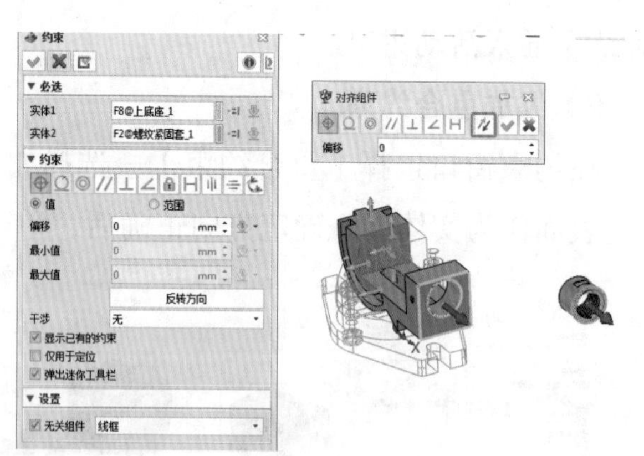

图 3-1-27 添加重合约束

3）添加垂直约束

在约束窗口选择【垂直约束】→选择如图 3-1-28 所示两个平面→单击【反转】确定方向正确后，单击【确定】。

4）添加同心约束

在约束窗口选择【同心约束】→选择两零件回转面→确定方向正确后，单击【确定】完成螺纹紧固件装配，如图 3-1-29 所示。

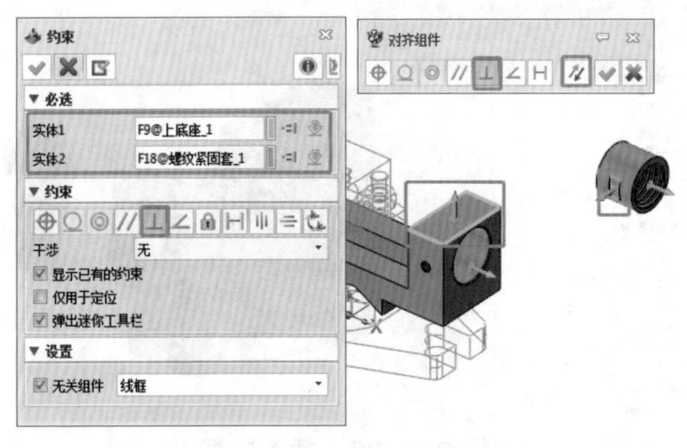
图 3-1-28　添加垂直约束

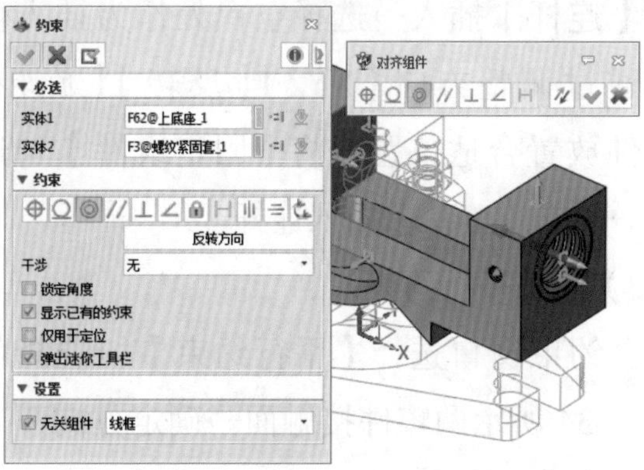

图 3-1-29　添加同心约束

(9) 装配丝杠

1) 插入丝杠

从【装配】菜单栏选择【插入】命令，显示装配零件，如图 3-1-30 所示→在插入命令中选择【丝杠】插入→选择空白处作为插入位置，通过调整方向【XYZ】【反转】【旋转】将零件放置合适位置→将【固定组件】勾选去掉→单击【确认】插入丝杠。

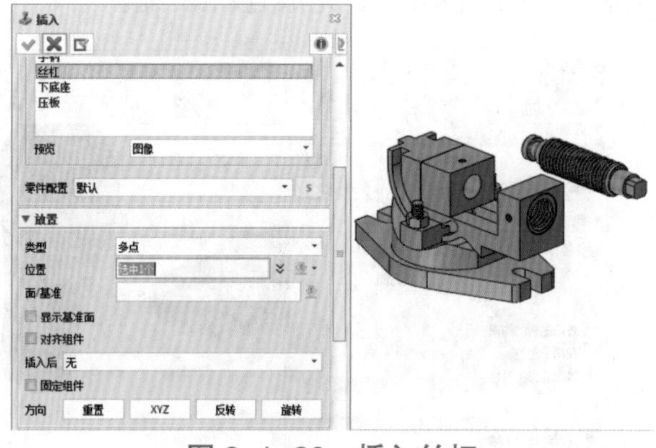
图 3-1-30　插入丝杠

2) 添加重合约束

在约束窗口选择【重合约束】→选择如图 3-1-31 所示两个平面→单击【反转】确定方向正确后，单击【确定】。

3) 添加同心约束

在约束窗口选择【同心约束】→选择两零件回转面→确定方向正确后，单击【确定】完成丝杠装配，如图 3-1-32 所示。

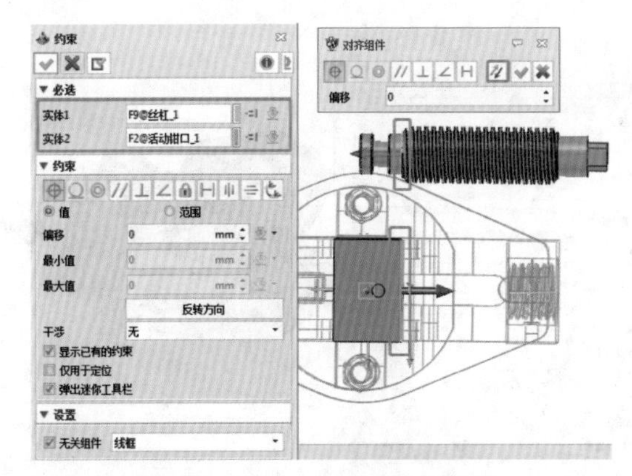
图 3-1-31　添加重合约束

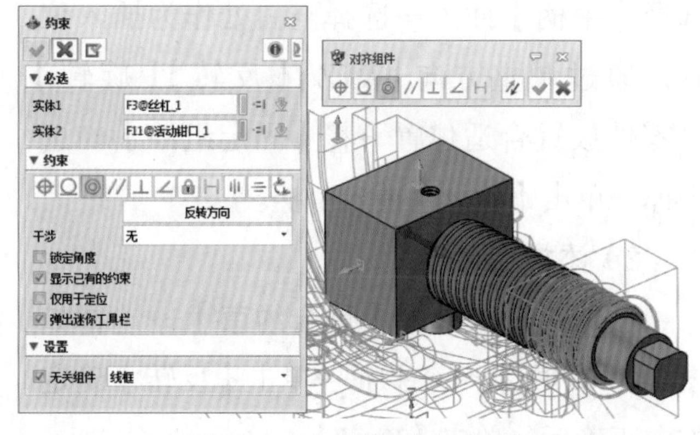
图 3-1-32　添加同心约束

(10) 装配连杆

1) 插入连杆

从【装配】菜单栏选择【插入】命令，显示装配零件，如图 3-1-33 所示→在插入命令中选择【连杆】插入→选择空白处作为插入位置，通过调整方向【XYZ】【反转】【旋转】将零件放置合适位置→将【固定组件】勾选去掉→单击【确认】插入连杆。

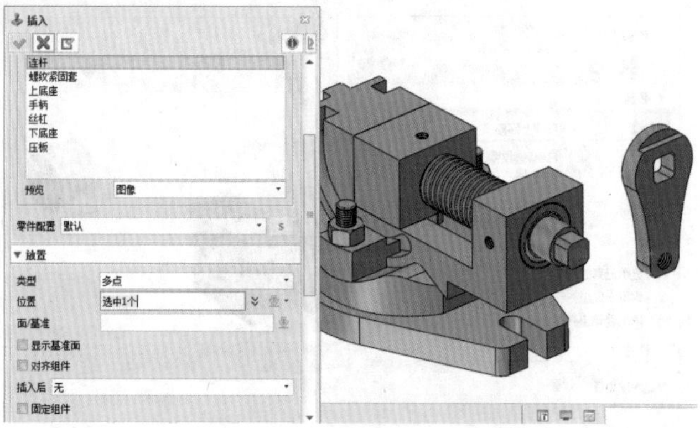

图 3-1-33 插入连杆

2）添加平行约束

在约束窗口选择【平行约束】→选择如图 3-1-34 所示两零件接触面→确定方向正确后，单击【确定】。

3）添加同心约束

在约束窗口选择【同心约束】→选择如图 3-1-35 所示回转面→单击【反转】确定方向正确后，单击【确定】完成连杆装配。

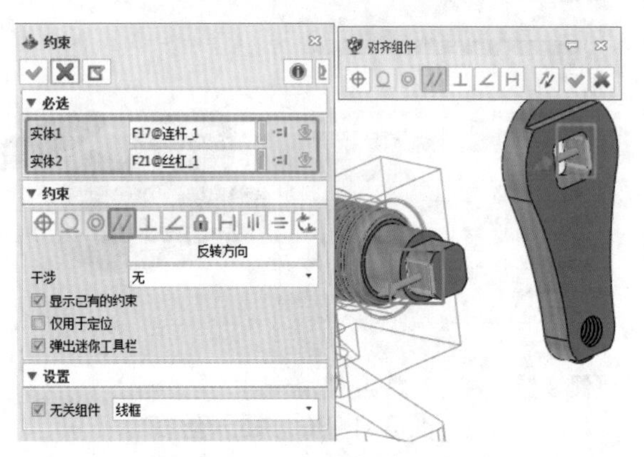

图 3-1-34 添加平行约束

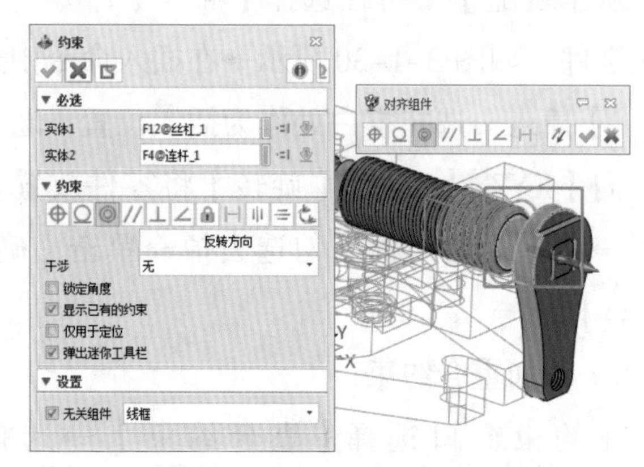

图 3-1-35 添加同心约束

（11）装配手柄

1）插入手柄

从【装配】菜单栏选择【插入】命令，显示装配零件，如图 3-1-36 所示→在插入命令中选择【手柄】插入→选择空白处作为插入位置，通过调整方向【XYZ】【反转】【旋转】将零件放置合适位置→将【固定组件】勾选去掉→单击【确认】插入手柄。

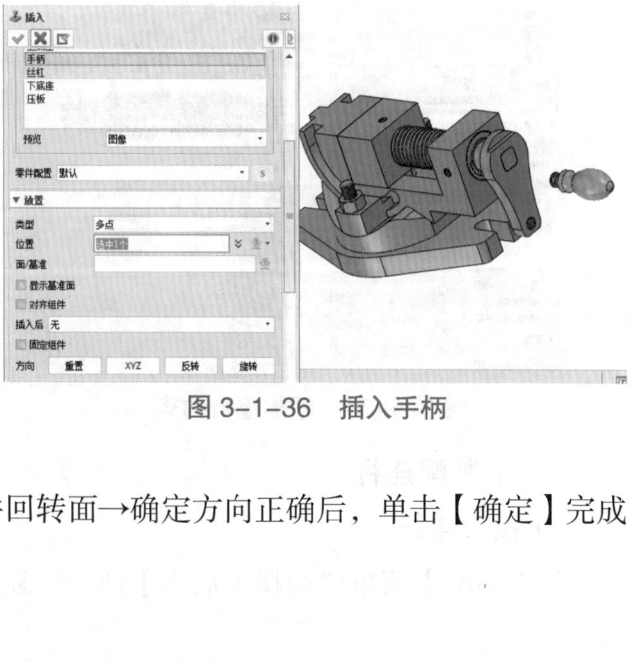

图 3-1-36 插入手柄

2）添加重合约束

在约束窗口选择【重合约束】→选择如图 3-1-37 所示两个平面→单击【反转】确定方向正确后，单击【确定】。

3）添加同心约束

在约束窗口选择【同心约束】→选择两零件回转面→确定方向正确后，单击【确定】完成手柄装配，如图 3-1-38 所示。

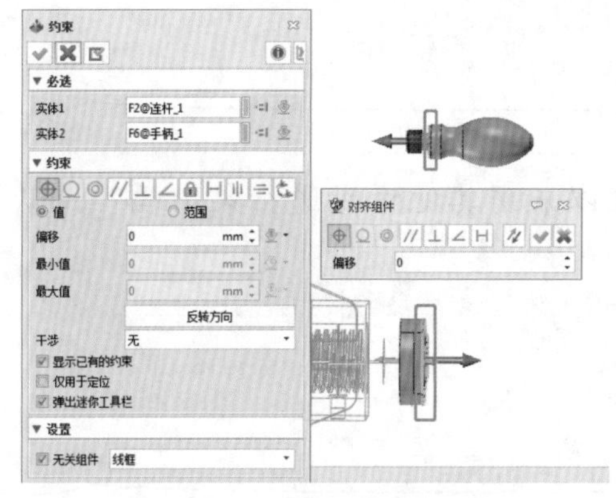

图 3-1-37　添加重合约束

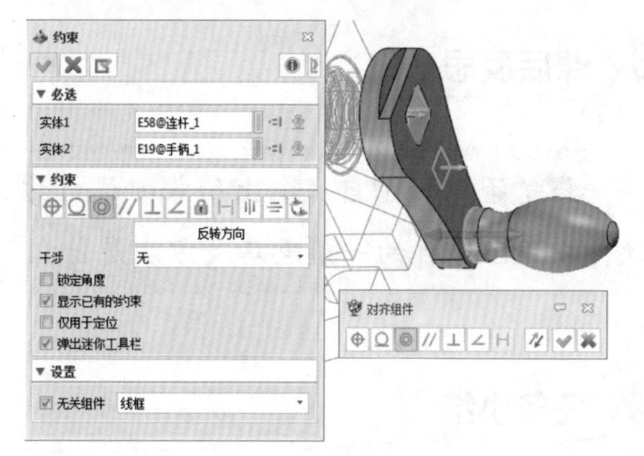

图 3-1-38　添加同心约束

（12）装配紧固螺钉

从【装配】菜单栏选择【插入】命令，显示装配零件，如图 3-1-39 所示→在插入命令中选择紧固螺钉插入→选择空白处通过调整方向【XYZ】【反转】【旋转】将零件调整成装配位置→将【对齐组件】勾选，插入后对齐→选择装配位置→单击【确认】插入紧固螺钉。

（13）保存文件

使用快捷键（Ctrl+I），显示如图 3-1-40 所示等轴测图，单击【文件】指令，选择【保存】或【另存为】到合适文件夹。

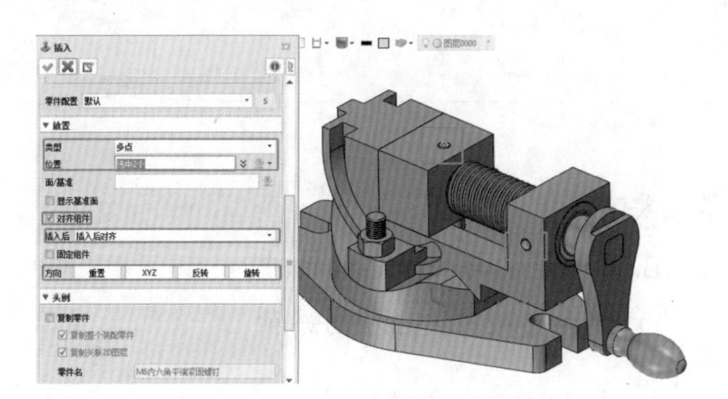

图 3-1-39　装配紧固螺钉

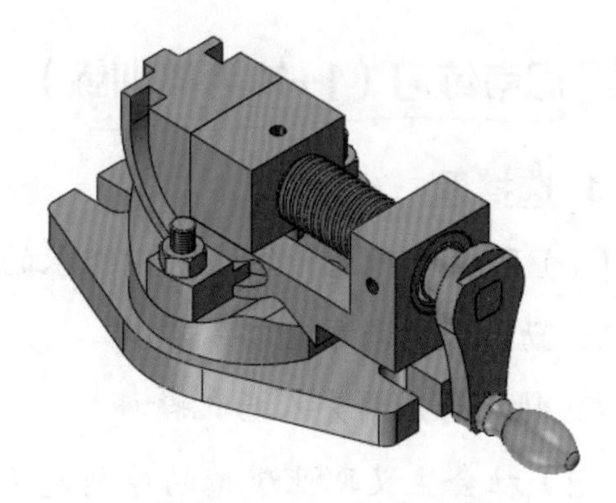

图 3-1-40　保存文件

任务评价

装配设计任务评价如表 3-1-2 所示。

表 3-1-2　装配设计任务评价

序号	项目内容	评分要素	分值	自评	师评
1	装配设计	装配零件完整性	30		
		装配关系正确性	30		
		零件约束关系正确性	30		
2	其他	安全文明生产及文件命名正确性	10		
3	合计		100		

课后反思

您是否掌握了自底向上的装配设计方式？还可以采用其他方式进行装配吗？您认为软件中装配零件的一般思路及方法是什么？

任务小结

自底向上装配就是首先根据各个产品特点先创建单个零件的几何模型，再组装成子装配部件，最后生成装配部件的装配方法。一旦组件部件文件发生变化，所有利用该组件的装配文件在打开时将自动更新以反映其部件间的关联关系。这种装配方式的缺点是不能完全体现设计意图，尽管可能与自上而下的设计结果相同，但加大了设计冲突和错误的风险，从而导致设计不够灵活。目前，自底向上装配方式仍是设计中最广泛采用的范例。

思考练习（1+X 考核训练）

1. 选择题

（1）职业道德从传统文明中继承的精华主要有（　　）。

A. 勤俭节约与艰苦奋斗精神　　B. 开拓进取与公而忘私精神

C. 助人为乐与先人后记精神　　D. 教书育人与拔刀相助精神

（2）社会主义职业道德的原则是（　　）。

A. 正确的道德理想　　B. 集体主义

C. 国家利益高于一切　　D. 个人利益服从集体利益

（3）职业荣誉的特点是（　　）。

A. 多样性、层次性和鼓舞性　　B. 集体性、阶层性和竞争性

C. 互助性、阶级性和奖励性　　D. 阶级性、激励性和多样性

（4）中望 3D 的主界面中（　　）是绘图显示的主要区域。

A. 窗口标题栏　　B. 菜单栏　　C. 图层工作区　　D. 工作区

（5）在装配工具栏中，起配对组件作用的是（　　）。

A. 插入　　B. 约束　　C. 编辑　　D. 移动

（6）常用的装配方法有（　　）、自顶向下装配等。

A. 顺序装配　　B. 自底向上装配　　C. 分布式装配　　D. 其他

（7）在标准公差等级中，从IT01到IT18，等级依次（　　），对应的公差值依次（　　）。

A. 降低，增大　　B. 降低，减小　　C. 升高，增大　　D. 升高，减小

（8）牌号为45的钢的含碳量为百分之（　　）。

A. 45　　B. 4.5　　C. 0.45　　D. 0.045

（9）除第一道工序外，其余工序都采用同一个表面作为精基准，称为（　　）原则。

A. 基准统一　　B. 基准重合　　C. 自为基准　　D. 互为基准

（10）抛光一般只能得到光滑面，不能提高（　　）。

A. 加工精度　　B. 表面精度　　C. 表面质量　　D. 使用寿命

2. 绘图题

根据给定零件模型，如图3-1-41所示，分析装配设计思路并完成三维装配模型创建。

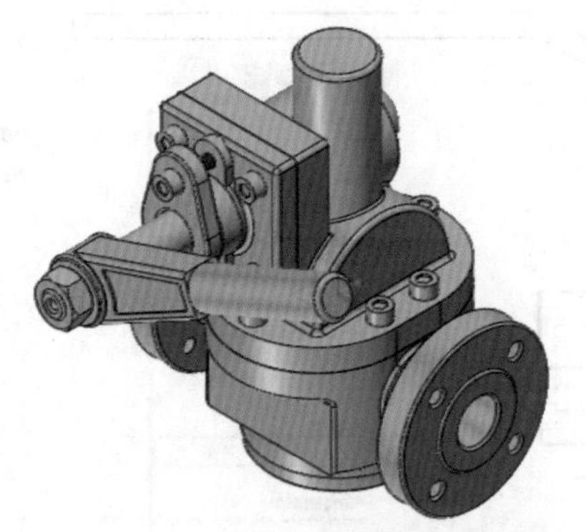

图3-1-41　绘图题零件模型

任务2　泵体零件工程图

任务描述

企业王师傅接到一个工程图绘制订单任务，需要绘制泵体零件的二维工程图。如图3-2-1所示，订单企业提供了泵体的三维模型，您能帮助王师傅完成工程图的绘制吗？

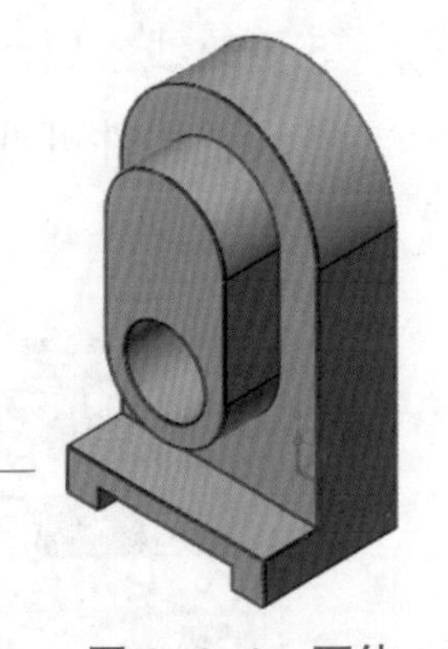

图3-2-1　泵体

学习目标

1. 熟悉三维模型转二维工程图的方法。
2. 会修改、编辑各种视图。
3. 掌握零件工程图绘制的一般过程。

4. 掌握零件工程图的标注方法、掌握工程图的编辑方法。

5. 能根据三维模型创建零件工程图。

6. 通过有序、规范、严谨的建模过程，养成严谨认真的良好职业素养。

知识链接

在完成视图创建后，有两种不同的方法来重新定义视图属性，分别如下。

方法一：右键菜单

右击视图或者图纸【管理器】中的视图名称，然后选择【属性】命令来修改视图属性，如图 3-2-2 所示。

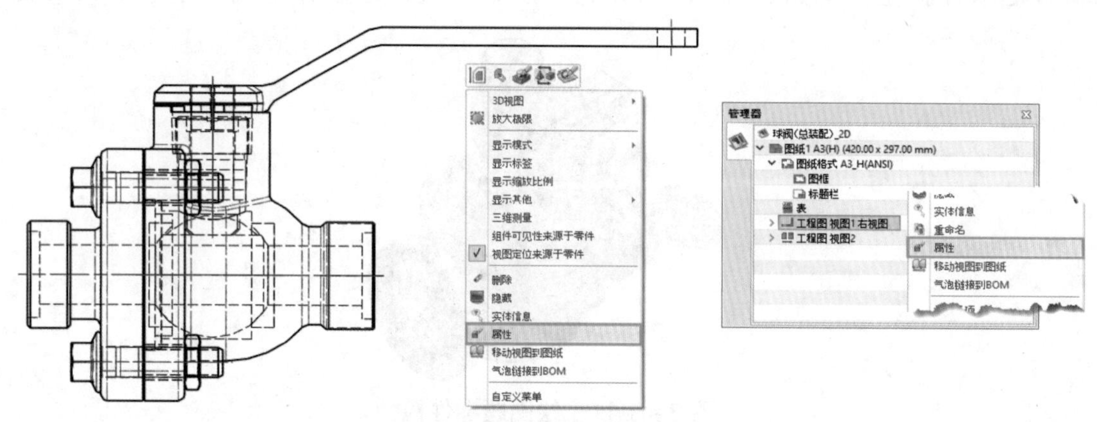

图 3-2-2 视图属性

方法二:【布局】菜单栏下的【视图属性】命令

打开【视图属性】命令并选择【视图】，然后单击鼠标中键确认。在视图属性中，可以更改如图 3-2-3 所示参数。

①显示消隐线 / 显示中心线 / 显示螺纹。

②显示零件标注 / 从零件显示文本中选择零件的 3D 曲线 / 显示 3D 基准点。

③继承当前视图的 PMI。

④显示缩放和标签。

⑤更改线条属性。

⑥设置组件可见性。

图 3-2-3 视图属性

任务实施

1. 思路分析

零件图绘制思路如表 3-2-1 所示。

表 3-2-1　零件图绘制思路分析

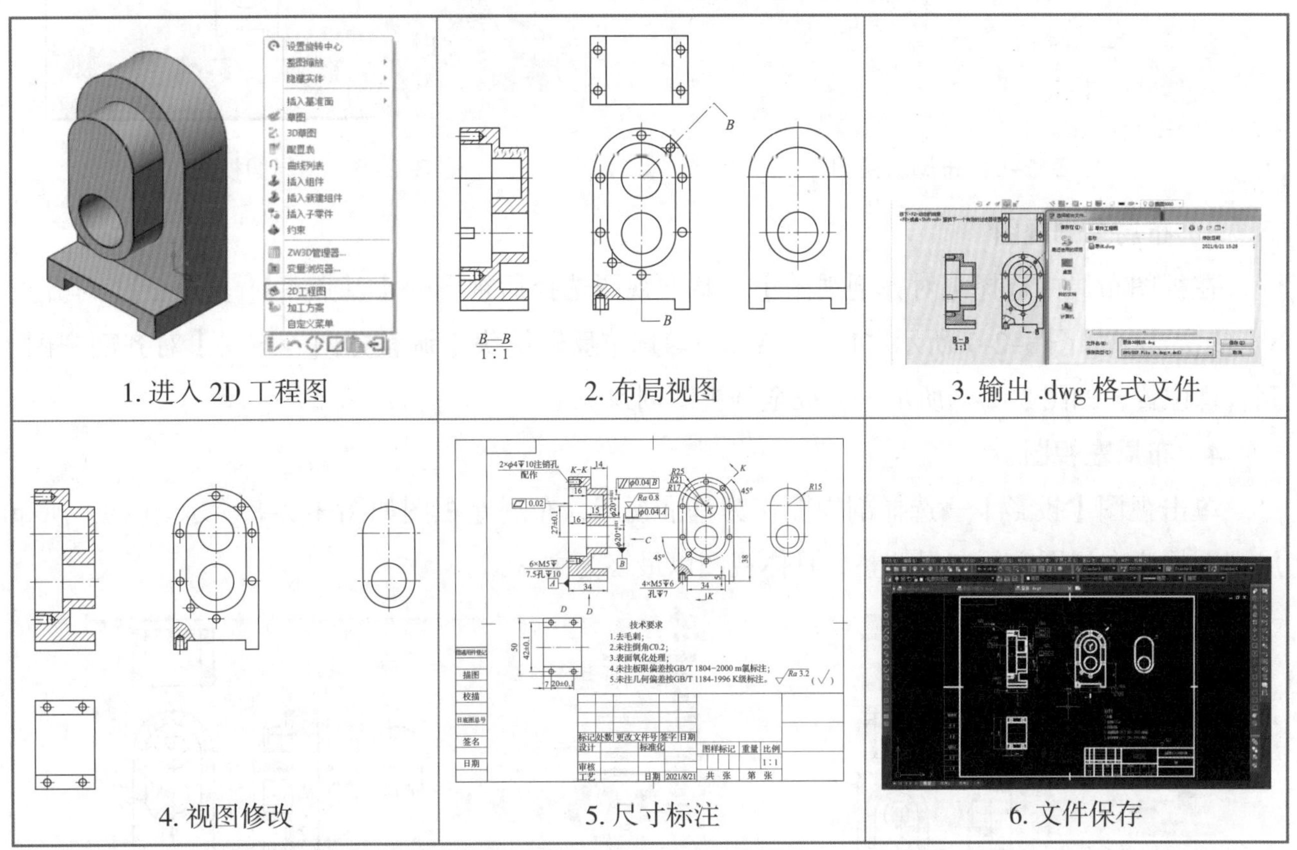

2. 实施步骤

（1）进入 2D 工程图

打开项目【泵体】，在绘图区鼠标右键单击→在弹出的对话框中选择【2D 工程图】→选择模板【默认】→单击【确认】进入工程图环境，如图 3-2-4 所示。

图 3-2-4　进入 2D 工程图

（2）布局视图

1）布局后视图

进入工程图环境，根据模型进行合理布局→文件选择【泵体】→视图选择【后视图】→通用设置取消【显示消隐线】→将后视图布局在合理位置→单击【确定】→单击【视图】，移动视图到合理位置→完成视图布局，如图 3-2-5 所示。

2）布局仰视图

单击视图【投影】→选择布置的视图作为基准视图，布局仰视图如图 3–2–6 所示。

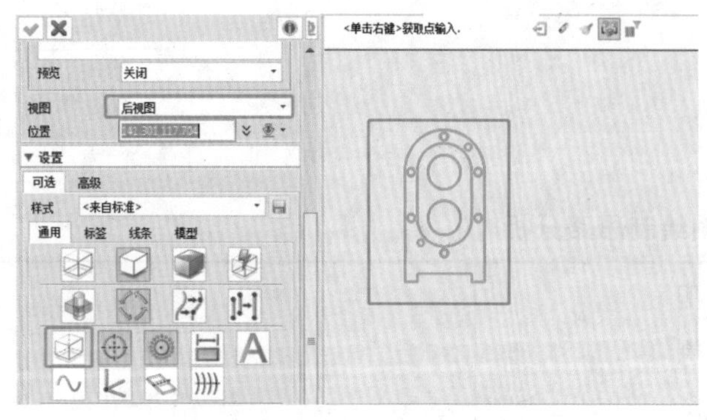

图 3–2–5　布局后视图

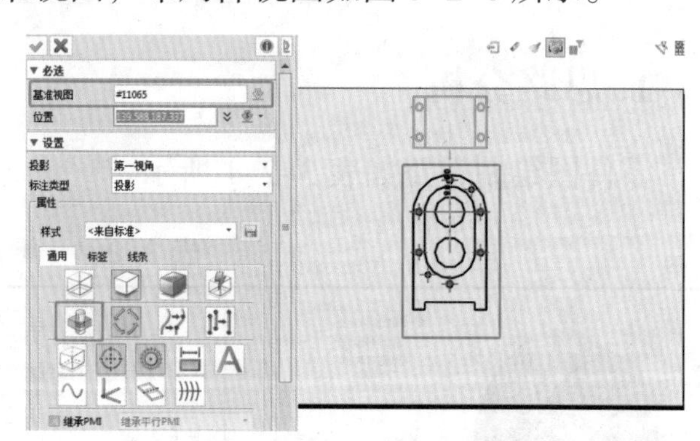

图 3–2–6　布局仰视图

3）布局全剖视图

在视图布局中选择【对齐剖视图】→基准视图选择后视图→【基点 1】【基点 2】【对齐点 3】依次选择如图 3–2–7 所示“1、2、3”→勾选【反转箭头】调整方向→布局【对齐剖视图】到合理位置，如图 3–2–7 所示→完成全剖视图创建。

4）布局左视图

单击视图【投影】→选择剖视图作为基准视图，布局左视图如图 3–2–8 所示。（注：所布局视图均为向视图方便布局调整，具体视图以最终为主。）

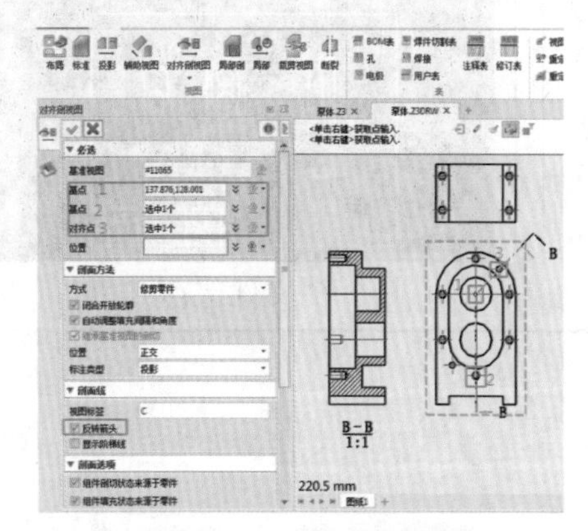

图 3–2–7　布局剖视图

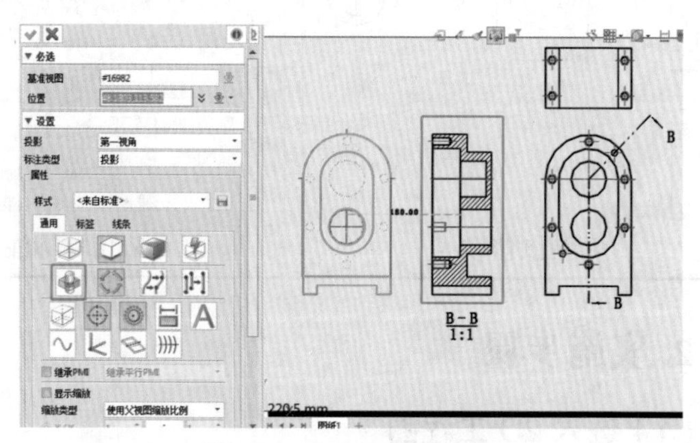

图 3–2–8　布局左视图

5）设置局部剖视图

在视图布局中选择【局部剖】→基准视图选择后视图→边界绘制方式选择【多段线】绘制，绘制边界→深度点选择仰视图所示螺纹孔中心→单击【确定】完成局部视图，如图 3–2–9 所示→调整视图位置，如图 3–2–10 所示。

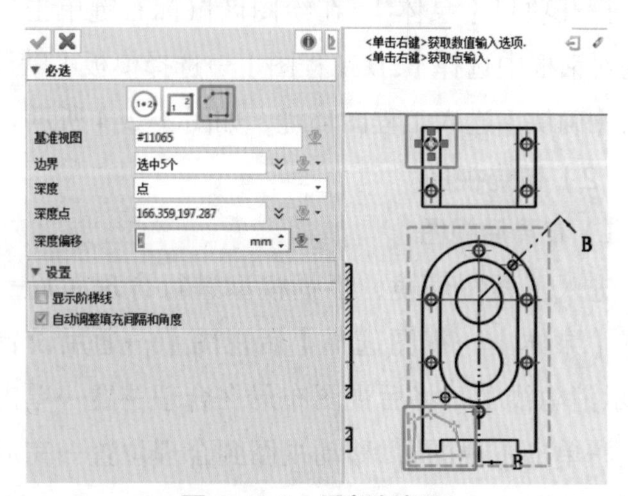

图 3–2–9　局部剖视图

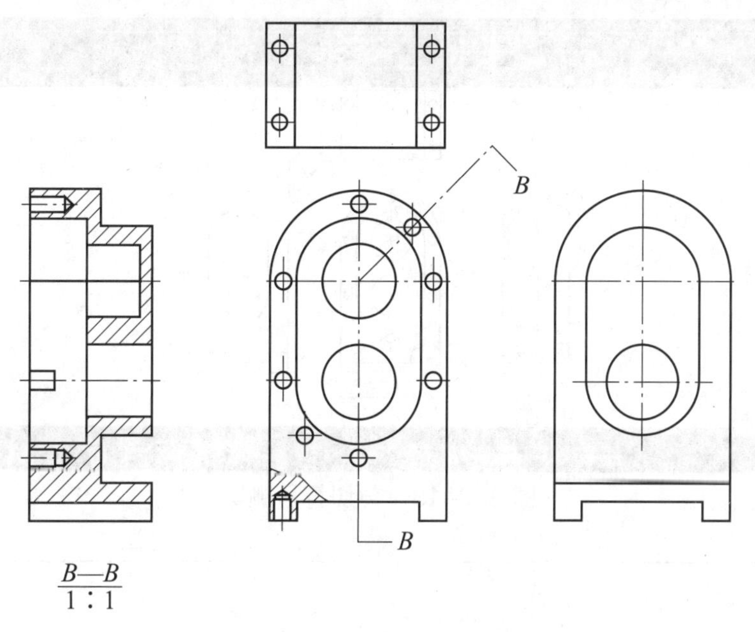

图 3-2-10　调整视图位置

（3）输出 .dwg 格式二维工程图

单击菜单栏【文件】选项→选择【输出】→文件名默认，也可修改→保存类型【*.dwg;*.dxf】→单击【保存】文件，如图 3-2-11 所示→【设置图纸格式属性】勾选→【以线导出】勾选→其余默认，单击【确定】，如图 3-2-12 所示。

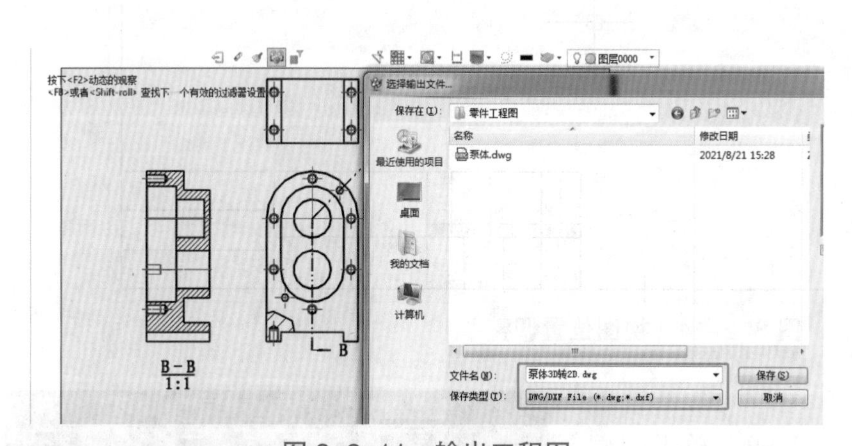

图 3-2-11　输出工程图

图 3-2-12　文件生成

（4）中望机械 CAD 软件修改零件工程图

1）图幅设置

打开【泵体 3D 转 2D.dwg】文件→将剖切符号标注删除，调整视图位置，如图 3-2-13 所示→在操作界面中输入快捷键“TF”，标题栏选择“标题栏 1”，修改图幅大小为 A3→比例【1∶1】，其余默认→移动调整视图位置，如图 3-2-14 所示。

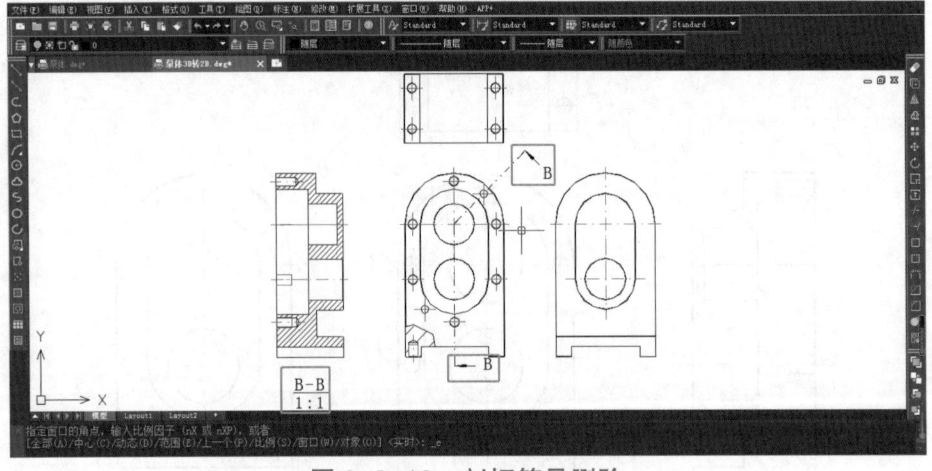

图 3-2-13 剖切符号删除

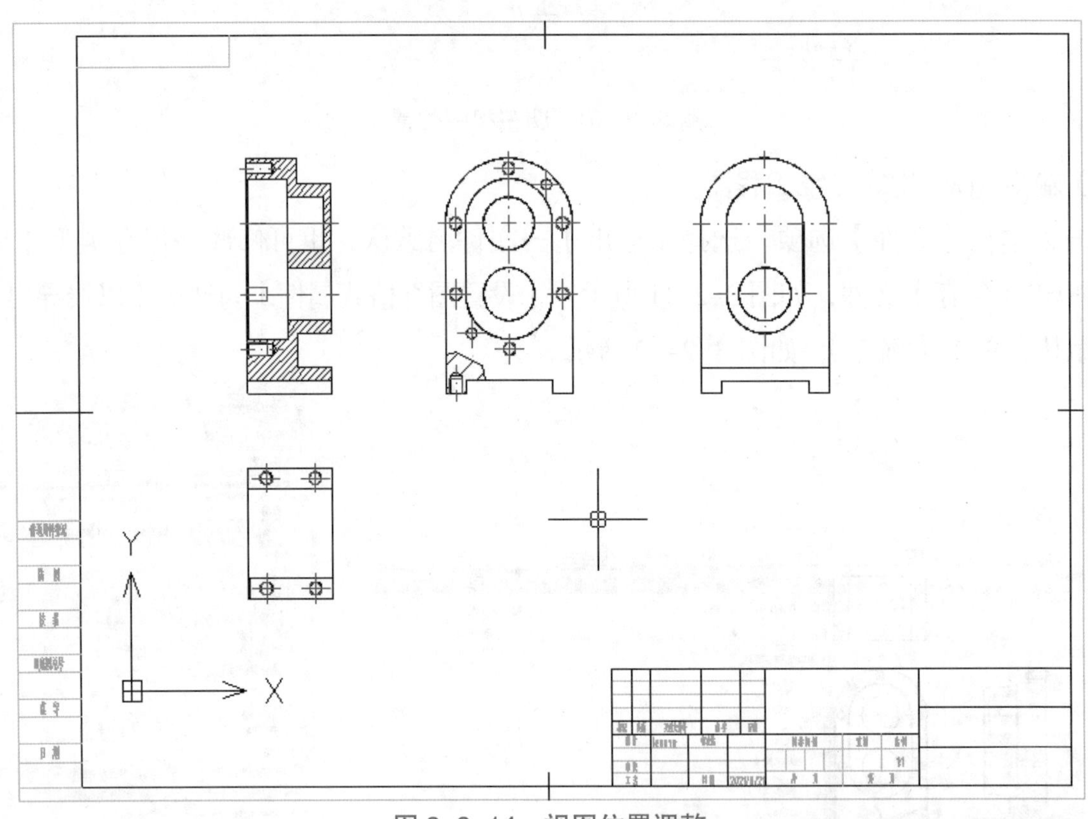

图 3-2-14 视图位置调整

2）图层设置

在操作界面中输入快捷键“LA”或者单击图层任务栏中的【图层特性管理器】→修改图层【线宽】（粗实线 0.50 mm，其他线层 0.25 mm），如图 3-2-15 所示。

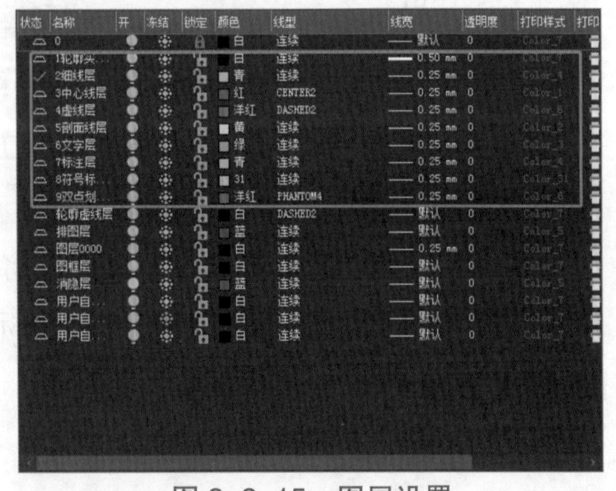

图 3-2-15 图层设置

3）线型修改

框选全部视图（快捷操作：Ctrl+A）→输入“1”，按空格键确认，将图线改为【粗实线层】，如图 3-2-16 所示→输入快捷键“QSE”或者在操作界面中右击选择【快速选择】，如图 3-2-17 所示→选择【颜色】值为“随层”，将图线改成“5”剖面线层（输入“5”，按空格键确认），如图 3-2-18 所示→选择【线宽】值为“0.05”，将图线改为“2”细实线层→选择【线型】值为“DASHEDDOT2X”，如图 3-2-19 所示→将图线改为“3”中心线层，如图 3-2-20 所示→框选全部视图（快捷操作：Ctrl+A），将【颜色控制】【线型控制】【线宽控制】全部改为“随层”，如图 3-2-21 所示。

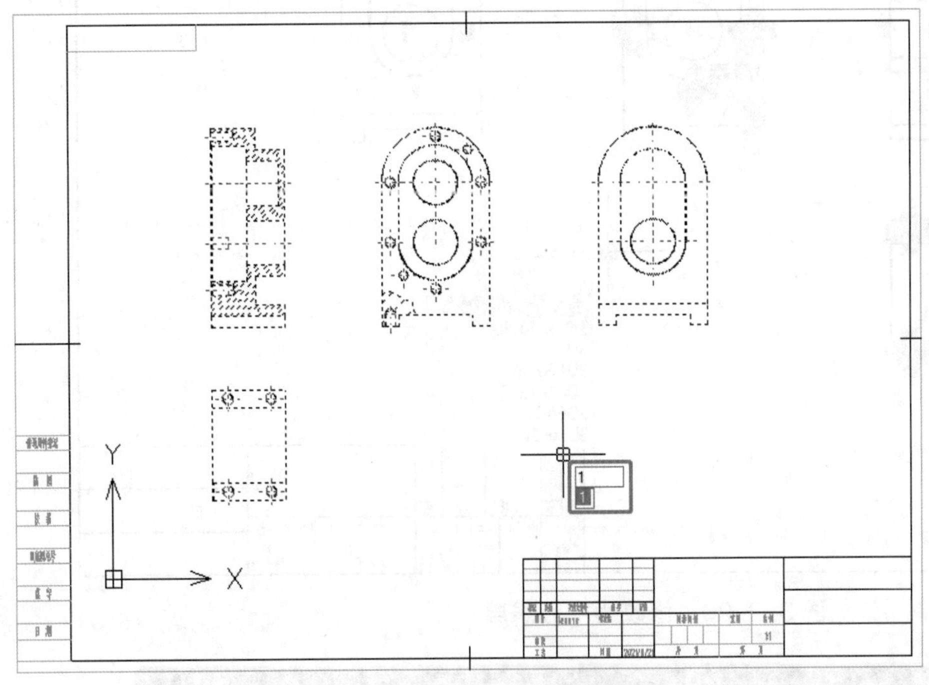

图 3-2-16　修改为粗实线层

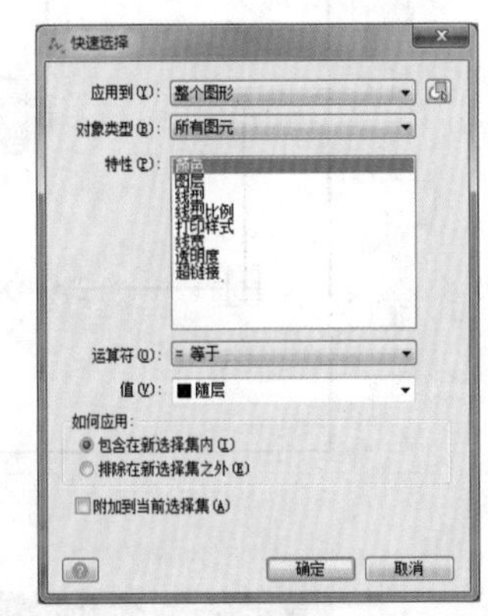

图 3-2-17　颜色快速选择

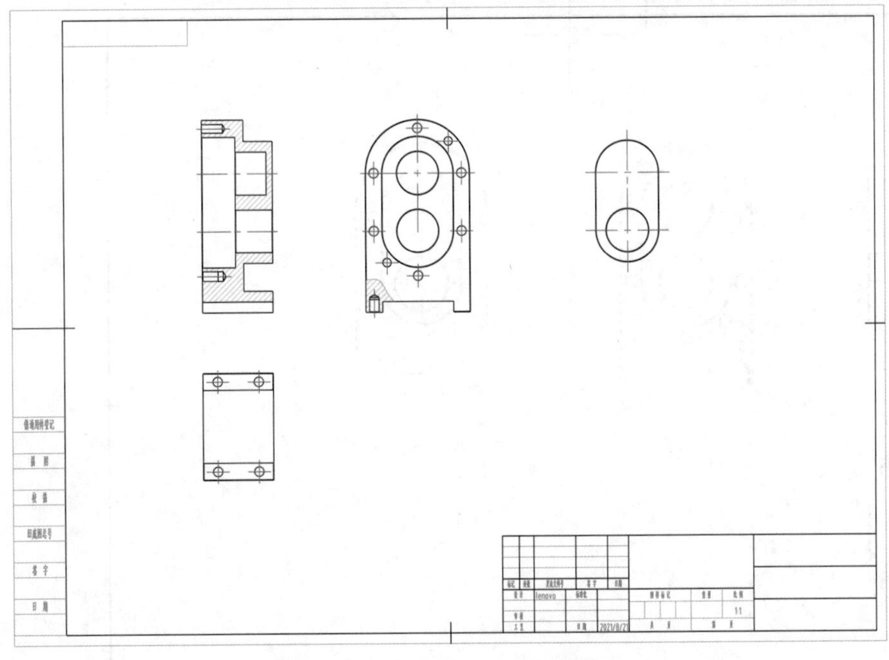

图 3-2-18　修改为剖面线层

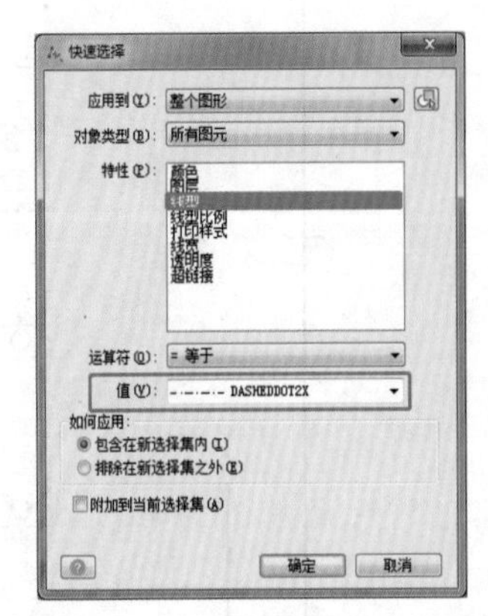

图 3-2-19　线型快速选择

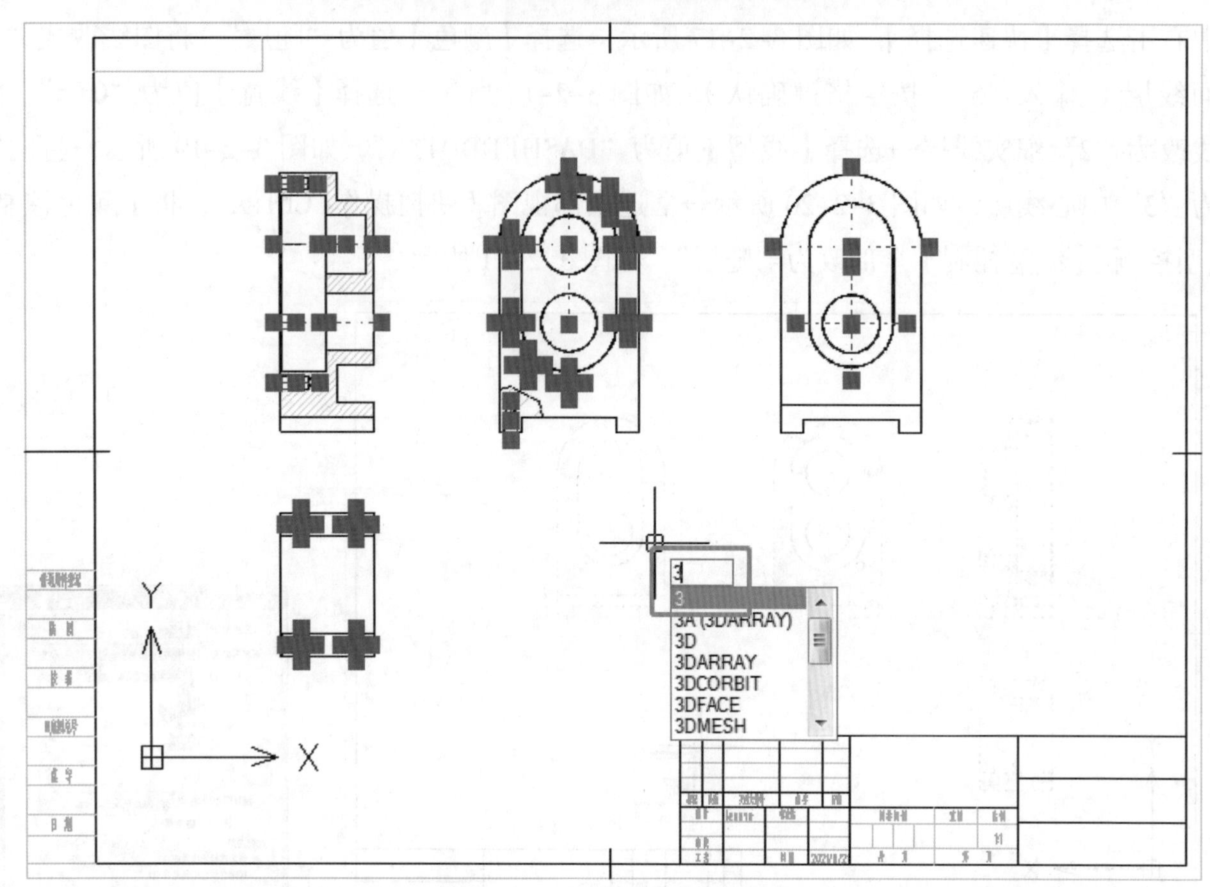

图 3-2-20 修改为中心线层

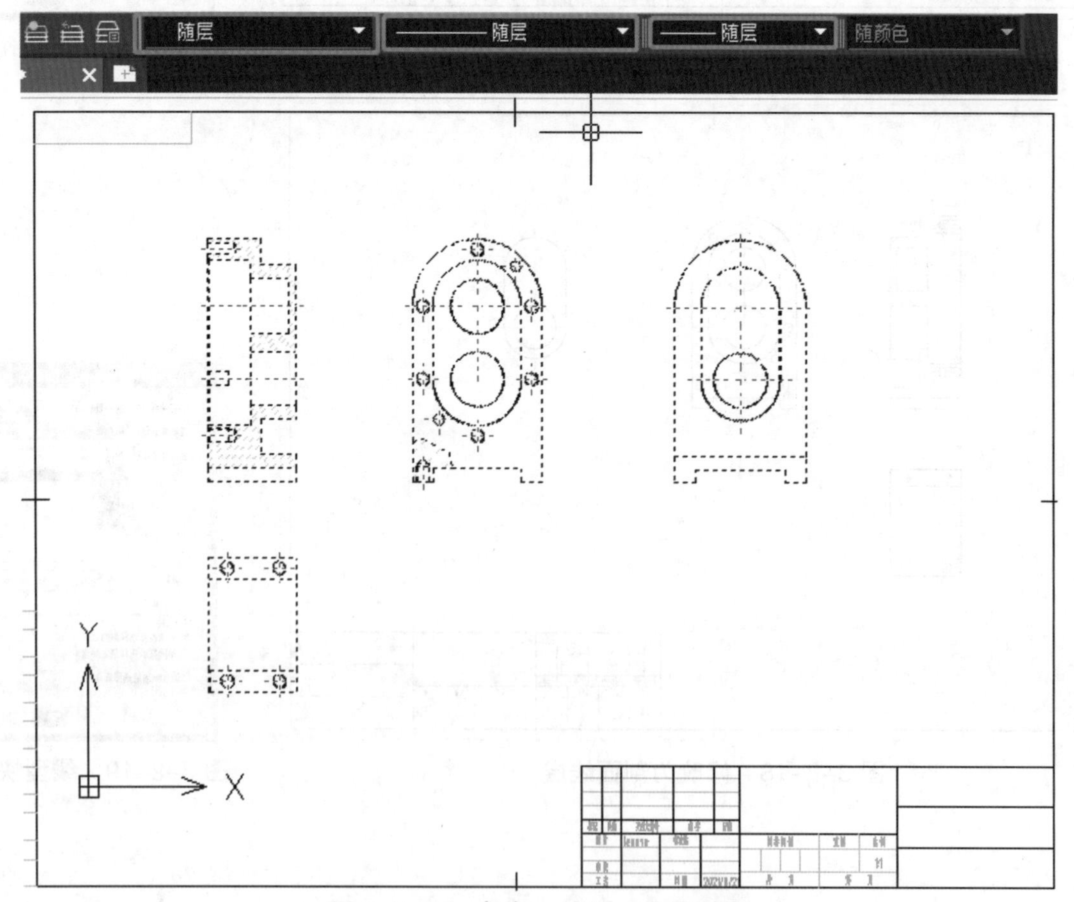

图 3-2-21 颜色、线型、线宽随层

4）修改零件图视图

按照机械制图（GB）零件图的绘制标准修改线型、局部剖视图螺纹画法等细节部分，如图 3-2-22 所示。

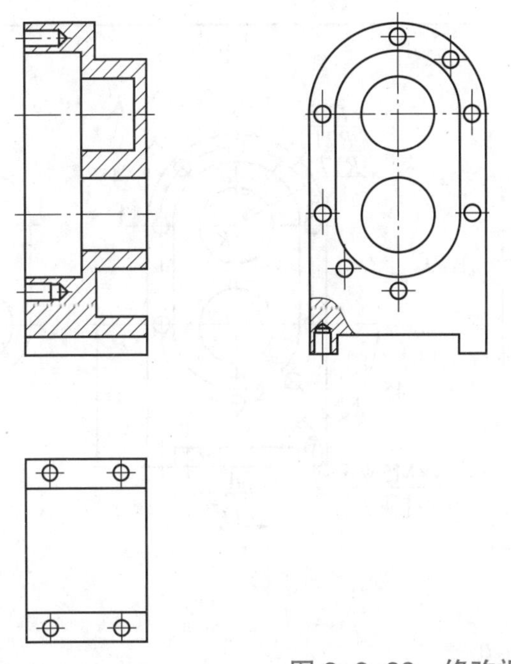

图 3-2-22　修改视图

5）符号标注

单击菜单栏【机械】【创建视图剖切线】完成旋转剖切符号标注，如图 3-2-23 所示“1”→单击菜单栏【机械】【创建视图方向符号】完成向视图符号标注，如图 3-2-23 所示“2、3”。

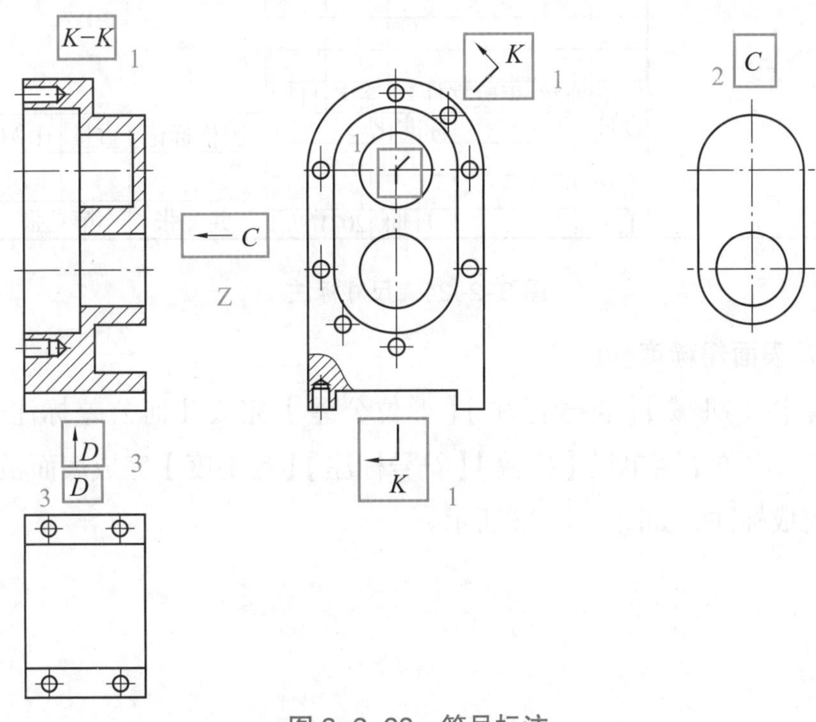

图 3-2-23　符号标注

6）尺寸标注

依次单击菜单栏【机械】【尺寸标注】【智能标注】或使用快捷键“D”，完成在绘图界面中进行尺寸标注，具体标注如图 3-2-24 所示。

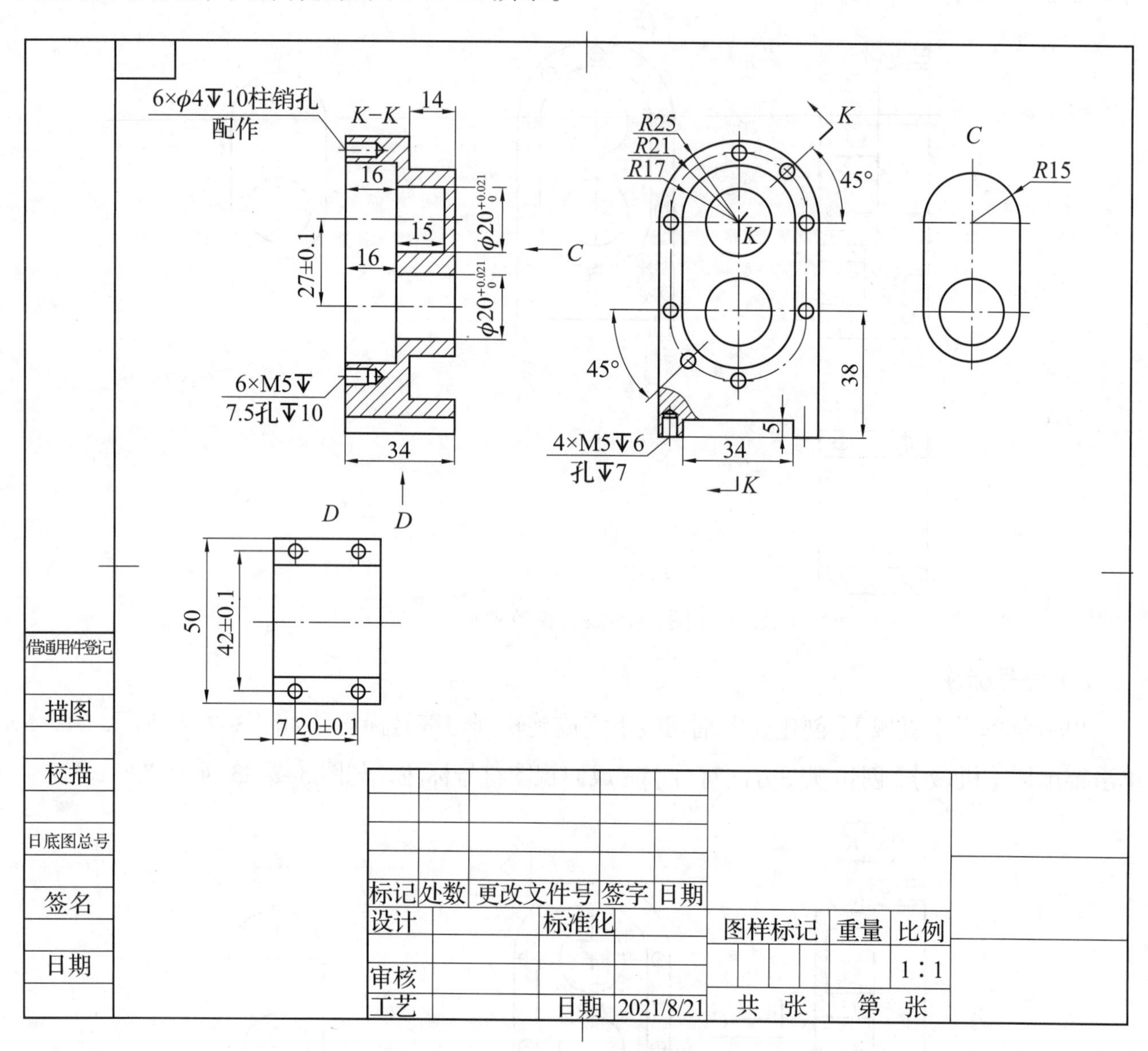

图 3-2-24 尺寸标注

7）几何公差及表面粗糙度标注

依次单击菜单栏【机械】【符号标注】【形位公差】完成几何公差标注，或使用快捷键“XW”完成标注→依次单击菜单栏【机械】【符号标注】【粗糙度】完成表面粗糙度标注，或使用快捷键“CC”完成标注，如图 3-2-25 所示。

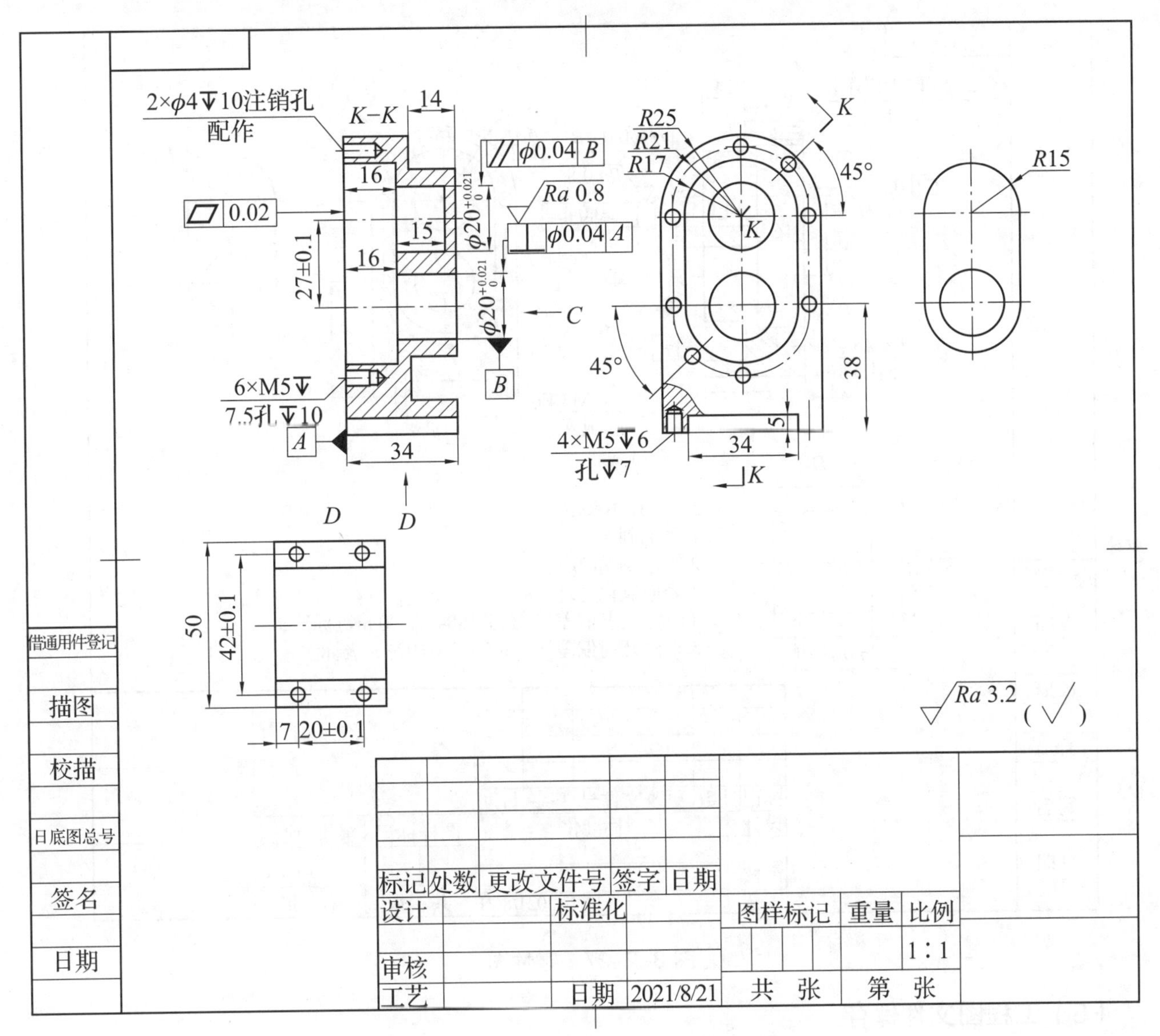

图 3-2-25　几何公差及表面粗糙度标注

8）技术要求

在操作界面中输入快捷键“TJ”插入技术要求→可在【技术库】中选择，也可自行输入，如图 3-2-26 所示→指定放置位置→完成技术要求→完成泵体零件图，如图 3-2-27 所示。

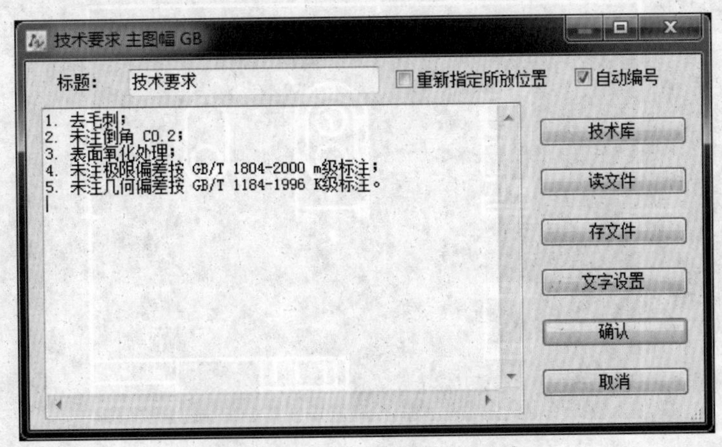

图 3-2-26　插入技术要求

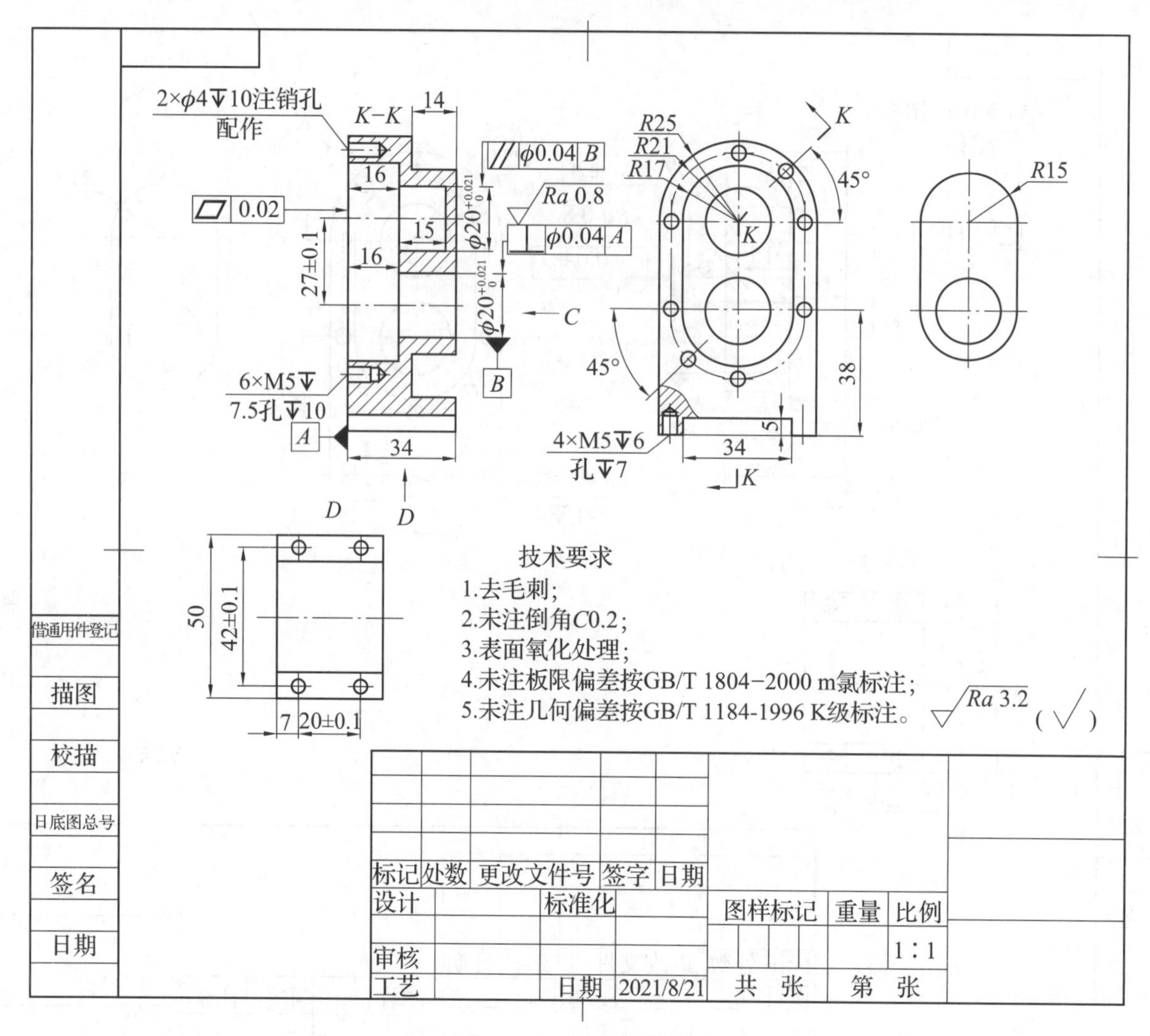

图 3-2-27　零件图

（5）工程图文件保存

单击菜单栏【文件】选择保存或另存为合适文件夹→文件名命名→保存文件类型【*.dwg】→单击【保存】→完成泵体零件图创建，如图 3-2-28 所示。

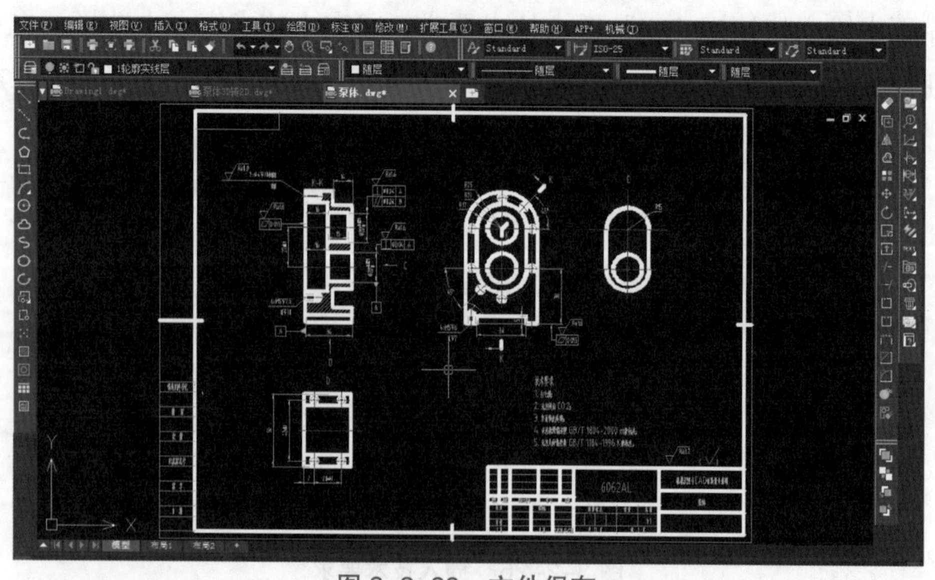

图 3-2-28　文件保存

任务评价

零件图任务评价如表 3-2-2 所示。

表 3-2-2　零件图任务评价

序号	项目内容	评分要素	分值	自评	师评
1	视图与表达	视图表达完整性	10		
		视图选取比例的合理性	10		
		视图布局的合理性与规范性	10		
2	尺寸公差、几何公差及技术要求	尺寸的正确、齐全、清晰	20		
		尺寸公差标注的正确性	10		
		几何公差标注的正确性	10		
		表面精度标注的合理性	10		
		其他技术要求的合理性	10		
3	其他	零件图标题栏符合国家标准	10		
4	合计		100		

课后反思

您是否掌握了中望 3D 软件常用视图工具的使用？是否掌握了使用中望机械 CAD 软件的进行零件视图编辑、尺寸标注及其他技术要求的完成过程？对你来说完成一幅零件工程图最大的阻碍是什么？

任务小结

本任务主要介绍一个简单的泵体零件的工程图创建的整个过程，介绍了中望 3D 软件及中望机械 CAD 软件的二维工程图创建的一般方法，重点学习了中望 3D 软件视图的投影、全剖视图、局部剖视图、局部视图及中望机械 CAD 软件视图中尺寸的标注方法，几何公差、技术要求的创建。

思考练习（1+X 考核训练）

1. 选择题

（1）关于道德，正确的说法是（　　）。

A. 道德在职业活动中不起作用　　　　B. 道德在公共生活中几乎不起作用

C. 道德威力巨大，无坚不克　　　　D. 道德是调节社会关系的重要手段

（2）职业道德的特征是（　　）。

A. 行业性　　　　B. 规范制定上的任意性

C. 内容上的多变性　　　　D. 形式上的单一性

（3）在企业文化中，居于核心地位的是（　　）。

A. 文体活动　　　　B. 企业价值观

C. 企业礼俗　　　　D. 员工服饰

（4）下列说法正确的是（　　）。

A. 向视图是可以自由配置的视图

B. 局部视图的断裂边界线只能用波浪线表示

C. 斜视图只能按投影关系配置

D. 通用剖面线只能用 45° 的细实线绘制

（5）下列四组移出断面图中，正确的一组是（　　）。

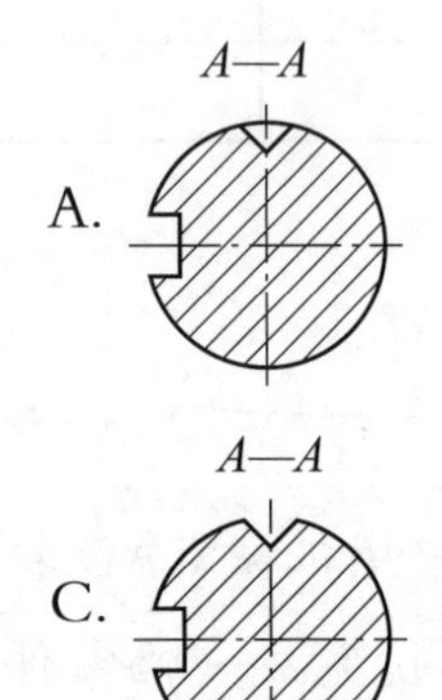

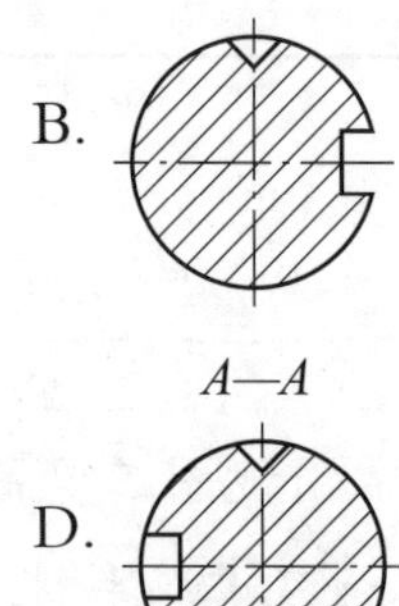

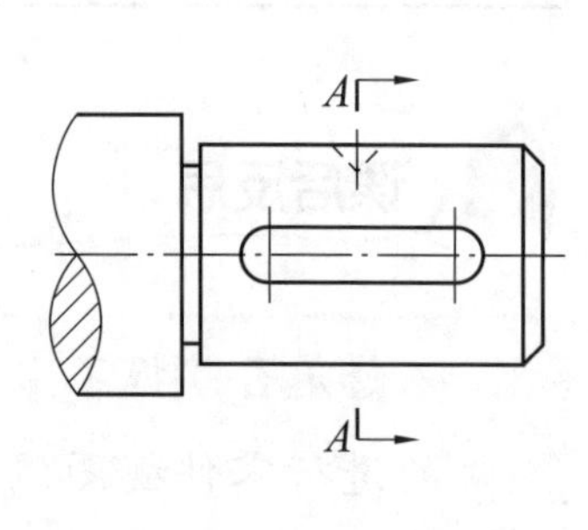

（6）机械制图中的比例是指（　　）。

A. 图样中图形与其实物相应要素的线性尺寸之比

B. 实物与图样中图形相应要素的线性尺寸之比

C. 实物与图样中图形相应要素的尺寸之比

D. 图样中图形与实物相应要素的线性尺寸之比

（7）选择不正确的一组视图（　　）。

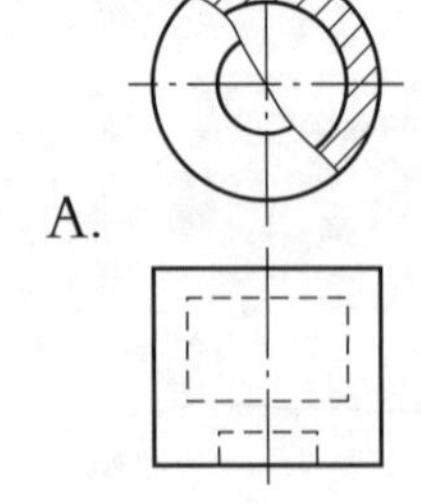

A.

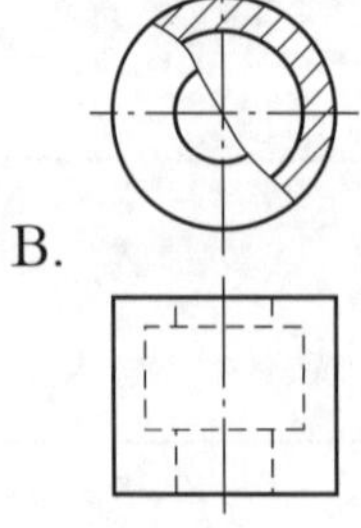

B.

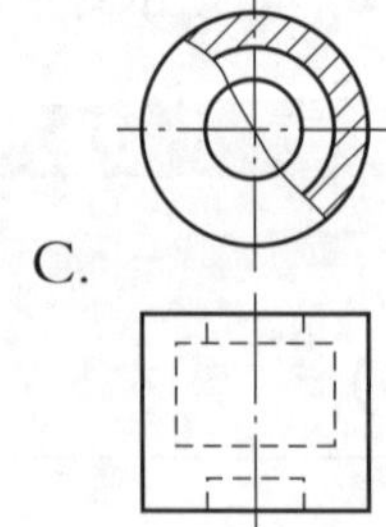

C.

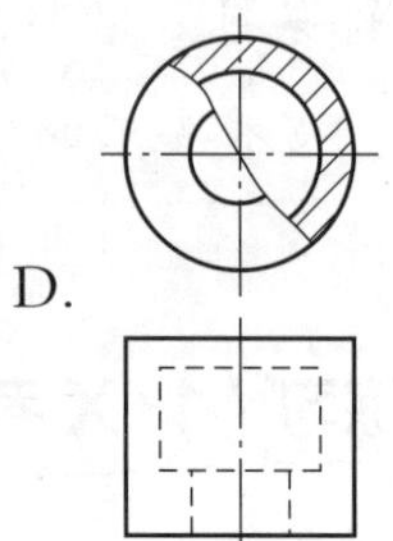

D.

（8）下列四组视图中正确的是（　　）。

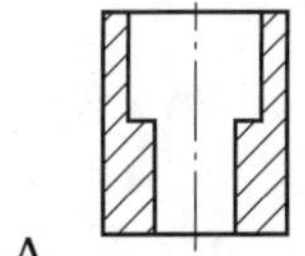

A.

B.

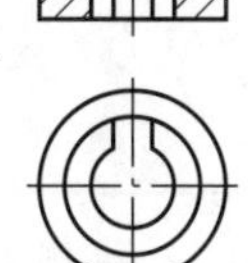

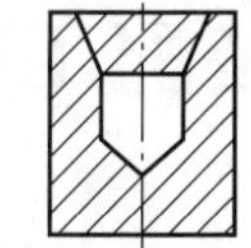

C.

D.

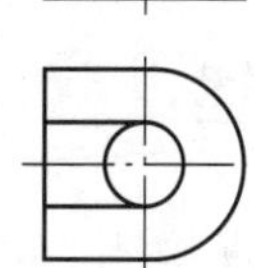

（9）已知主视图和俯视图，把主视图改画为全剖视，正确的全剖视图是（　　）。

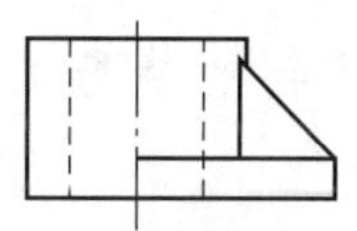

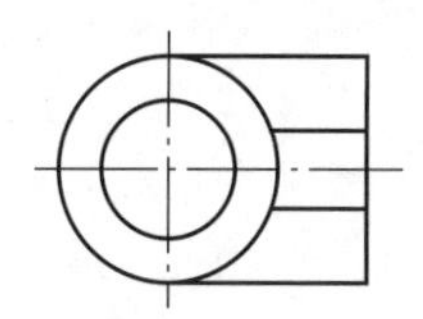

A.

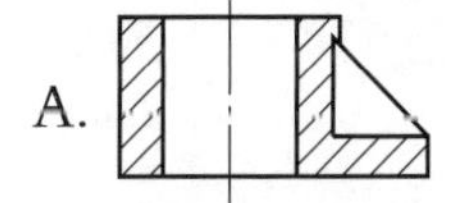

B.

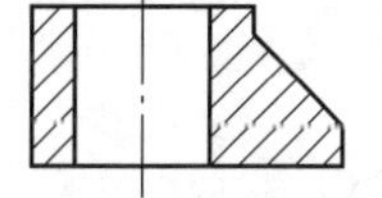

C.

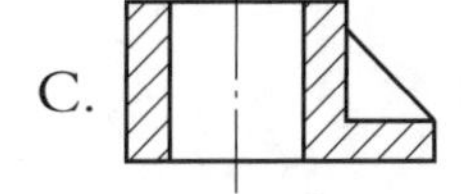

D.

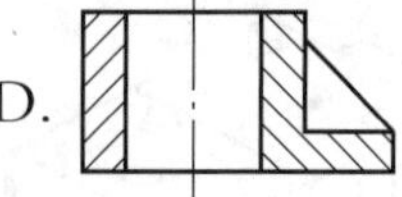

（10）下列四组移出断面图中，正确的一组是（　　）。

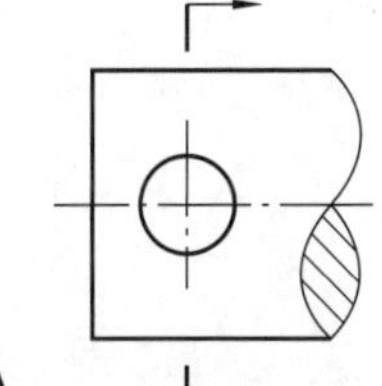

A.

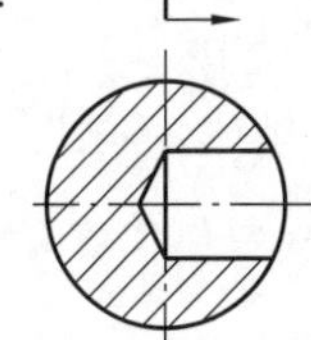

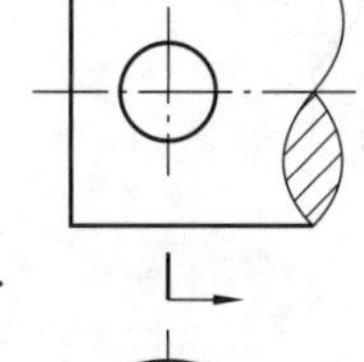

B.

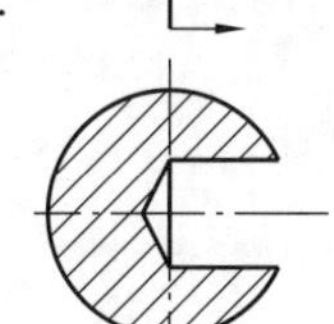

C.

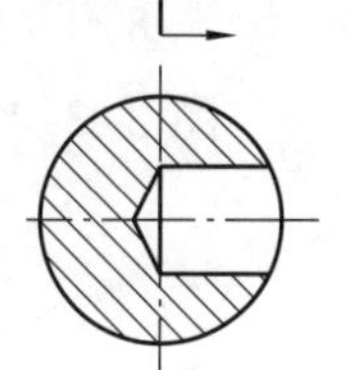

D.

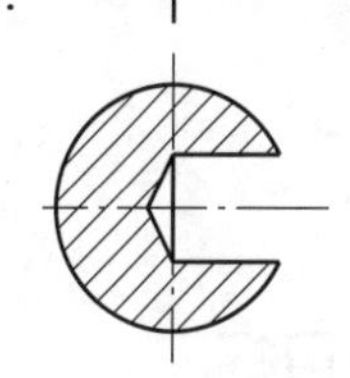

2. 绘图题

根据给定零件模型，如图 3-2-29 所示，分析零件图视图布局思路并完成零件二维工程图创建。

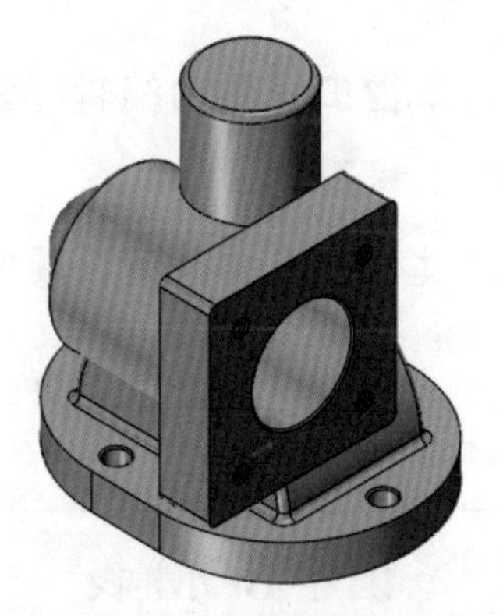

图 3-2-29　绘图题零件模型

任务 3 平口虎钳装配工程图

任务描述

企业王师傅接到一个装配工程图订单任务，需要绘制平口虎钳的装配图来指导工人师傅进行装配，订单企业提供了平口虎钳的三维模型，如图 3-3-1 所示，您能帮助王师傅创建平口虎钳的装配工程图吗？

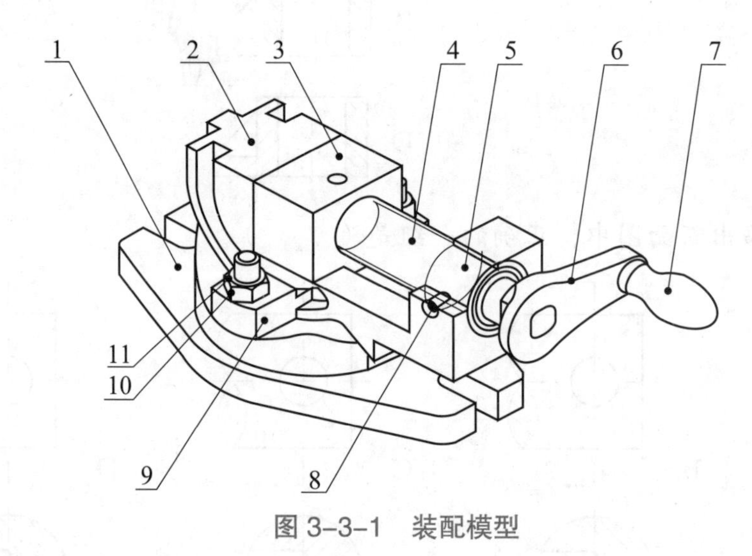

图 3-3-1 装配模型

学习目标

1. 熟悉装配三维模型转二维装配工程图的方法。
2. 会修改、编辑装配图各种视图。
3. 掌握装配工程图绘制的一般过程。
4. 掌握装配工程图的标注方法、掌握工程图的编辑方法。
5. 能根据三维装配模型创建装配工程图。
6. 通过有序、规范、严谨的建模过程，养成严谨认真的良好职业素养。

知识链接

创建 BOM 表

在【Layout】菜单栏下选择【BOM】表命令，然后选择视图来创建 BOM 表，并为 BOM 表创建名称，如图 3-3-2 所示。

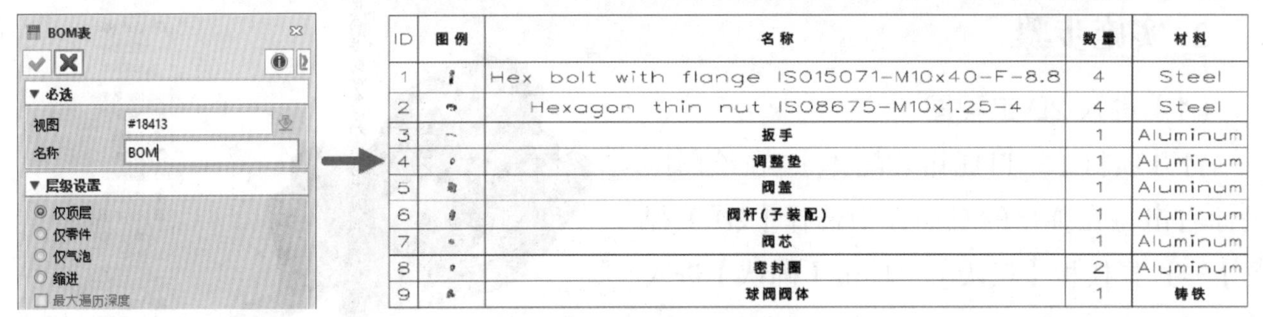

ID	图例	名称	数量	材料
1		Hex bolt with flange ISO15071-M10x40-F-8.8	4	Steel
2		Hexagon thin nut ISO8675-M10x1.25-4	4	Steel
3		扳手	1	Aluminum
4		调整垫	1	Aluminum
5		阀盖	1	Aluminum
6		阀杆(子装配)	1	Aluminum
7		阀芯	1	Aluminum
8		密封圈	2	Aluminum
9		球阀阀体	1	铸铁

图 3–3–2　创建 BOM 表

以下为 BOM 表层级中最常用选项的定义。

顶层：仅列举出零件和子装配体，但是不列举出子装配体零部件。

零件：列举所有的零件包括子装配体的零件，但是不列举子装配体，子装配体零部件作为单独项目。

在表格式中，可以使用左右箭头添加或删除选定的属性，也可以使用上下箭头调整属性的排列顺序，如图 3–3–3 所示。

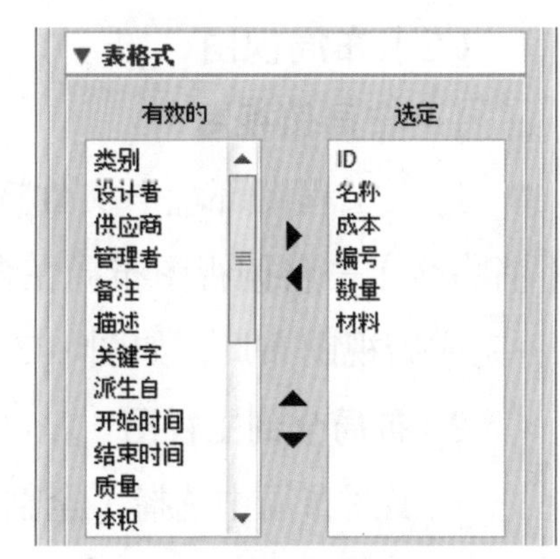

图 3–3–3　表格式

任务实施

1. 思路分析

装配工程图思路如表 3–3–1 所示。

表 3–3–1　装配工程图思路分析

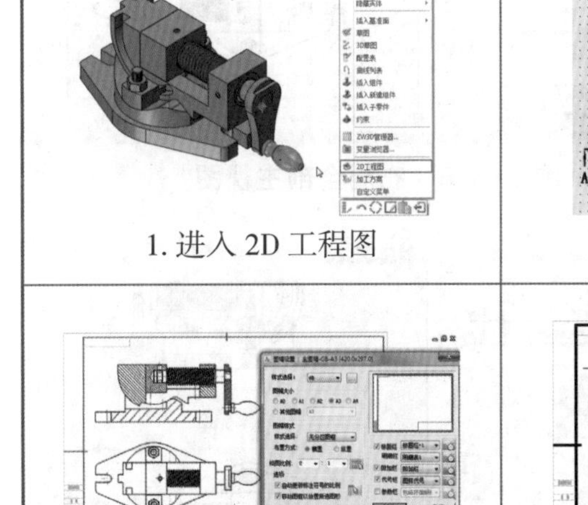 1. 进入 2D 工程图	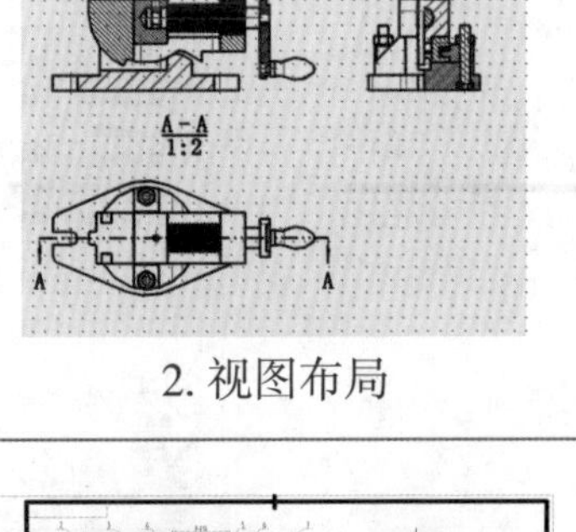 2. 视图布局	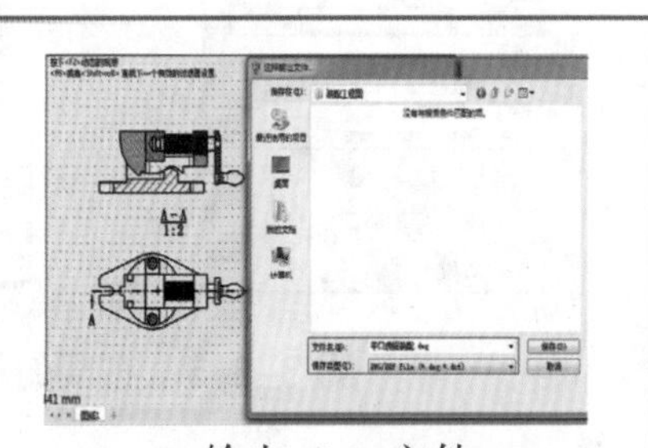 3. 输出 .dwg 文件
4. 图幅图层设置	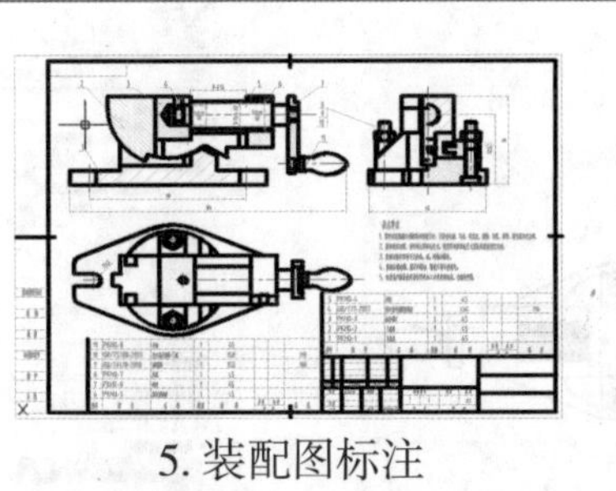 5. 装配图标注	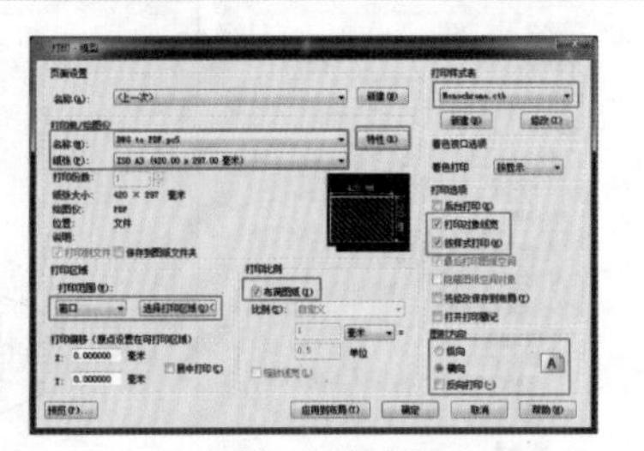 6. 打印参数设置

2. 实施步骤

（1）进入 2D 工程图

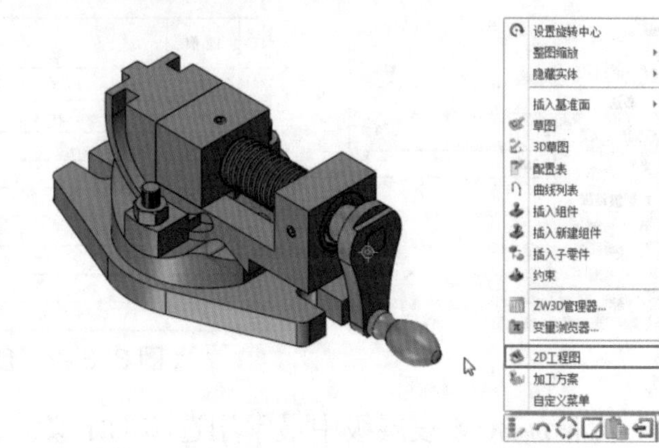

打开项目【平口虎钳装配体】，在绘图区鼠标右击→在弹出的对话框中选择【2D 工程图】→选择模板【默认】→单击【确认】进入工程图环境，参数如图 3–3–4 所示。

图 3–3–4　进入 2D 工程图

（2）布局视图

1）布局俯视图

进入工程图环境→文件选择【平口虎钳装配】→视图先布局【俯视图】→通用设置取消【消隐线】→将俯视图布局在合理位置→单击【确定】→单击【视图】，移动俯视图到合理位置→完成俯视图布局，如图 3–3–5 所示。

2）布局全剖主视图

在视图布局中选择【全剖视图】→基准视图选择俯视图，如图 3–3–6 所示→剖面选项【组件剖切状态来源于零件】勾选去掉→将标准件及轴类零件右击选择【不剖切】（方便图纸修改），如图 3–3–7 所示→布局主视图到合理位置，如图 3–3–8 所示→完成全剖主视图创建。

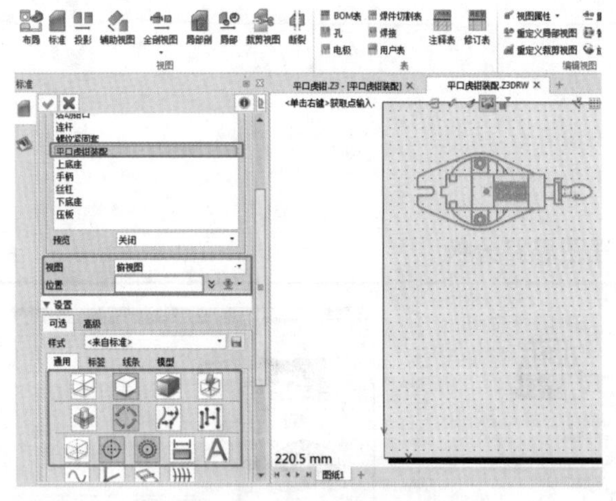

图 3–3–5　布局俯视图

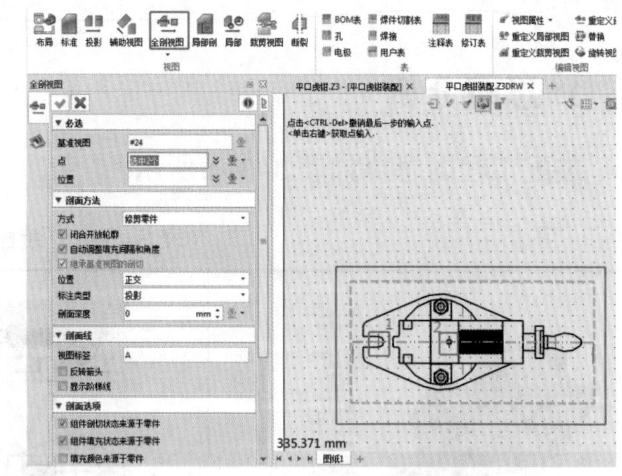

图 3–3–6　布局全剖主视图

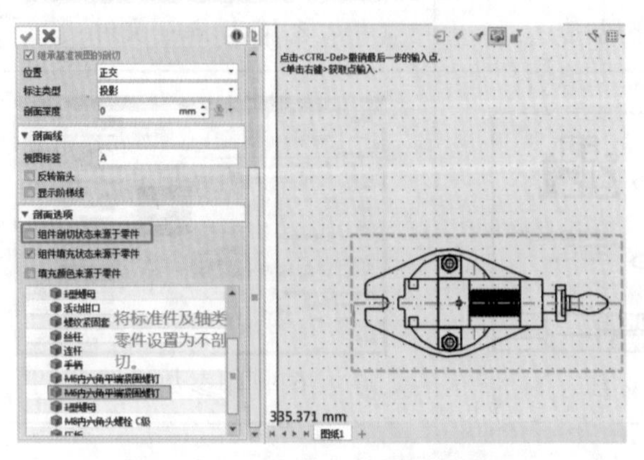

图 3–3–7　非剖切零件设置

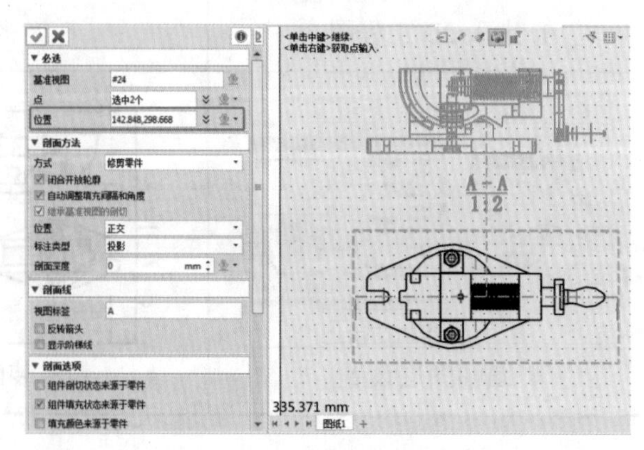

图 3–3–8　布局视图位置

3）布局左视图

在视图布局中选择【投影】→基准视图选择左视图，如图 3–3–9 所示→通用设置取消【消隐线】→将左视图布局在合理位置→单击【确定】→单击【视图】，移动俯视图到合理位置→完成左视图布局，如图 3–3–9 所示。

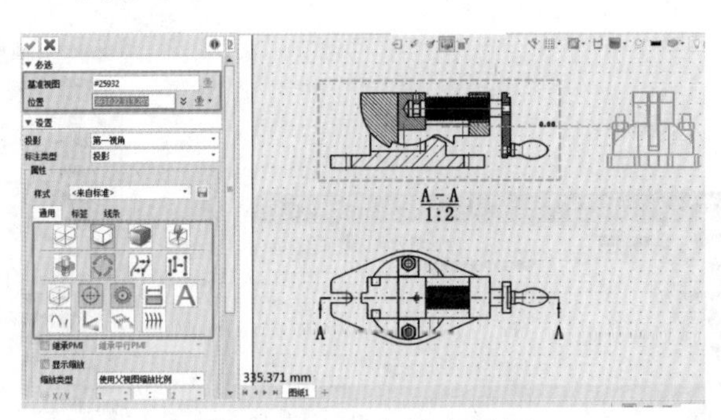

图 3–3–9 布局左视图

4）设置左视图为半剖视图

在视图布局中选择【局部剖】→基准视图选择左视图→边界绘制方式选择【矩形】绘制，边界绘制半剖矩形如图 3–3–10 所示→深度点选择俯视图框选位置中心→单击【确定】完成半剖左视图布局，如图 3–3–11 所示。

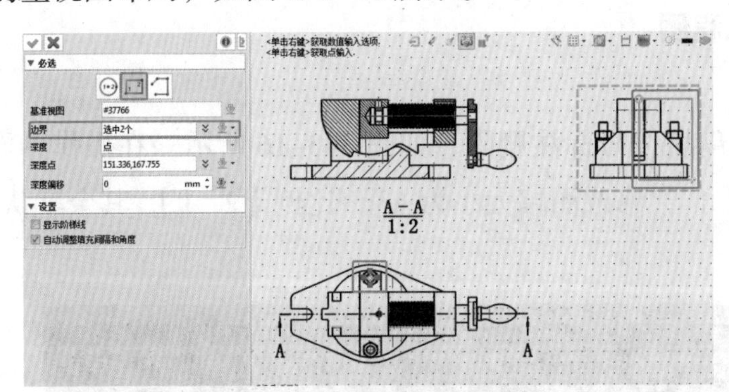

图 3–3–10 设置局部剖视图

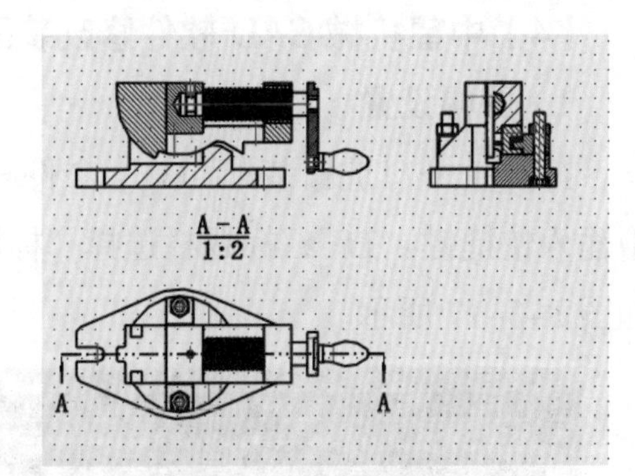

图 3–3–11 局部剖视图

5）设置俯视图为局部视图

在视图布局中选择【局部剖】→基准视图选择俯视图→边界绘制方式选择【多段线】绘制，绘制边界如图 3–3–12 所示→为方便选择深度点，布局主视图选择螺钉位置中心（深度点选取后主视图可删除）→单击【确定】完成俯视图局部视图，如图 3–3–13 所示。

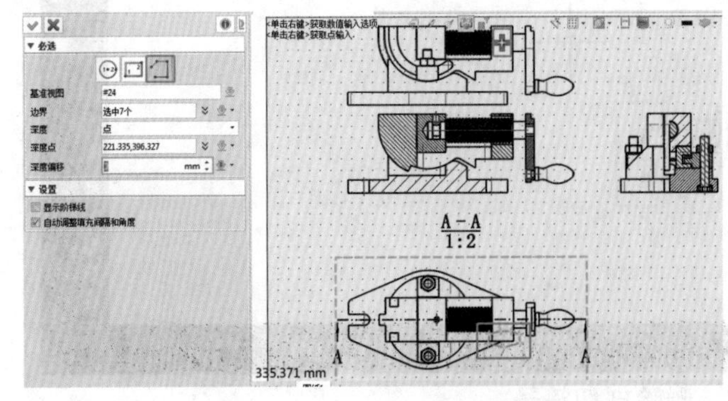

图 3–3–12 局部视图设置

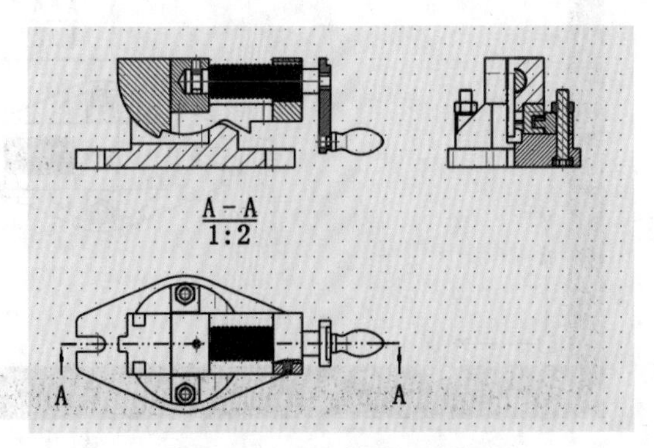

图 3–3–13 局部视图

（3）输出 .dwg 格式二维工程图

单击菜单栏【文件】选项→选择【输出】→文件名默认→保存类型【*.dwg;*.dxf】→单击【保存】文件，如图 3–3–14 所示→勾选【设置图纸格式属性】→勾选【以线导出】，其余默认→单击【确定】，如图 3–3–15 所示。

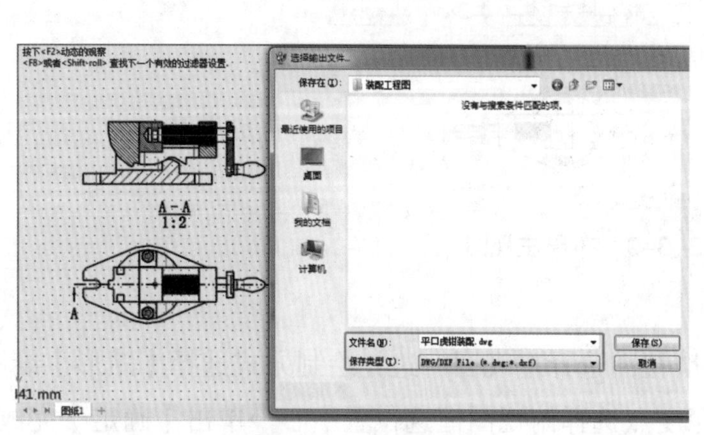

图 3–3–14　保存文件

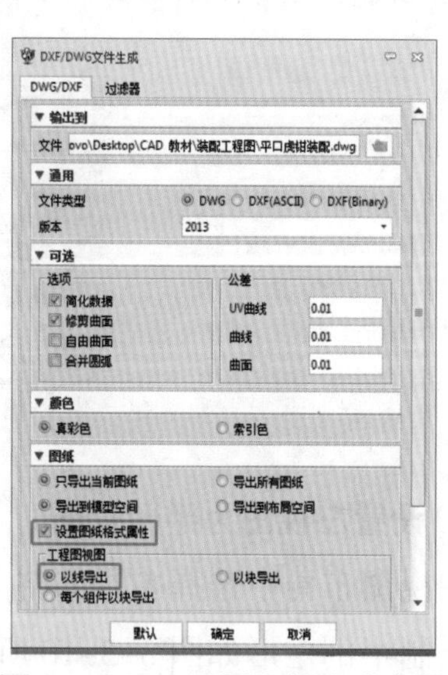

图 3–3–15　设置文件生成参数

（4）中望机械 CAD 软件修改装配工程图

1）图幅设置

打开【平口虎钳装配 .dwg】文件→将剖切符号标注删除，如图 3–3–16 所示→在操作界面中输入快捷键“TF”，标题栏选择“标题栏 1”，修改图幅大小为 A3→比例【2 : 1】，其余默认，如图 3–3–17 所示。

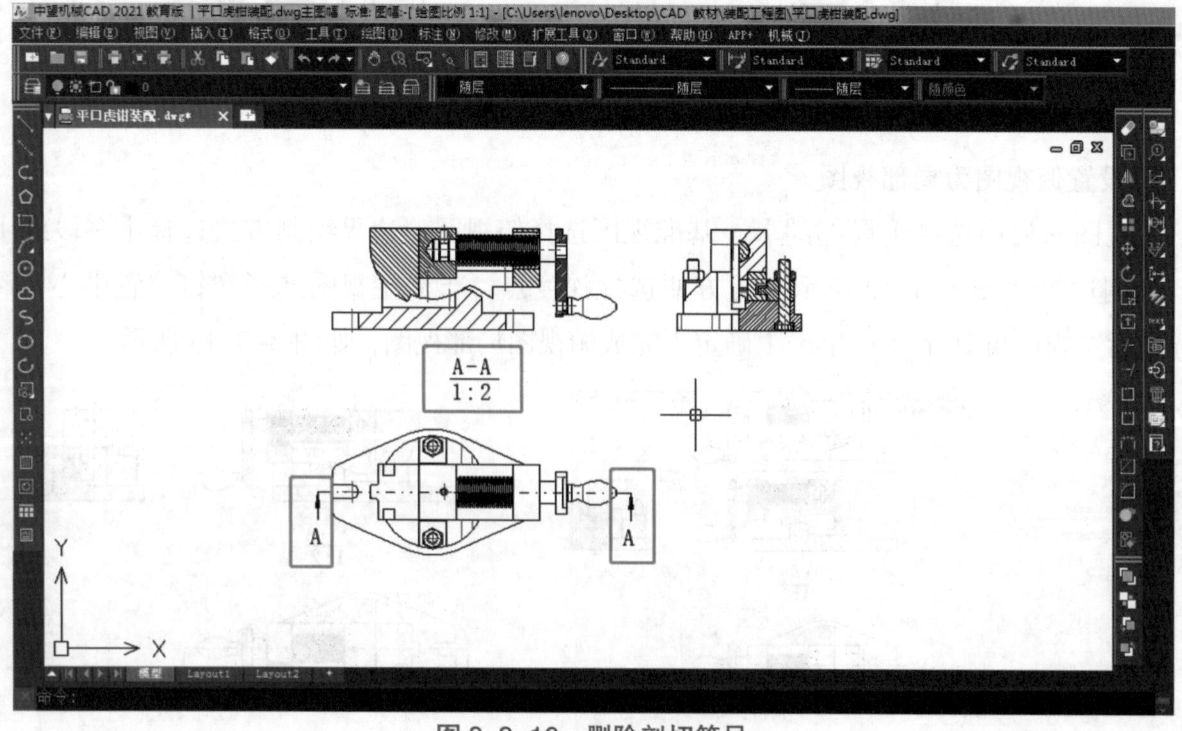

图 3–3–16　删除剖切符号

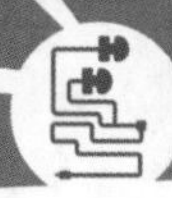

2）图层设置

在操作界面中输入快捷键“LA”或者单击图层任务栏中的【图层特性管理器】→修改图层【线宽】(粗实线 0.50 mm，其他线层 0.25 mm)，如图 3–3–18 所示。

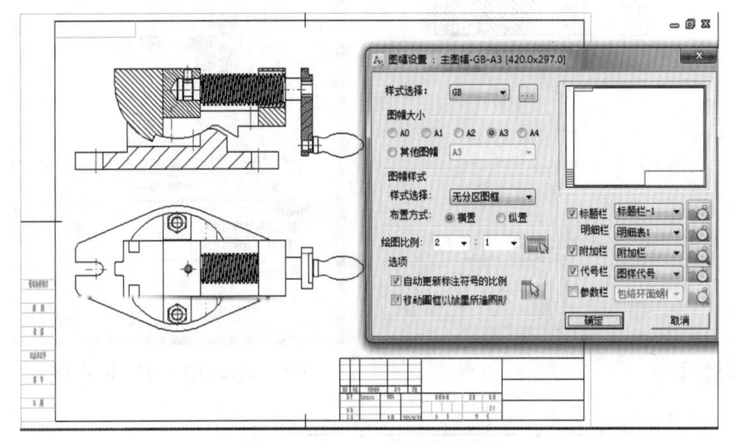

图 3–3–17　图幅设置

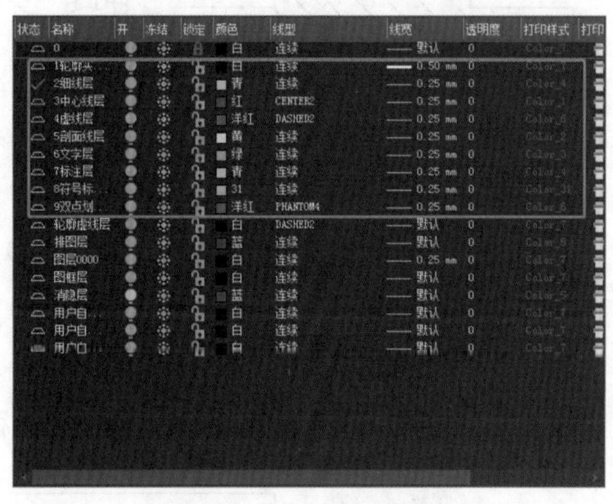

图 3–3–18　图层设置

3）线型修改

框选全部视图(快捷操作: Ctrl+A)→输入“1”，按空格键确认，将图线改为【粗实线层】，如图 3–3–19 所示→输入快捷键“QSE”或者在操作界面中右击选择【快速选择】，如图 3–3–20 所示→选择【颜色】值为“随层”，将图线改成“5”剖面线层(输入“5”，按空格键确认)，如图 3–3–21 所示→选择【线宽】值为“0.05”，将图线改为“2”细实线层→选择【线型】值为“DASHEDDOT2X”，如图 3–3–22 所示→将图线改为“3”中心线层，如图 3–3–23 所示→框选全部视图，将【颜色控制】【线型控制】【线宽控制】全部改为“随层”，如图 3–3–24 所示。

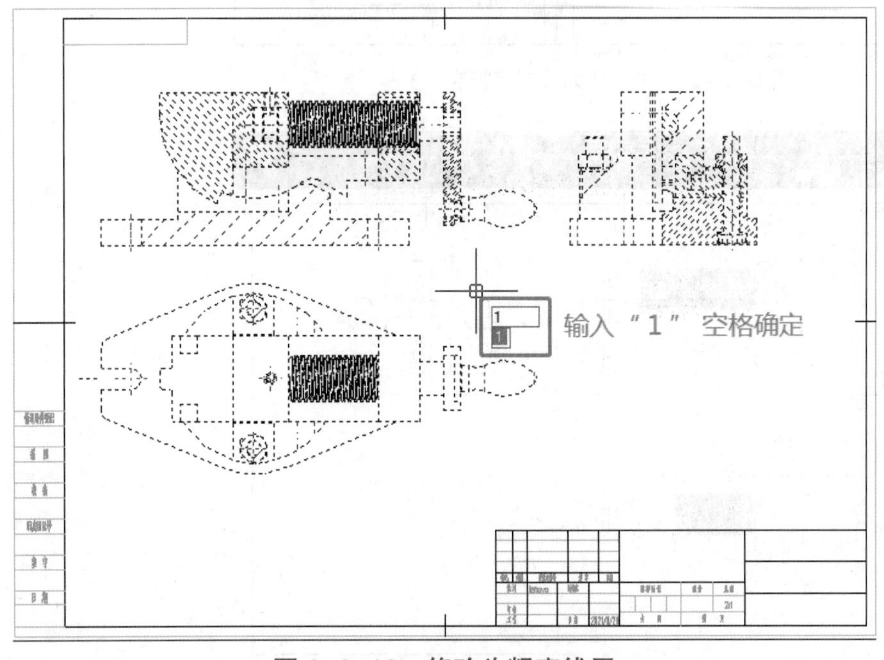

图 3–3–19　修改为粗实线层

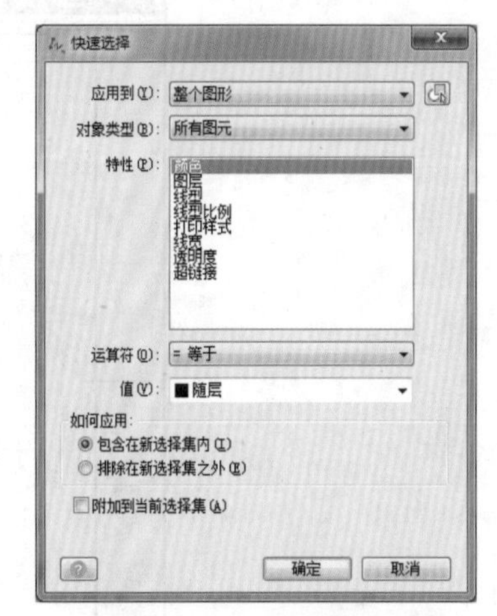

图 3–3–20　快速选择

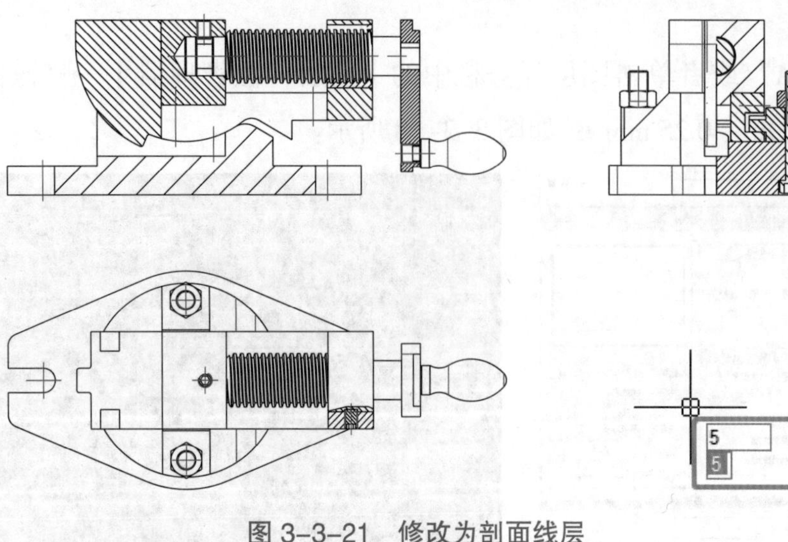

图 3-3-21　修改为剖面线层

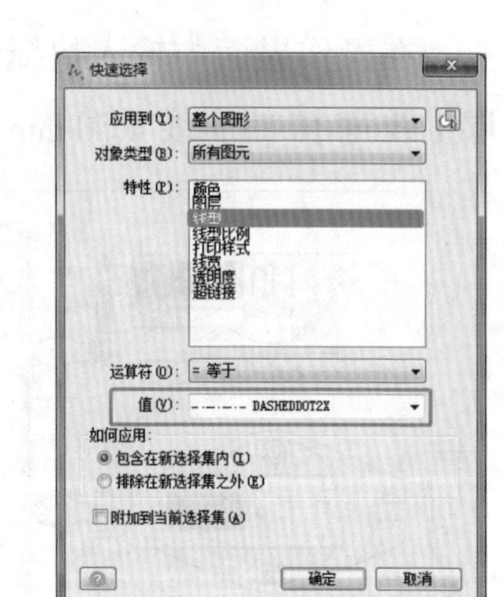

图 3-3-22　快速选择

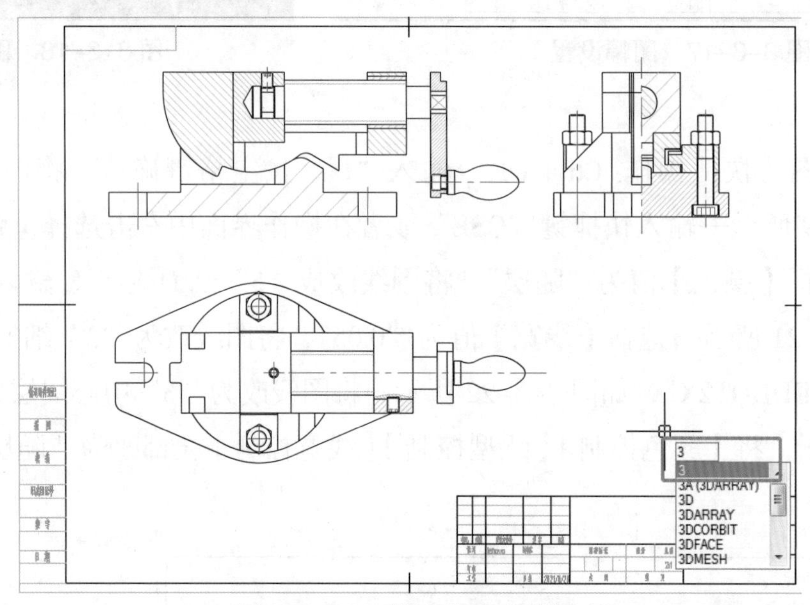

图 3-3-23　修改为中心线层

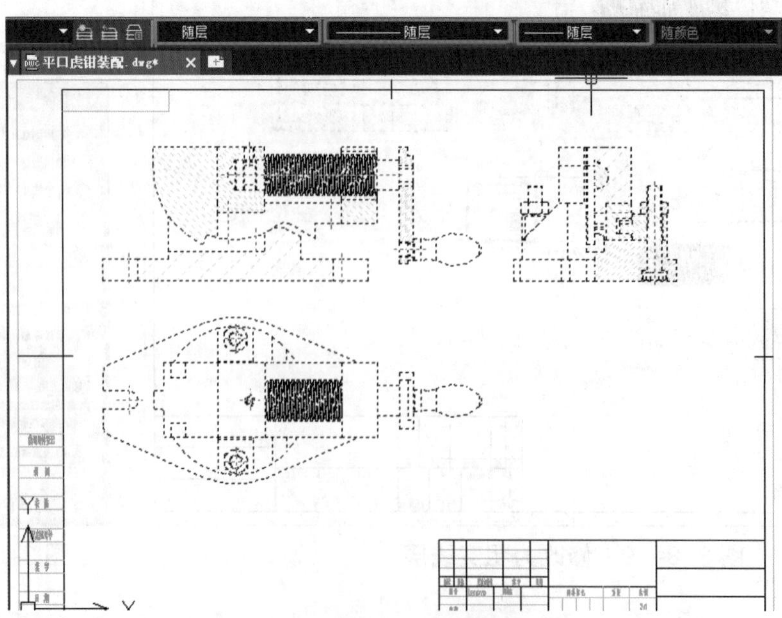

图 3-3-24　随层设置

4）修改装配图视图

按照机械制图（GB）装配图的绘制标准修改装配图线型、连接部分及标准件画法等细节部分，如图 3–3–25 所示。

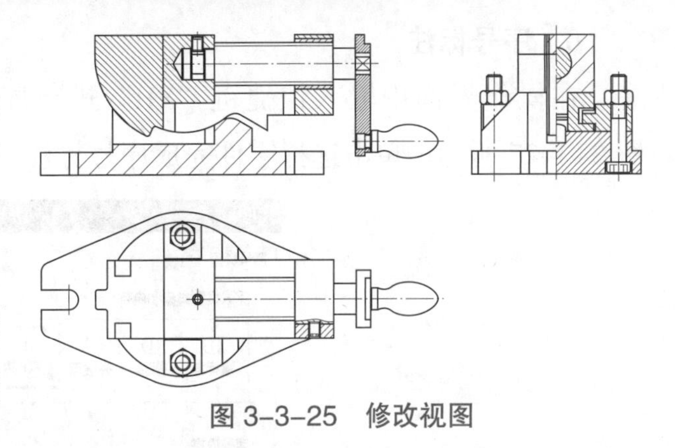

图 3–3–25　修改视图

5）尺寸标注

在操作界面中输入快捷键“D”进行尺寸标注，标注装配图所需要的五大类尺寸，具体标注如图 3–3–26 所示。

①特征尺寸：表示装配体的性能或者规格的尺寸。

②装配尺寸：与装配体质量有关的尺寸。配合尺寸，表示两零件之间配合性质的尺寸，一般用配合代号标出；相对位置尺寸，表示相关联的零件或部件之间较重要的相对位置尺寸。

③安装尺寸：将装配体安装到其他部件或地基、工作台上去时，与安装有关的尺寸。

④外形尺寸：装配体的总长、总宽和总高尺寸。

⑤其他重要尺寸：实现装配体的功能有重要意义的零件结构尺寸或者运动件运动范围的极限尺寸。

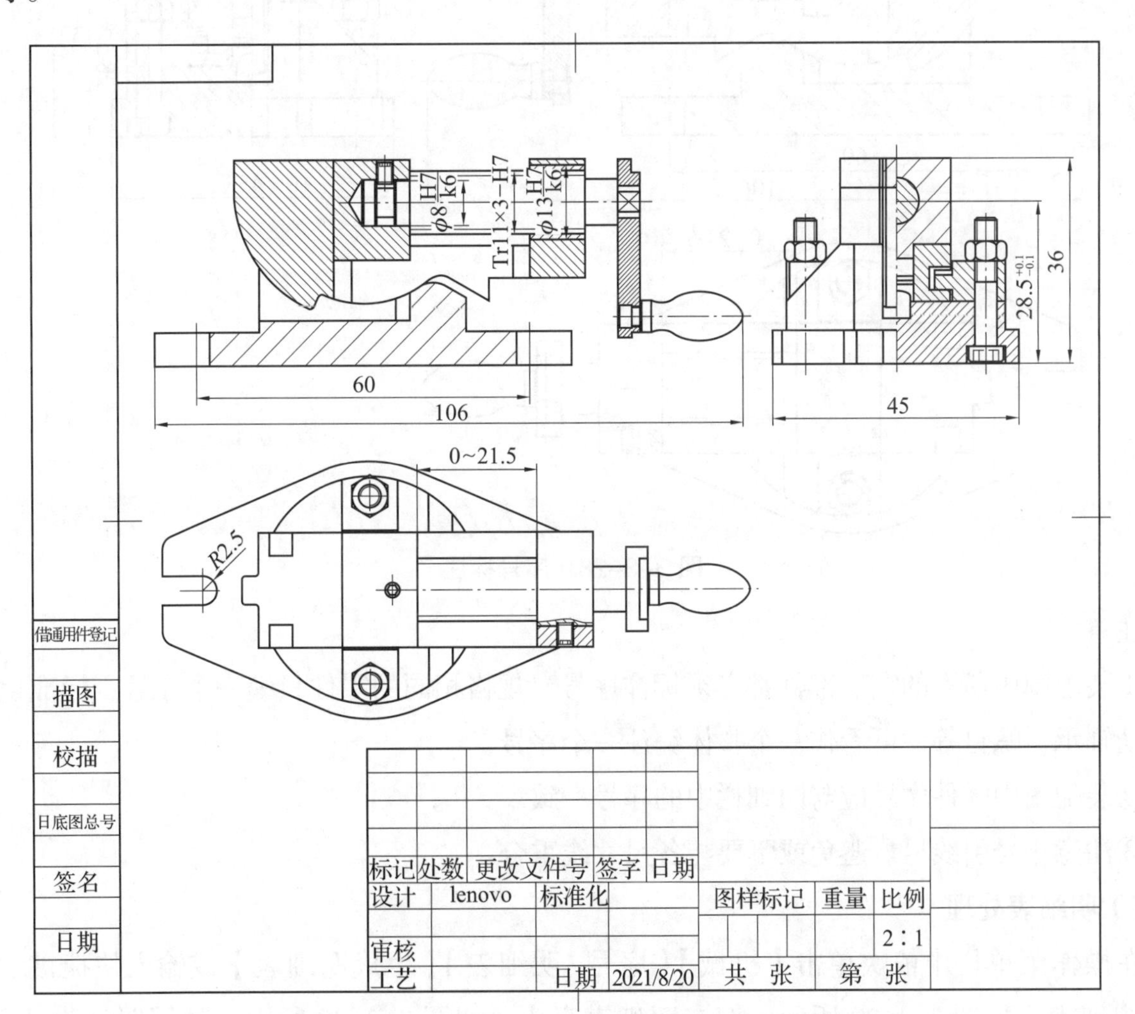

图 3–3–26　尺寸标注

6）序号标注

在操作界面中输入快捷键“XH”进行序号标注→选择【直线型】→单击【确定】，如图 3–3–27 所示→单击选择零件完成序号标注，如图 3–3–28 所示。

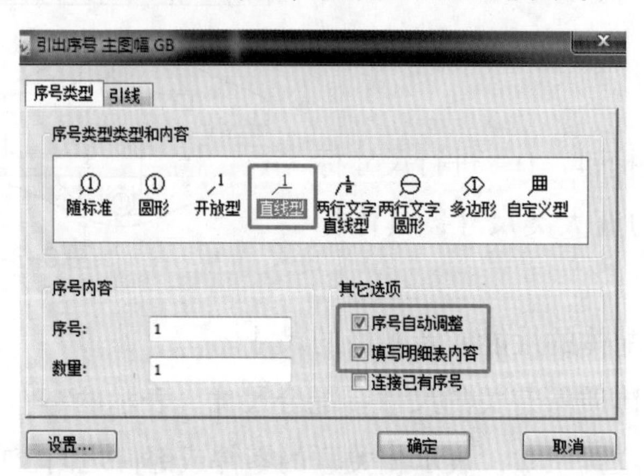

图 3–3–27 序号参数设置

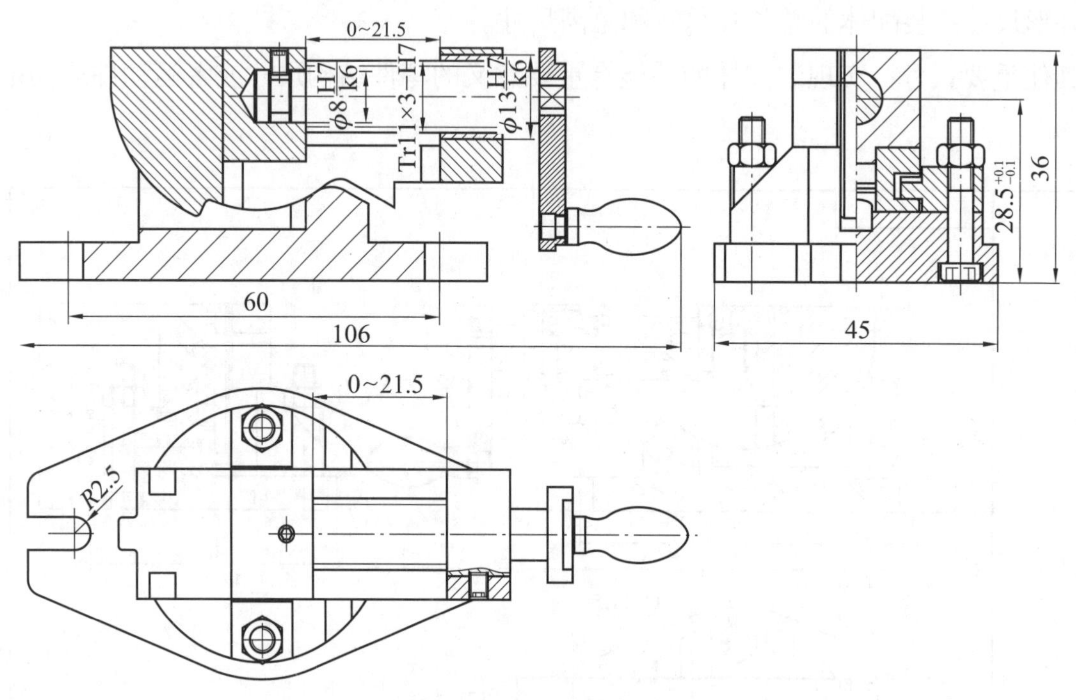

图 3–3–28 序号标注

注意：

①装配图中所有的零、部件都必须标注序号，规格相同的零件只编一个序号，标准化组件如滚动轴承、螺钉等，可看作一个整体编注一个序号。

②装配图中零件序号应与明细栏中的序号一致。

③注意序号引线尽量避免或不要与各尺寸线重合。

7）明细表处理

在操作菜单栏中依次单击【机械】【序号 / 明细表】【生成明细表】或输入快捷键“MX”插入明细表，如图 3–3–29 所示→双击明细表表头，如图 3–3–30 所示→填写明细表的图号、

名称、数量、材料（其中标准件备注规格），如图 3-3-31 所示→完成明细表处理，如图 3-3-32 所示。

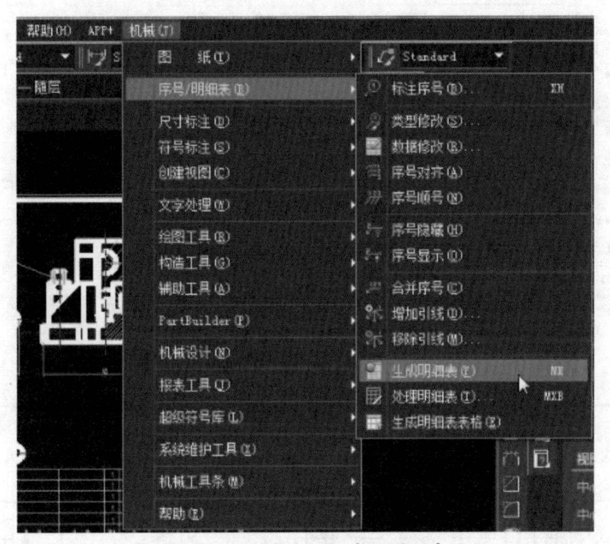

图 3-3-29　生成明细表

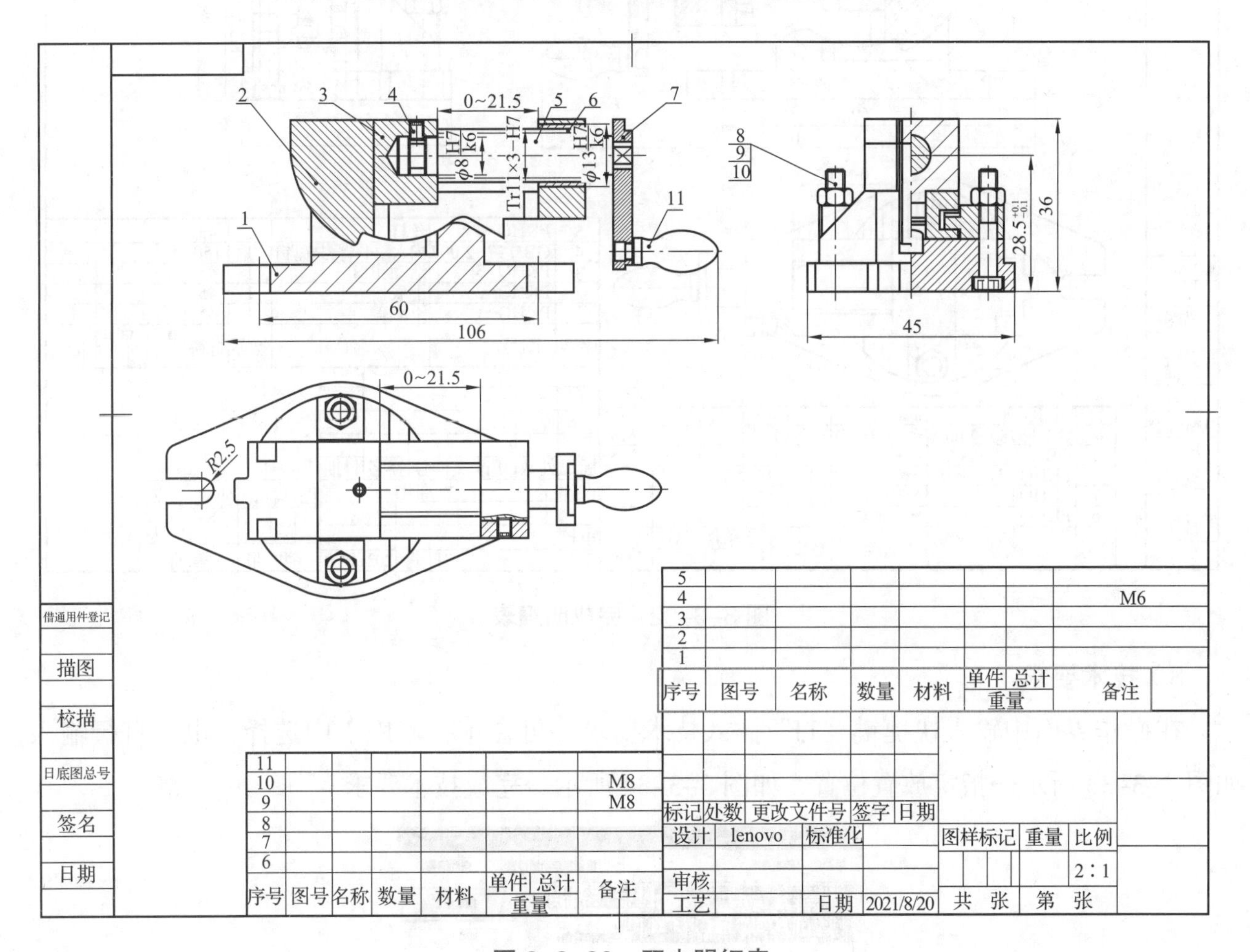

序号	图号	名称	数量	材料	单件 总计 重量	备注
5						
4						M6
3						
2						
1						

序号	图号	名称	数量	材料	单件 总计 重量	备注
11						
10						M8
9						M8
8						
7						
6						

图 3-3-30　双击明细表

序号	图号	名称	数量	材料	单重	总重	备注
1	PKHQ-1	下底座	1	45			
2	PKHQ-2	上底座	1	45			
3	PKHQ-3	活动钳口	1	45			
4	GB/T77-2007	内六角平端紧固螺钉	1	ISO			M6
5	PKHQ-4	丝杠	1	45			
6	PKHQ-5	螺纹紧固套	1	45			
7	PKHQ-6	连杆	1	45			
8	PKHQ-7	压板	1	45			
9	GB/T6170-2000	I型螺母	1	ISO			M8
10	GB/T5780-2000	内六角头螺栓 C级	1	ISO			M8
11	PKHQ-8	手柄	1	45			

图 3-3-31　输入参数

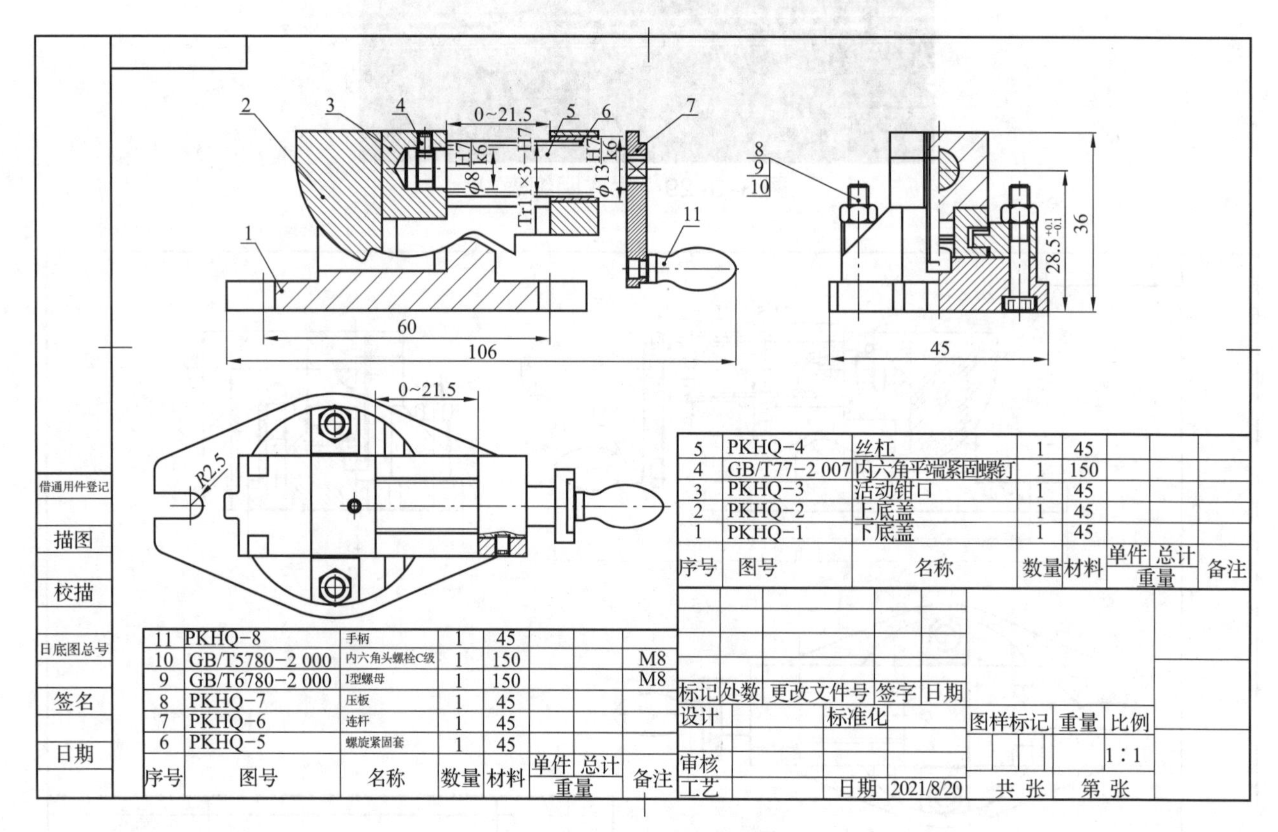

图 3-3-32　完成明细表

8）技术要求

在操作界面中输入快捷键“TJ”插入技术要求→可在【技术库】中选择，也可自行输入，如图 3-3-33 所示→指定放置位置，如图 3-3-34 所示→完成技术要求。

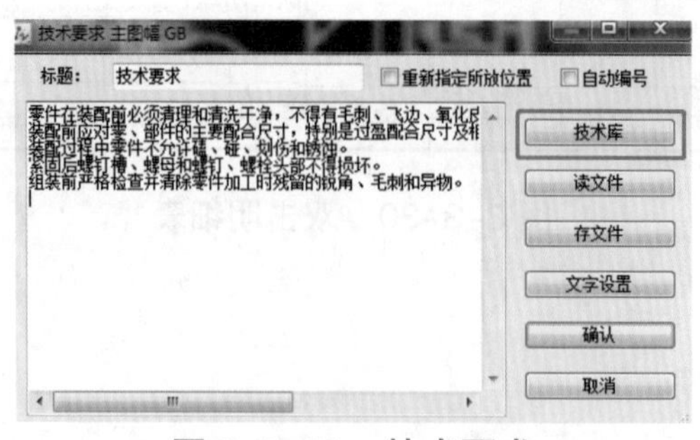

图 3-3-33　技术要求

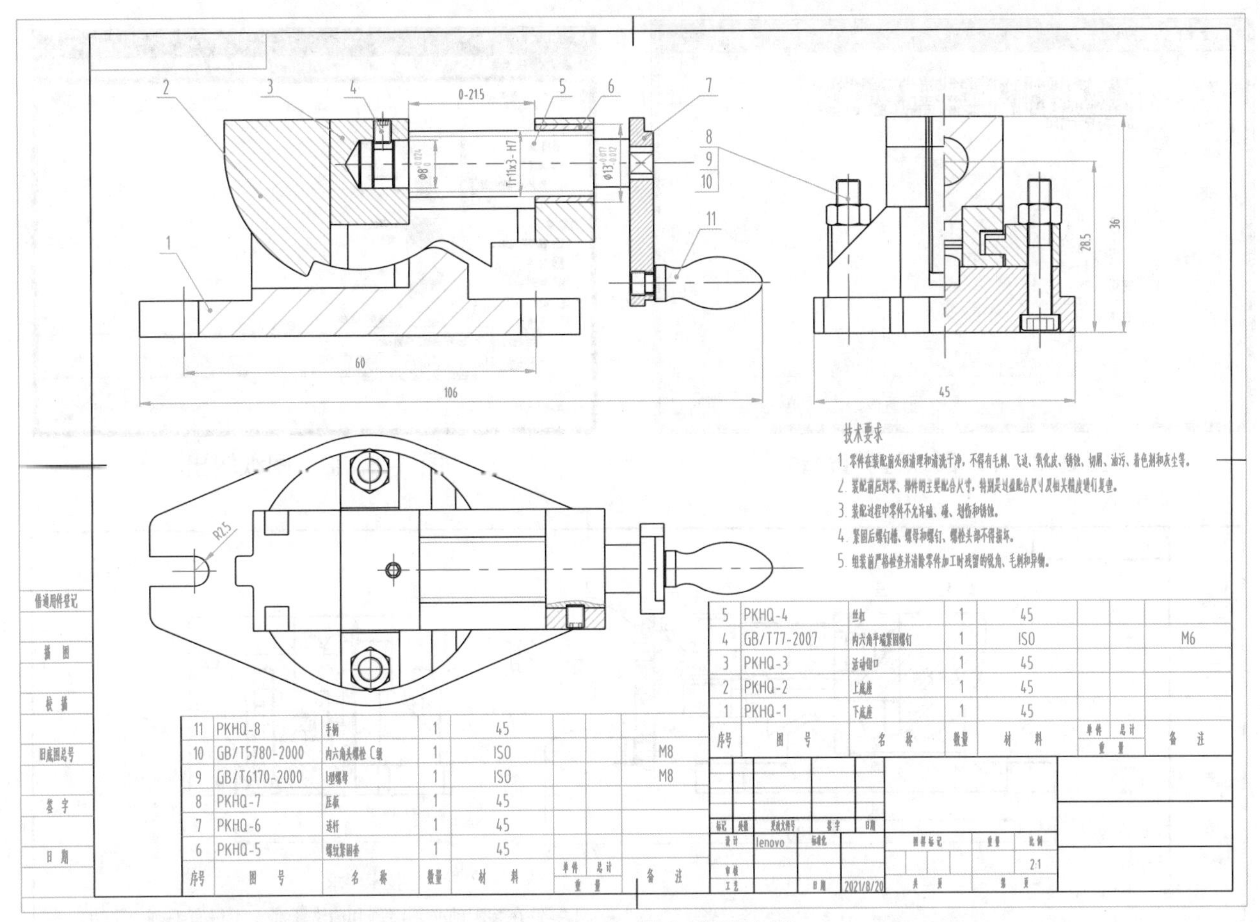

图 3-3-34　指定放置位置

（5）工程图图纸保存与输出

依次单击菜单栏【文件】【打印】或输入快捷键“Ctrl+P”→设置如图 3-3-35 所示参数→单击【特性】→选中【修改标准图纸尺寸】，如图 3-3-36 所示→单击【修改】→设置边界为“0”，如图 3-3-37 所示→依次单击【下一步】【完成】→选择【打印区域】→单击【保存】→修改文件名为“平口虎钳装配工程图”，如图 3-3-38 所示→单击【确定】完成图纸输出，如图 3-3-39 所示。

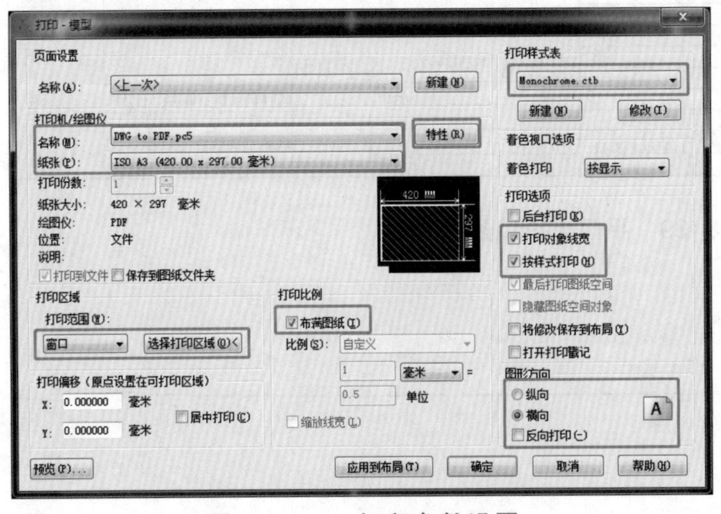

图 3-3-35　打印参数设置

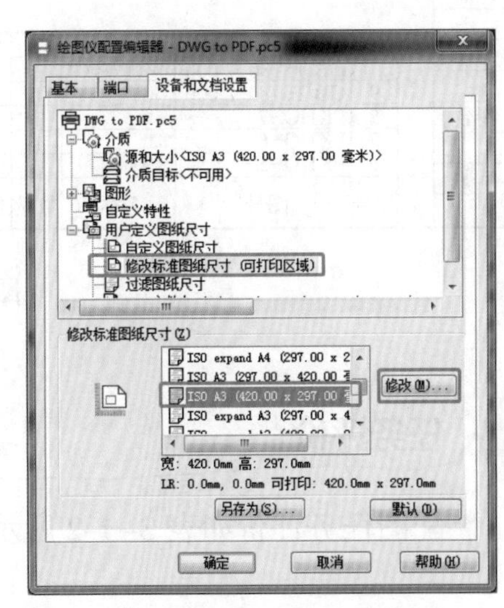

图 3-3-36　特性修改

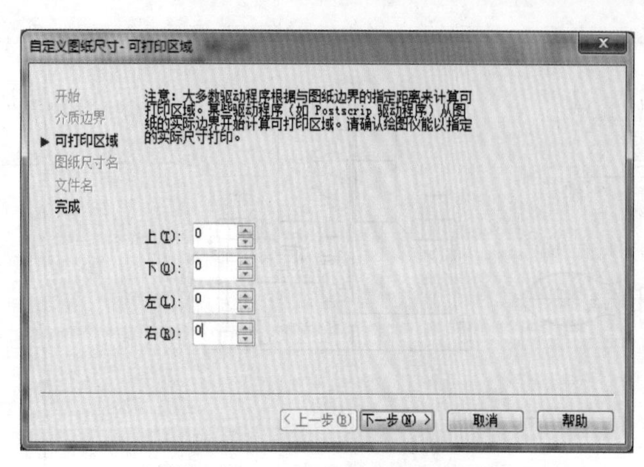

图 3-3-37 图纸边界设置

图 3-3-38 图纸输出

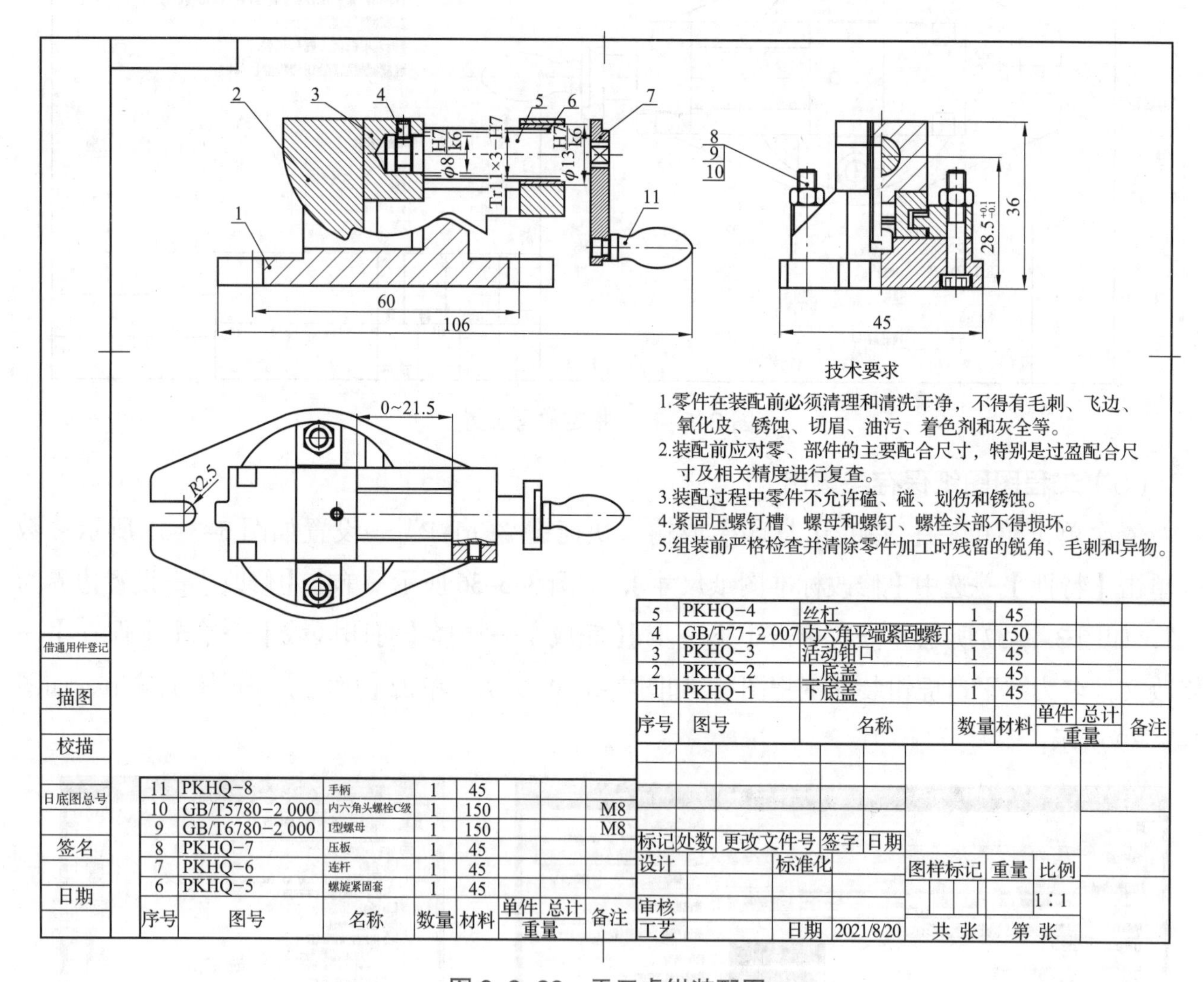

图 3-3-39 平口虎钳装配图

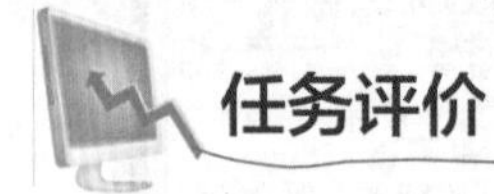

任务评价

装配图任务评价如表 3-3-2 所示。

表 3-3-2　装配图任务评价

序号	项目内容	评分要素	评分标准	分值	自评	师评
1	视图与表达	主视图表达	主视图选择是否正确	10		
		其他视图表达	视图配置、视图表达、表达恰当合理	20		
2	装配尺寸及序号	装配尺寸表达	五大类尺寸（特征、外形、装配、安装、其他重要尺寸）	20		
		零件序号表达	符合国家标准	10		
3	标题栏、明细表及技术要求	标题栏填写	符合要求	10		
		明细表填写	与装配图信息一致	20		
		技术要求	工作原理、检测要求等基本信息是否合理	10		
4	合计			100		

课后反思

您是否掌握了中望 3D 软件常用视图工具的使用？是否掌握了使用中望机械 CAD 软件进行装配图视图编辑、尺寸标注及其他技术要求的完成过程？对您来说完成一幅装配工程图最大的阻碍是什么？

任务小结

中望 3D 软件装配工程图的视图投射方式和中望机械 CAD 软件的二维工程图的修改与前面所学习的零件工程图创建过程基本一致，区别在于二维装配图是表达部件整体结构、各零部件装配连接关系、工作原理的图样，且需要标注出必要的五大类尺寸（特征尺寸、装配尺寸、安装尺寸、外形尺寸、其他重要尺寸）、装配技术要求、零部件序号与标题栏明细表等内容的工程图。

思考练习（1+X 考核训练）

1. 选择题

（1）关于企业品牌，正确的认识是（　　）。

A. 品牌是依靠大规模广告宣传出来的

B. 品牌是企业的一种无形资本

C. 品牌形象树立起来以后，自然会长久维持

D. 品牌的建立与员工个人不存在直接关系

（2）职业道德与员工技能的关系是（　　）。

A. 企业选人的标准通常是技能高于职业道德

B. 没有职业道德的人，无论技能如何，也无法充分发挥其自身价值

C. 只要技能上去了，就表明职业道德素质相应地提高了

D. 职业道德注重的是员工的内在修养，而不包含职业技能

（3）职业道德是指从事一定职业劳动的人们，在特定的工作和劳动中以其（　　）和特殊社会手段来维系的，以善恶进行评价的心理意识、行为原则和行为规范的总和。

A. 纪律约束　　B. 理想目标　　C. 评价标准　　D. 内心信念

（4）装配图中紧固件被剖切平面通过其对称平面或轴线纵向剖切时，这些零件按（　　）绘制。

A. 全剖　　B. 半剖　　C. 局剖　　D. 不剖

（5）以下关于装配图画法错误的是（　　）。

A. 不接触的表面和非配合表面间隙很小时可以画一条线

B. 零件的倒角、倒圆、凹坑、凸台等细节可以不画出

C. 螺栓、螺母等紧固件的投影可省略不画，用细点画线和指引线指明位置

D. 断面厚度在 2 mm 以下的图形允许以涂黑来代替剖面符号

（6）表示机器或部件外形轮廓的大小，即总长、总宽和总高的尺寸是（　　）

A. 规格（性能）尺寸　　B. 装配尺寸

C. 安装尺寸　　D. 外形尺寸

（7）图样中的尺寸以（　　）为单位时，不需标注计量单位的代号或名称。

A. 微米　　B. 毫米　　C. 厘米　　D. 分米

（8）如果要精确测量传动轴 $6^{+0.018}_{0}$ 键槽尺寸，最好选用（　　）。

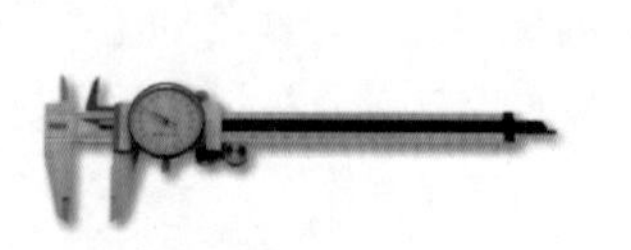

A. 游标卡尺

B. 游标深度尺

C. 公法线千分尺

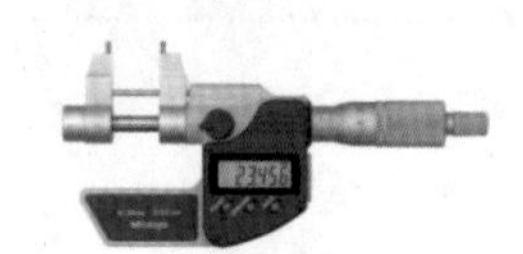

D. 内径千分尺

（9）下列量具中（　　）最适合在铣削加工过程中精确找出孔的中心位置。

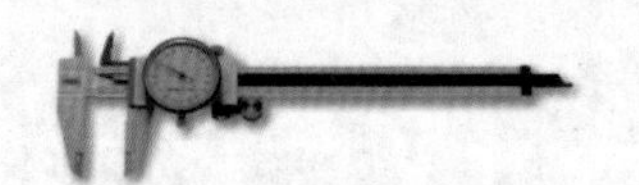

A. 三爪内径千分尺　　B. 杠杆表　　C. 游标卡尺　　D. 公法线千分尺

（10）为了保证道具刃部性能要求，工具钢制造的道具最终要进行（　　）处理。

A. 淬火　　B. 淬火和低温回火

C. 淬火和中温回火　　D. 调制

2. 绘图题

根据给定零件装配模型，如图 3-3-40 所示，分析装配工程图设计思路并完成装配模型的工程图创建。

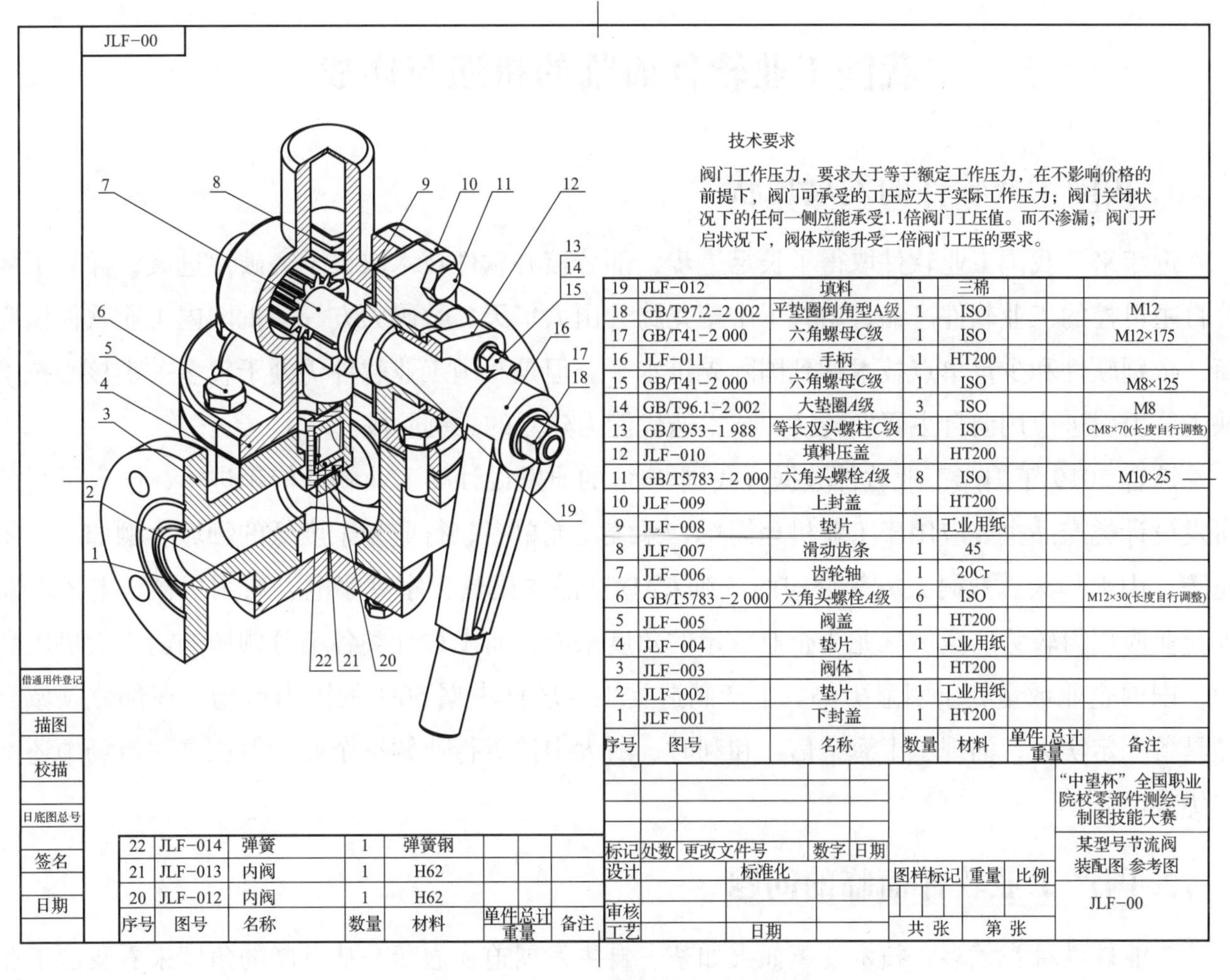

图 3-3-40　绘图题零件装配模型

项目四
CAM 编程加工

我国工业软件面临的机遇与挑战

1. 我国工业软件的发展现状

近年来，我国工业软件取得了长足进步，部分核心软件技术取得了突破性进展，拥有了部分自主可控的工业软件产品，培育了中望龙腾、山大华天、数码大方等一批国内工业软件供应商，个别软件和少量单点技术达到国际先进水平。但是我国工业软件仍处于较多关键核心技术缺失，由引进应用向自主研发转换、技术迭代能力建立的关键阶段。

综合 2019 年国产工业软件数据，我国 95% 的研发设计类工业软件依赖进口，国产可用的研发设计类产品主要应用于工业机理简单、系统功能单一、行业复杂度低的领域。例如，中望龙腾、山大华天、数码大方等公司的三维 CAD 产品在模具、家具家电、通用机械、电子电器等行业应用得较为广泛。从龙头企业数量的角度来看，研发设计类各细分领域的前十大供应商中，国内企业数量处于明显劣势。生产制造类工业软件占据 50% 的国内市场，在部分领域已经具备一定实力，涌现了上海宝信、和利时、浙大中控等行业领军企业，但在高端市场中还不占优势。

2. 国产工业软件面临的问题

工业软件种类繁多、技术变革如火如荼、自主发展迫在眉睫。从发展的角度来看我国工业软件将面临以下挑战：一是需要解决新一代数字化变革技术的迎头赶上与传统研发设计工业软件基础薄弱问题，我国工业软件肩负着推动工业“数字化与自主化”发展的责任；二是需要解决工业软件种类繁多与自主替代策略问题，要求工业软件从共性根基出发进行自主发展，在自顶向下集成模式之外更加强调工业软件自底向上的生长与生态模式。

3. 我国工业软件产业发展机遇

（1）工业升级，释放数字化及智能化需求

我们对工业软件需求的深度，与工业化进程的深化密不可分。目前，工业正在经历第四次工业革命，第一次是蒸汽技术时代，第二次是电力技术时代，第三次是计算机及信息技术时代，第四次则是数字化与智能化时代。第四次工业革命将加速释放工业领域数字化和智能化的产品需求。数字化将会逐步覆盖渗透到所有工业行业和领域，并将推动工业软件的技术变革，这对我国工业软件发展是难得的历史机遇。物联网、大数据、云计算、人工智能等技术的不断发展，全球工业大国相继部署新型制造业发展战略，比如德国的工业4.0战略即以“智能制造”为主导。“智能制造”时代，复杂精密的工业产品的自主研发和生产，需要研发整个生态和生产环节众多供应商的协同运作。这些都对工业软件提出了新的深度需求。

（2）“双循环”新发展格局，利好工业软件产业发展

受国际形势变革和疫情影响，经济全球化和产业供需体系受到极大打击，我国外循环的发展模式受到挑战，也面临着极大的不确定性。为了适应新形势、新要求，我国提出“构建以国内大循环为主体、国内国际双循环相互促进的新发展格局”。在此大背景下，对国外有依赖的关键产品逐步实现国产化替代是当前和未来重点开展的工作。

工业软件作为“卡脖子”的关键产品，深受国际形势影响，同时也将享受“双循环”新发展格局带来的利好。例如，近期美国对我国企业禁运升级，通过“实体名单”等措施，限制我国高科技领域相关单位获得美国技术及相关服务支持，如华为、中广核、哈尔滨工程大学、哈尔滨工业大学等单位，均在工业软件上受到不同程度的禁用。美国实体名单举措，使中国企业特别是龙头企业产生危机感，去美国化（包括美国工业软件）的需求和积极性空前高涨，国内高科技企业为预防工业软件禁用风险，积极寻找国产可替代的工业软件。“双循环”新发展格局战略构想的提出，将进一步为工业软件发展赢得利好政策空间，在需求内化的过程中给予国内工业软件企业更多与工业企业合作的机会和产品发展进步的空间，工业软件产业有望迎来快速发展的窗口期。

（3）系列重大创新工程将为工业软件发展提供完整需求和试炼场

我国已经顺利完成第一个百年目标，将为建设社会主义现代化强国的第二个百年目标而努力。社会主义现代化强国的百年目标，一方面要求我国在作为工业核心支撑的工业软件产业上全面突破、全面自主并且进入国际第一梯队；另一方面为支撑强国梦建设，“十四五”乃至其后更长时间内我国将持续建设一批重大创新型号工程，如嫦娥工程四期、载人登月、新型大飞机、民用航空发动机等。重大创新型号工程具有带动工业软件发展的属性和责任，欧美诸多大型工业软件都是在重大型号工程中锤炼而成。重大型号工程对于新时代工业软件提出了全面完整的需求，提供了深入打磨的试炼场和迭代机会。

（4）国内外工业水平不一，蕴含工业软件市场新机遇

从我国工业发展角度看，一方面，国外软件虽然功能强大，但鉴于中国工业水平和需求所限，中国企业当前对国外工业软件的依赖尚未定型。另一方面，中国工业发展水平处于中高级水平，对于工业水平发展较低的国家，我国的工业软件更容易获得认可。从我国工业软件企业发展角度看，国外软件在开发中国市场的过程中，培育了大量具有技术服务能力的国内代理公司，这些公司有望成为国内工业软件推广和能力建设的咨询服务力量。

（5）新一代信息技术发展，催生工业领域新需求

人工智能、大数据、云计算等新一代信息技术的发展，为工业大数据、工业 App、云化工业软件等技术的实现提供了有力支撑，使得工业互联网平台成为工业软件领域快速发展的新赛道，催生了工业领域的新需求。国内工业软件企业可以利用本土优势把握新机遇，依托国家“新基建”政策，加快传统工业软件与新一代信息技术融合，推动工业 App 等新型工业软件的发展。

任务 1 车削类零件编程加工

任务描述

企业王师傅接到一个零件车削的订单任务，材料为 45 钢，批量为 1000 件，如图 4-1-1 所示。您能帮助王师傅根据提供的零件图纸编排加工工序并生成加工程序吗？

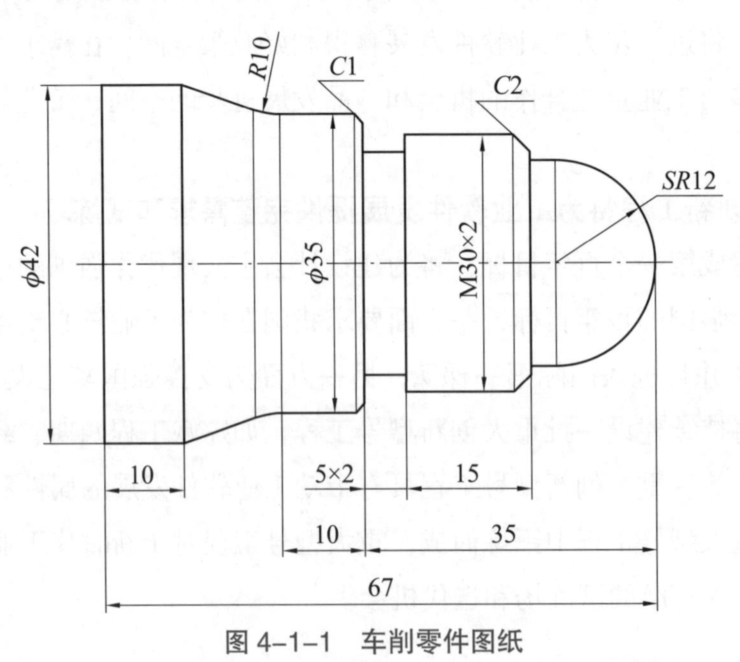

图 4-1-1 车削零件图纸

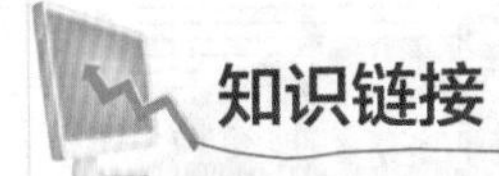

学习目标

1. 熟悉加工方案环境下加工系统、车削典型命令及方案的使用，掌握数控车削加工的工序编排流程。

2. 学会使用相应的加工方案和参数的设置组合，完成零件或轮廓的粗精车削加工。

3. 通过有序、规范、严谨的加工方案选择或参数设置，养成严谨认真的良好职业素养。

知识链接

①车削工序概览（图 4-1-2）。

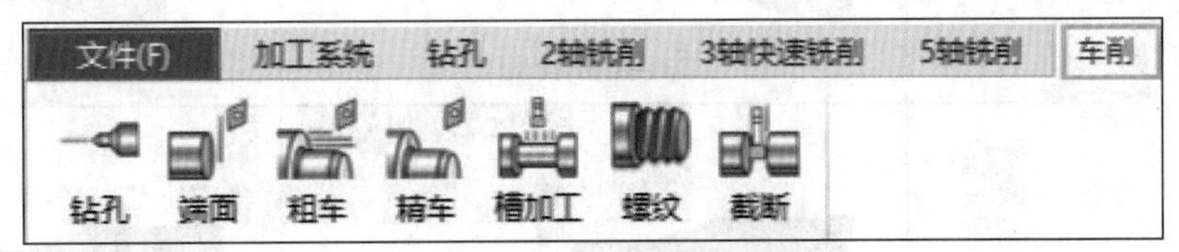

图 4-1-2 车削工序

钻孔：此工序用于在车削中钻孔。

端面：此工序用于加工工件表面。

粗车：此工序用于切除尽可能多的多余材料。

精车：此工序用于切割粗车工序留下的余量。

槽加工：此工序用于加工槽。

螺纹：此工序用于加工螺纹。

截断：此工序用于把目标与工件分离。

②全局坐标系的 X 轴应与转向轴重合，原点应位于零件的右侧。

③在车削工序中最常用的特征是【轮廓】，它由一个闭合的逆时针的线框环组成。线框环是零件的截面轮廓，轮廓的【类型】必须是【零件】。

任务实施

1. 思路分析

建模思路如表 4-1-1 所示。

表 4-1-1　车削零件思路分析

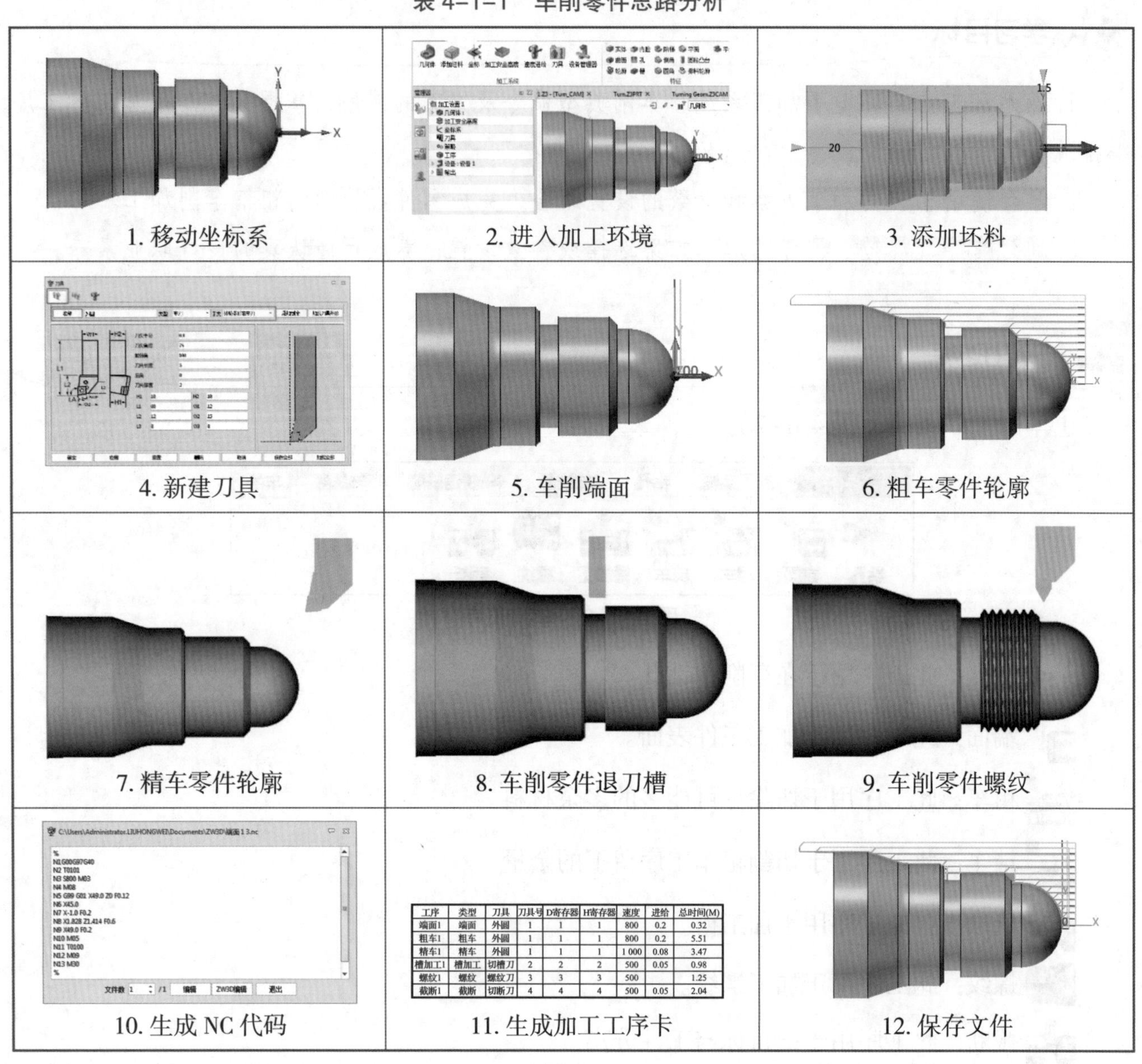

工序	类型	刀具	刀具号	D寄存器	H寄存器	速度	进给	总时间(M)
端面1	端面	外圆	1	1	1	800	0.2	0.32
粗车1	粗车	外圆	1	1	1	800	0.2	5.51
精车1	精车	外圆	1	1	1	1 000	0.08	3.47
槽加工1	槽加工	切槽刀	2	2	2	500	0.05	0.98
螺纹1	螺纹	螺纹刀	3	3	3	500		1.25
截断1	截断	切断刀	4	4	4	500	0.05	2.04

2. 实施步骤

（1）移动坐标系

打开项目四任务 1 零件，观察零件的坐标系→【查询】现坐标系到工件右边中心的距离→选择造型中【移动】命令→将坐标系移动到工件的最右端，也就是加工开始的位置→轴向为 X 方向，正方形指向尾座方向，径向为 Y 方向，如图 4-1-3 所示。

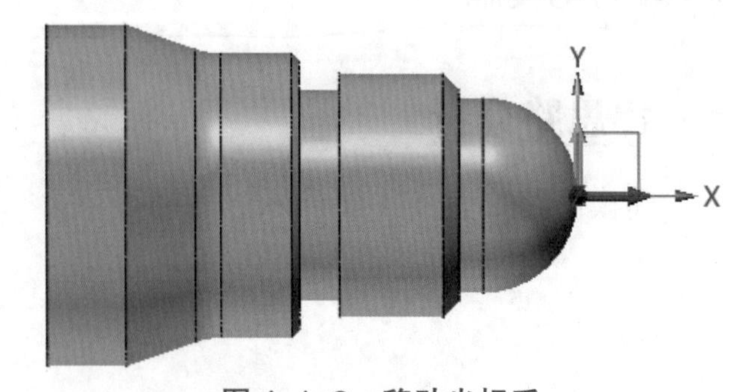

图 4-1-3　移动坐标系

（2）进入加工方案

在绘图区鼠标右击→在弹出的对话框中选择【加工方案】→选择模板【默认】→单击【确认】进入加工方案环境，如图 4-1-4 所示。

（3）添加坯料

单击【添加坯料】命令→必选【圆柱体】→轴向设置为 +X→坯料半径修改为“22.5”mm→左面长度修改为“20”mm→右面长度修改为“1”mm→单击【确定】→单击【是】隐藏坯料→结束命令，如图 4–1–5 所示。

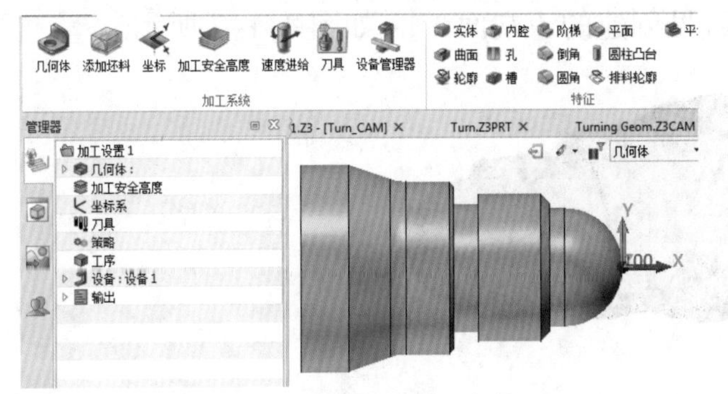

图 4–1–4 进入加工方案环境

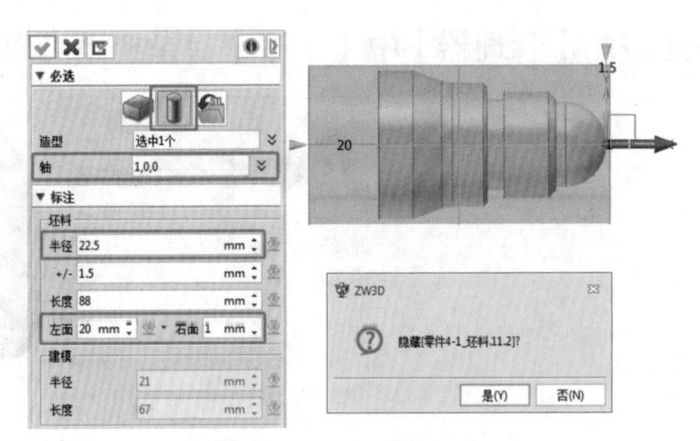

图 4–1–5 添加坯料

（4）新建刀具

单击【刀具】命令→在弹出的刀具对话框中设置名称“外圆”→类型选择【车刀】→子类默认【外轮菱形右车刀】→刀具参数保持默认→切换到【更多参数】选项卡→设置刀位号为“1”→D 寄存器为“1”→切换到【速度 / 进给】选项卡→在弹出的对话框修改主轴速度为“800”→进给速度单位切换为【毫米 / 转】→进给输入“0.2”→单击【确定】结束命令，参数如图 4–1–6 所示。

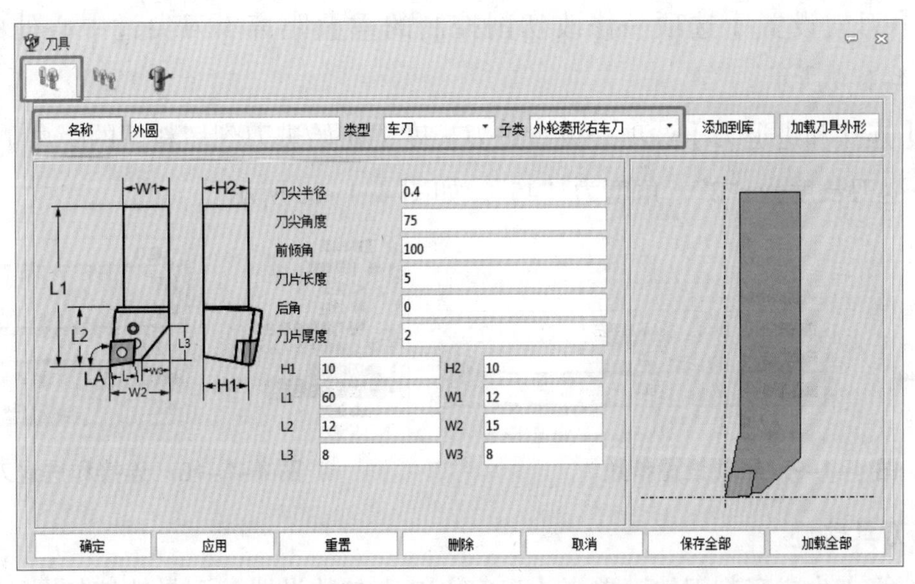

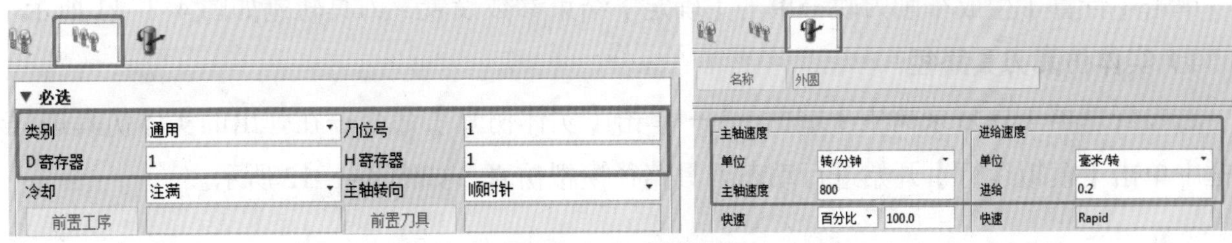

图 4–1–6 新建刀具

（5）车削端面

1）创建端面车削工序

选择【车削】→单击【端面】命令→在弹出的选择特征对话框中按住 Ctrl 键同时选择零件和坯料两个特征→单击【确定】→在弹出的刀具列表对话框中选择之前创建的刀具【外圆】→在左侧【管理器】中【工序】目录树下可以看见创建的【端面 1】，如图 4–1–7 所示。

图 4–1–7　创建二维偏移粗加工工序

2）设置基本参数

①双击工序目录树中的【端面 1】→在弹出的对话框中单击【公差和步距】选项→修改公差和余量中端面余量（轴向余量）为“0”→切削步距中切削数（车端面的次数）为“1”，如图 4–1–8 所示。

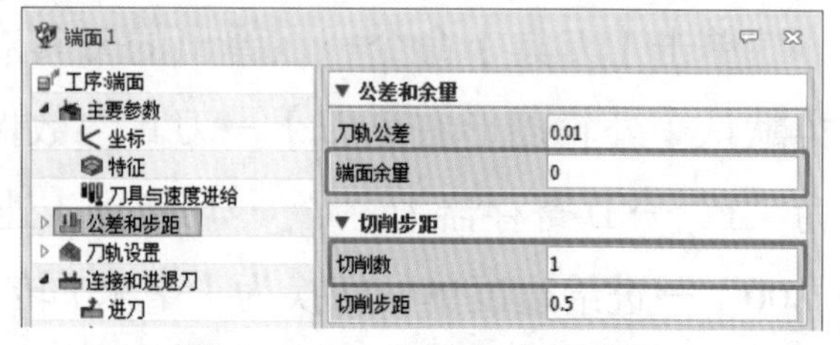

图 4–1–8　公差和步距参数

②单击【刀轨设置】选项→修改切削控制的重叠距离（刀尖过中心处的切削量）为“0.5”，如图 4–1–9 所示。

③单击【连接和进退刀】选项→设置进刀长度（初始进刀到坯料面的距离）为“2”，角度为“–90”→退刀长度为“2”，角度为“45”，如图 4–1–10 所示。

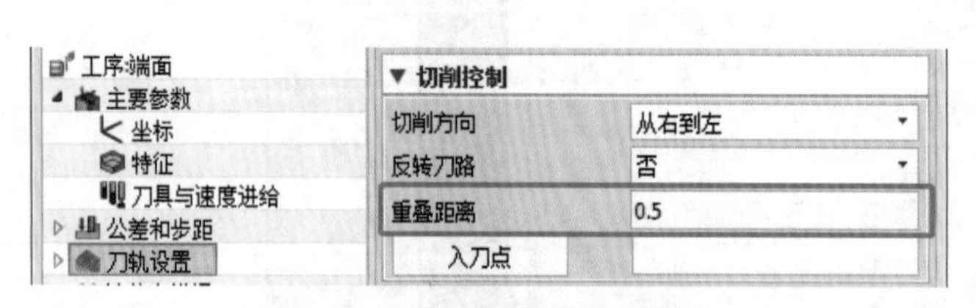

图 4–1–9　导轨设置参数

图 4–1–10　连接和进退刀参数

3）计算刀具轨迹

单击【计算】生成车削刀轨→单击【确定】结束参数设置，刀具轨迹如图 4–1–11 所示。

4）实体仿真刀具路径

右击管理器工序目录树中【端面 1】→单击【实体仿真】命令→在弹出的实体仿真进程对话框中单击【模拟运行】开始进行动态刀具路径模拟仿真，如图 4–1–12 所示。

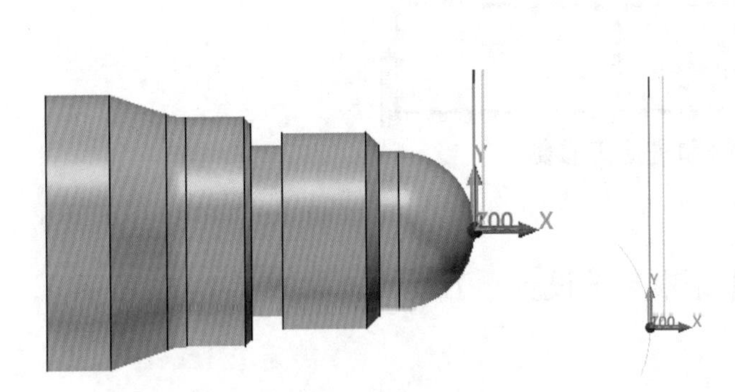

图 4–1–11　生成刀具轨迹

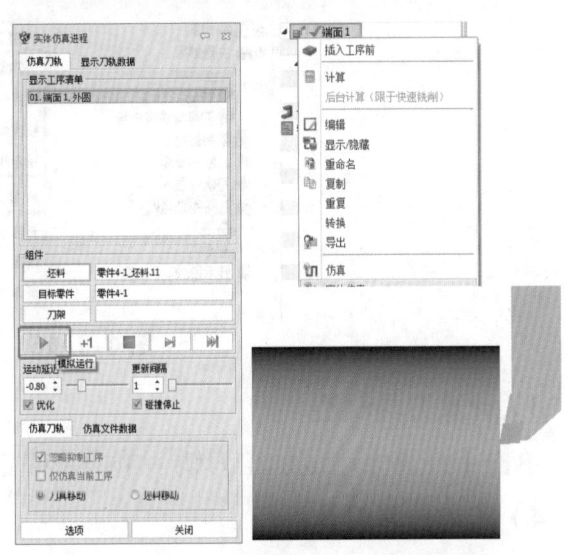

图 4–1–12　实体仿真刀具路径

（6）粗车零件轮廓

1）创建粗车工序

选择车削【粗车】工序→在弹出的选择特征对话框中按住 Ctrl 键同时选择零件和坯料两个特征→单击【确定】→在弹出的刀具列表对话框中选择之前创建的刀具【外圆】→在左侧【管理器】中【工序】目录树下可以看见创建的【粗车 1】，如图 4–1–13 所示。

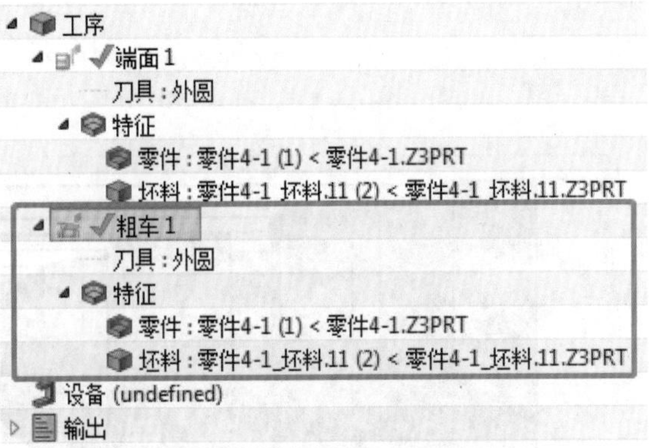

图 4–1–13　创建粗车工序

2）设置基本参数

①双击工序目录树中的【粗车 1】→在弹出的对话框中单击【公差和步距】选项→修改公差和余量中轴向余量为“0.5”→径向余量为“0.1”→修改切削步距中的切削步距为“2”，如图 4–1–14 所示。

②单击【刀轨设置】选项→设置切削控制中切削策略为【水平】（逐层切削）→设置重叠距离（两粗车轨迹的重叠距离）为“0.2”，如图 4–1–15 所示。

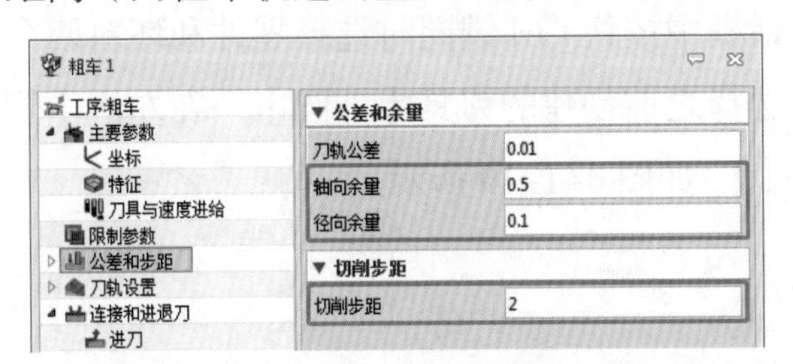

图 4–1–14　公差和步距参数

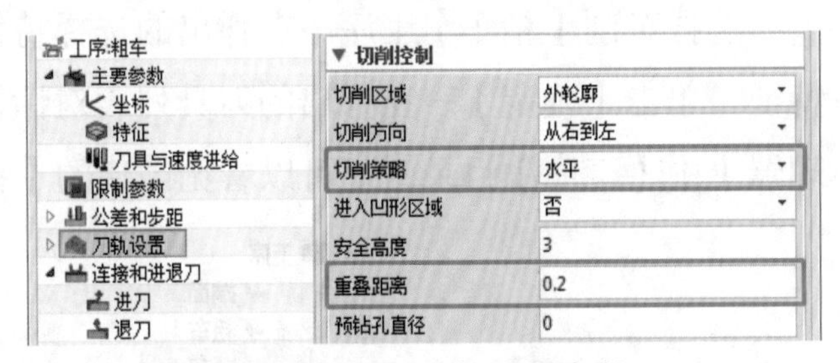

图 4–1–15　刀轨设置参数

③单击【连接和进退刀】选项→修改进刀类型【直线 + 角度】→进刀线段长度为“2”→进刀线段角度为“180”→进刀延伸距离为“1”→退刀长度为“2”→退刀角度为“45”→退刀延伸距离为“0”，如图 4–1–16 所示。

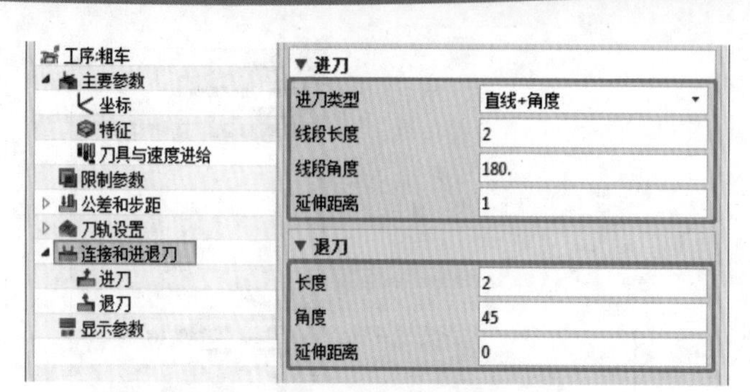

图 4–1–16　连接和进退刀参数

3）计算刀具轨迹

单击【计算】生成加工刀轨→单击【确定】结束参数设置，刀具轨迹如图 4–1–17 所示。

4）实体仿真刀具路径

右击管理器工序目录树中【粗车 1】→单击【实体仿真】命令→在弹出的实体仿真进程对话框中单击【模拟运行】开始进行动态刀具路径模拟仿真，如图 4–1–18 所示。

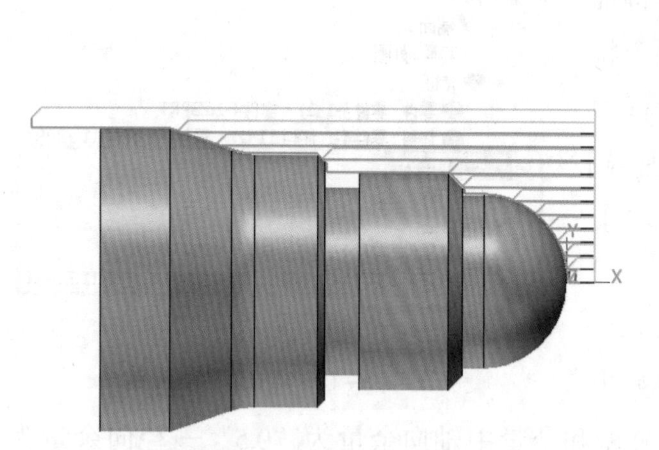

图 4–1–17　生成刀具轨迹

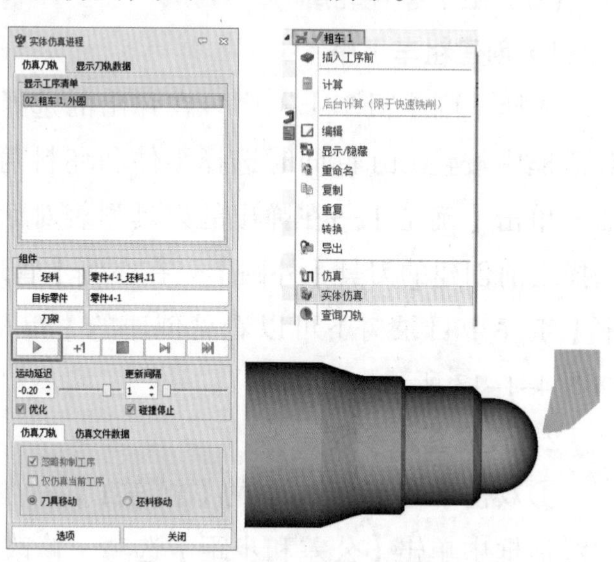

图 4–1–18　实体仿真刀具路径

（7）精车零件轮廓

1）创建精车工序

选择车削【精车】工序→在弹出的选择特征对话框中按住 Ctrl 键同时选择零件和坯料两个特征→单击【确定】→在弹出的刀具列表对话框中选择之前创建的刀具【外圆】→在左侧【管理器】中【工序】目录树下可以看见创建的【精车 1】，如图 4–1–19 所示。

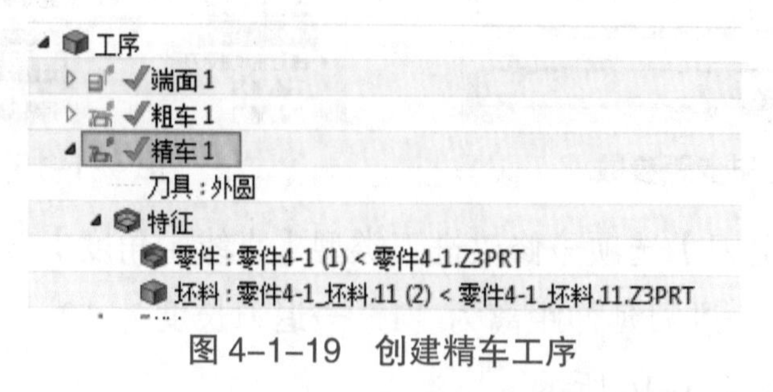

图 4–1–19　创建精车工序

2）设置基本参数

①双击工序目录树中的【精车 1】→在弹出的对话框中单击主要参数中【刀具与速度进给】选项→修改主轴速度为“1000”→进给为“0.08”，如图 4–1–20 所示。

②单击【公差和步距】选项→修改公差和余量中轴向余量（沿车床 Z 向轴向余量）为“0”→径向余量（沿车床 X 向径向余量）为“0”，如图 4–1–21 所示。

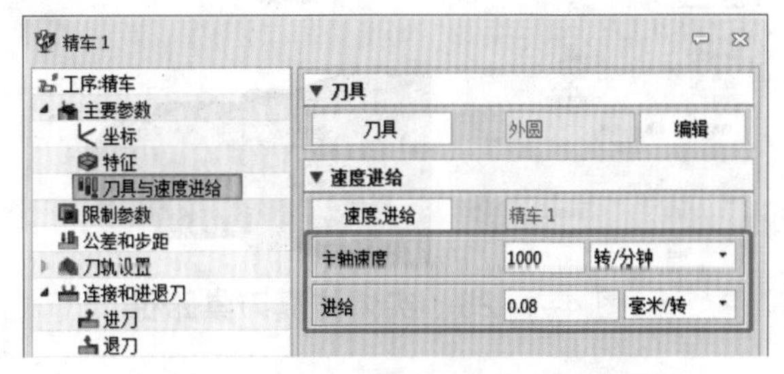

图 4–1–20　刀具与速度进给参数

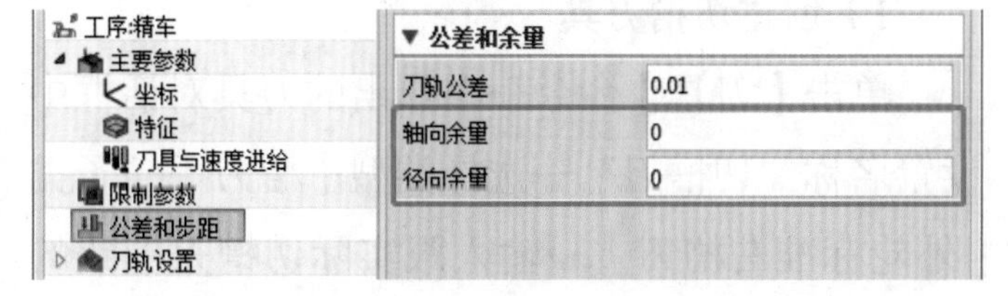

图 4–1–21　公差和步距参数

③单击【刀轨设置】选项→设置刀具补偿为【电脑】（电脑会把刀具信息计算在 NC 程序中），如图 4–1–22 所示。

④单击【连接和进退刀】选项→修改进刀类型【直线 + 角度】→进刀线段长度为“2”→进刀线段角度为“180”→进刀延伸距离为“0.5”→退刀距离为“2”→退刀角度为“45”→退刀延伸距离为“5”，如图 4–1–23 所示。

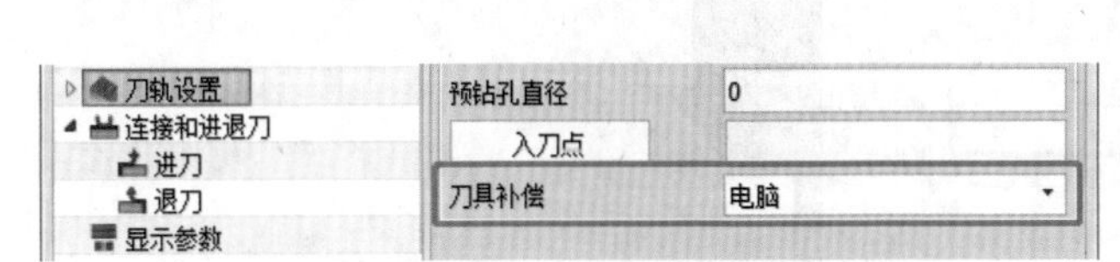

图 4–1–22　刀轨设置参数

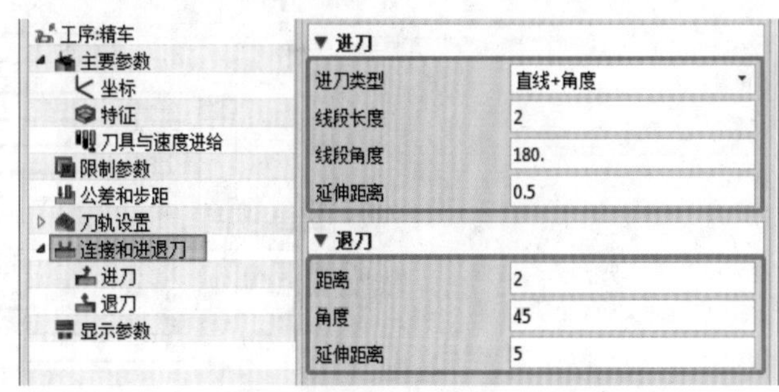

图 4–1–23　连接和进退刀参数

3）计算刀具轨迹

单击【计算】生成加工刀轨→单击【确定】结束参数设置，刀具轨迹如图 4–1–24 所示。

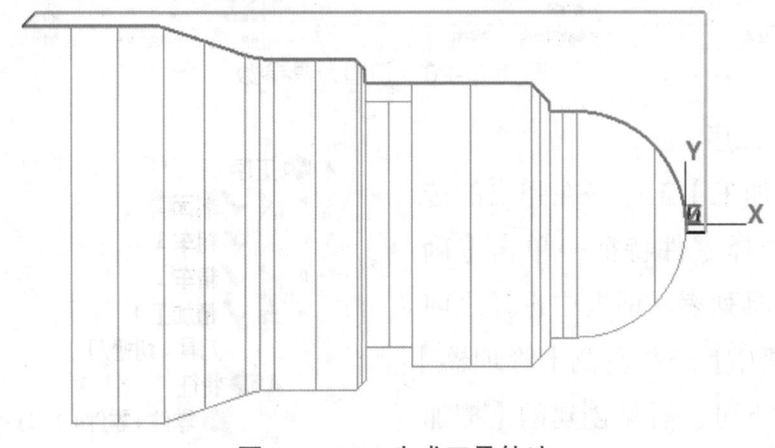

图 4–1–24　生成刀具轨迹

4）实体仿真刀具路径

选中管理器工序目录树中生产的 3 个工序鼠标右击→选择【实体仿真】命令→在弹出的实体仿真进程对话框中单击【模拟运行】开始进行动态刀具路径模拟仿真，如图 4–1–25 所示。

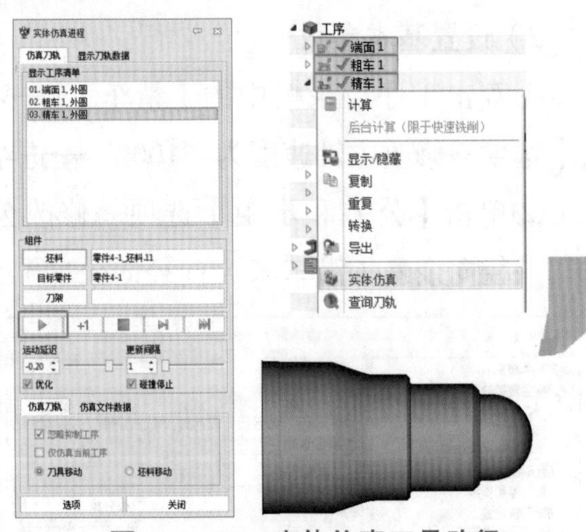

图 4–1–25　实体仿真刀具路径

（8）车削零件退刀槽

1）创建切槽刀具

单击【刀具】命令→在弹出的刀具对话框中设置名称“切槽刀”→选择类型【槽刀】→子类【外轮标准右槽刀】→输入跟实际切槽刀一致的刀具参数，刀尖半径为“0.2”→刀片宽度为“4”→刀尖伸出长度 L3 为“15”→输入实际刀体的宽度和长度参数 H2 与 W1→切换至【更多参数】选项卡→设置刀位号为“2”→ D 寄存器为“2”→ H 寄存器为“2”→切换至【速度 / 进给】选项卡→设置主轴速度为“500”→切换进给速度单位【毫米 / 转】→进给输入“0.05”→单击【确定】结束命令，参数如图 4–1–26 所示。

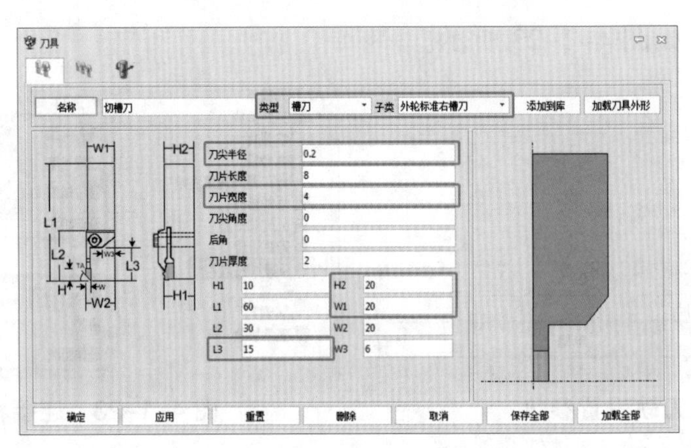

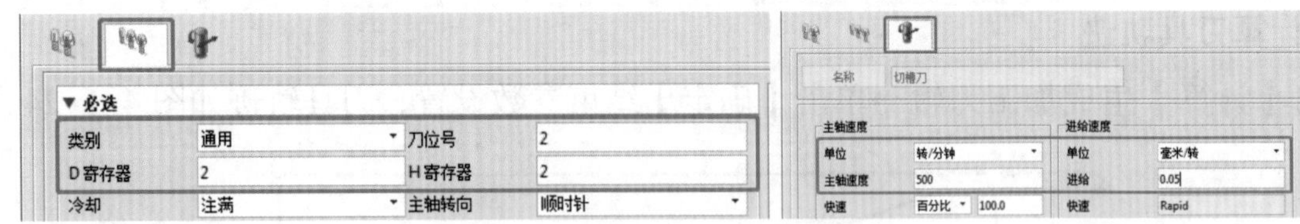

图 4–1–26　切槽刀具参数

2）创建槽加工工序

选择车削【槽加工】工序→在弹出的选择特征对话框中选择零件特征→单击【确定】→在弹出的刀具列表对话框中选择之前创建的刀具【切槽刀】→在左侧【管理器】中【工序】目录树下可以看见创建的【槽加工 1】，如图 4–1–27 所示。

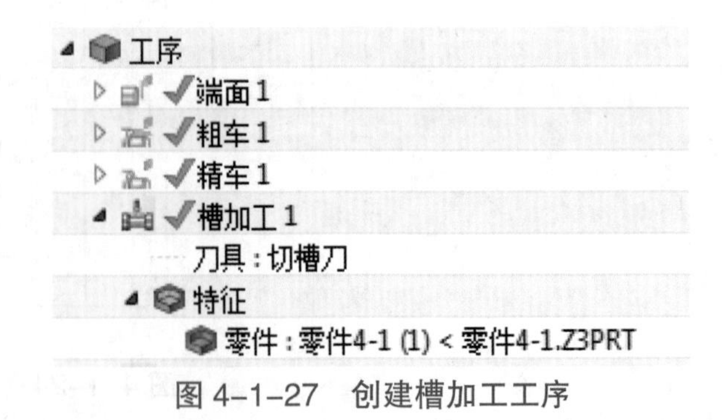

图 4–1–27　创建槽加工工序

3）设置基本参数

①单击【公差和步距】选项→修改公差和余量中粗加工厚度（开粗为最后一刀留的余量）为“0.2”，如图 4–1–28 所示。

②单击【刀轨设置】选项→设置退刀距离为“0.2”→坯料高度为“0”→精加工余量为“0”，如图 4–1–29 所示。

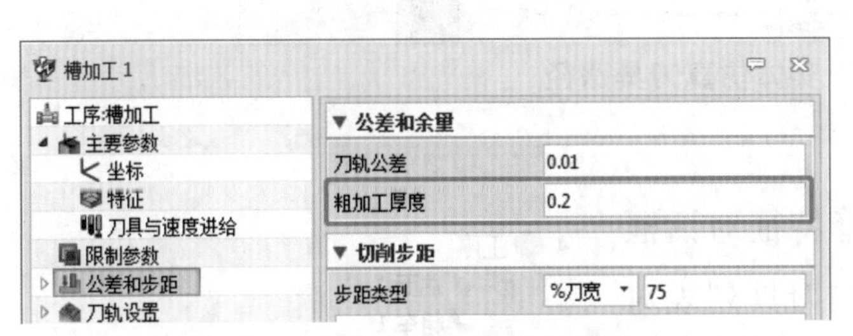

图 4–1–28 公差和步距参数

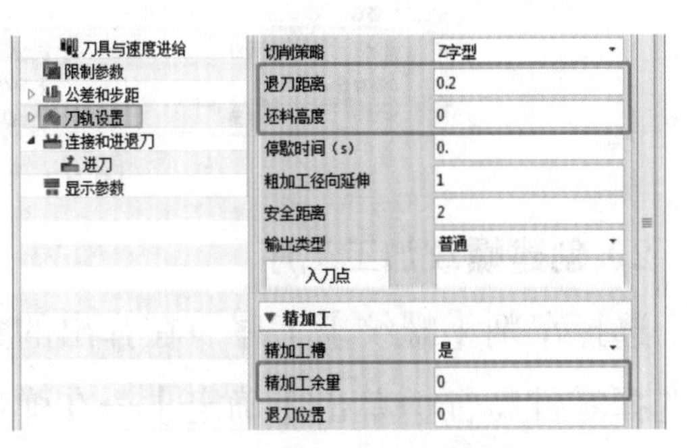

图 4–1–29 刀轨设置参数

4）计算刀具轨迹

单击【计算】生成加工刀轨→单击【确定】结束参数设置，刀具轨迹如图 4–1–30 所示。

5）实体仿真刀具路径

选中管理器工序目录树中生产的 4 个工序鼠标右击→选择【实体仿真】命令→在弹出的实体仿真进程对话框中单击【模拟运行】开始进行动态刀具路径模拟仿真，如图 4–1–31 所示。

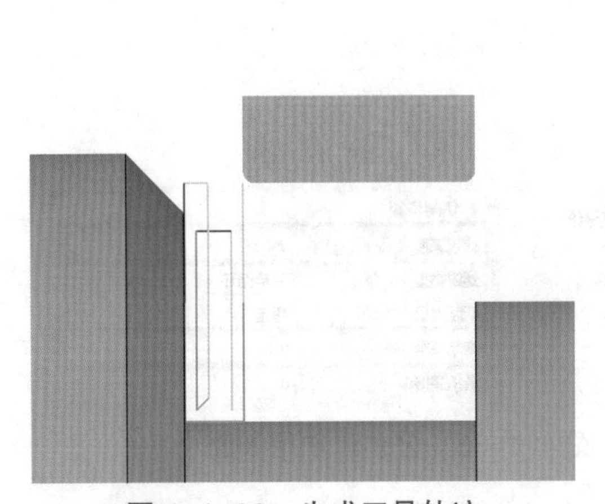

图 4–1–30 生成刀具轨迹

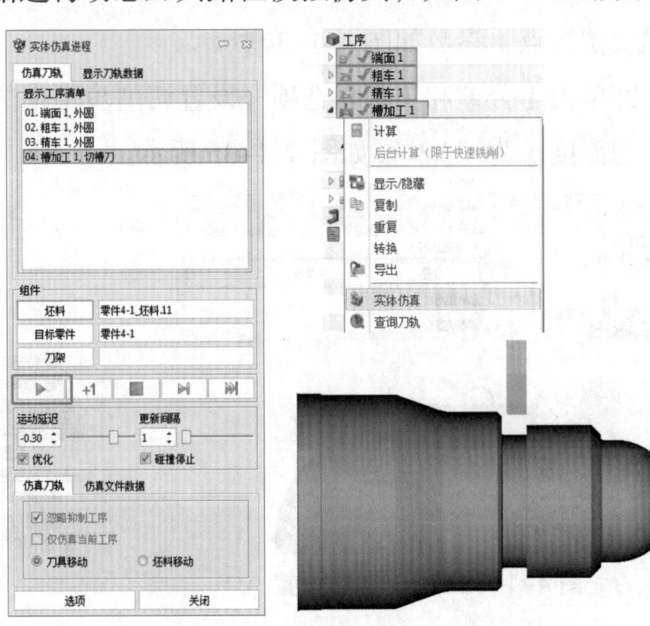

图 4–1–31 实体仿真刀具路径

（9）车削零件螺纹

1）创建螺纹刀具

单击【刀具】命令→在弹出的刀具对话框中设置名称“螺纹刀”→选择类型【螺纹刀】→子类【外轮标准右螺纹刀】→输入跟实际螺纹刀一致的刀具参数→切换至【更多参数】选项卡→设置刀位号为“3”→D 寄存器为“3”→H 寄存器为“3”→切换至【速度 / 进给】选项卡→

设置主轴速度为“500”，如图 4-1-32 所示。

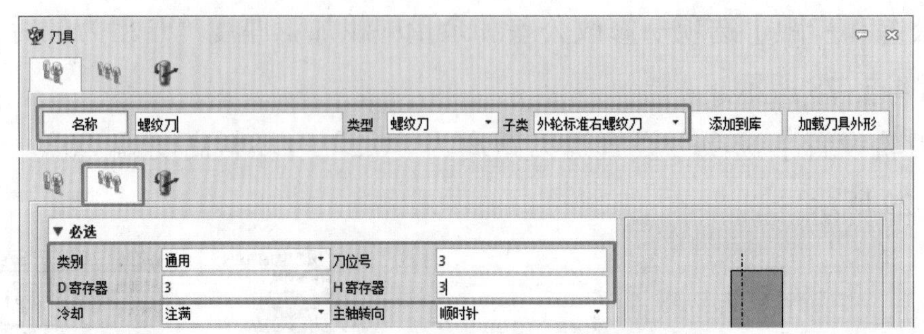

图 4-1-32　实体仿真刀具路径

2）创建螺纹加工工序

选择车削【螺纹】工序→在弹出的选择特征对话框中选择零件特征→单击【确定】→在弹出的刀具列表对话框中选择之前创建的刀具【螺纹刀】→在左侧【管理器】中【工序】目录树下可以看见创建的【螺纹 1】，如图 4-1-33 所示。

工序
端面 1
粗车 1
精车 1
槽加工 1
螺纹 1
刀具：螺纹刀
特征
零件：零件4-1 (1) < 零件4-1.Z3PRT

图 4-1-33　创建槽加工工序

3）设置基本参数

①双击工序目录树中的【螺纹 1】，打开螺纹 1 对话框→单击【限制参数】选项→单击切削范围中的位置（要加工螺纹的位置）→单击要加工的零件螺纹位置点，参数如图 4-1-34 所示。

②单击【公差和步距】选项→设置切削步距中的螺纹深度为“2*1.3/2”→切削深度（每次加工的深度）为“0.3”，如图 4-1-35 所示。

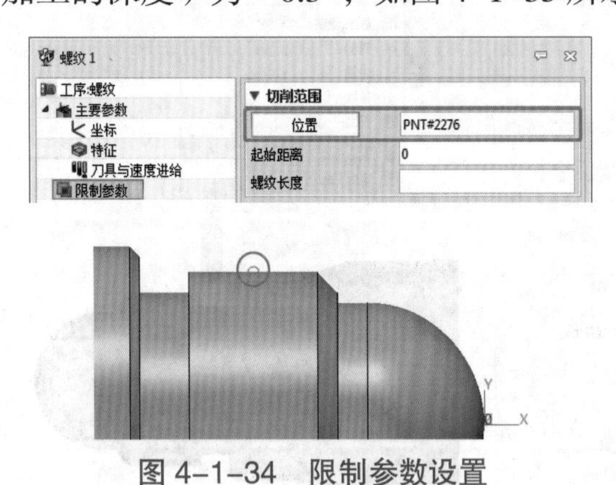

图 4-1-34　限制参数设置

特征
刀具与速度进给
限制参数
公差和步距
刀轨设置
连接和进退刀
进刀
退刀
显示参数
切削步距
螺纹深度　2*1.3/2
螺纹类型　简单循环
切削类型　恒定
切削深度　0.3
最小深度　0

图 4-1-35　公差和步距参数

③单击【刀轨设置】选项→设置切削控制中螺距为“2”→安全高度为“2”→精加工总深度为“0.1”→精加工次数为“1”，如图 4-1-36 所示。

④单击【连接和进退刀】选项→设置进刀的延伸距离为“3”→退刀的延伸距离为“2”，如图 4-1-37 所示。

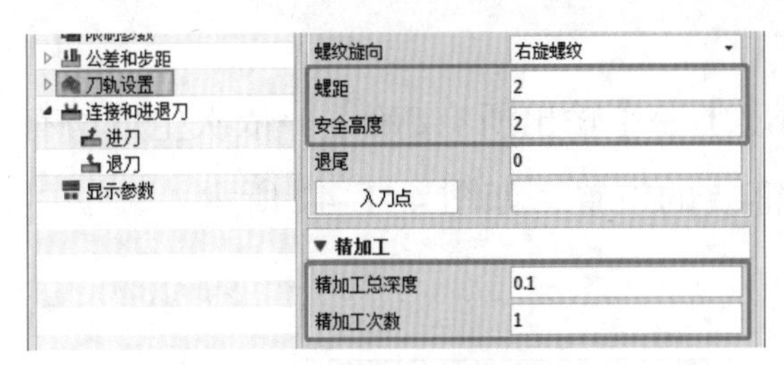

图 4-1-36　刀轨设置参数

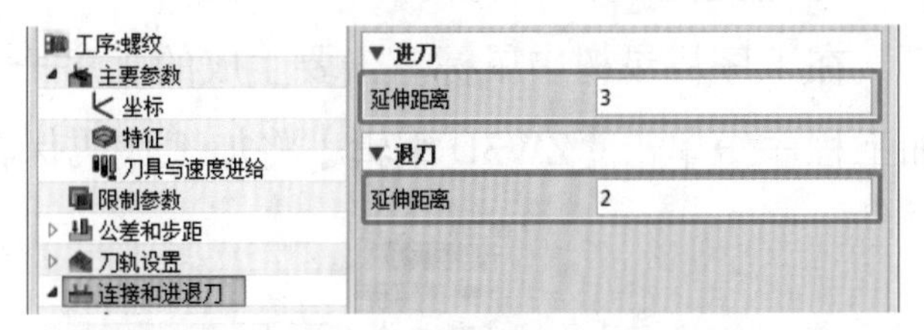

图 4-1-37　连接和进退刀参数

4）计算刀具轨迹

单击【计算】生成加工刀轨→单击【确定】结束参数设置，刀具轨迹如图 4-1-38 所示。

5）实体仿真刀具路径

选中管理器工序目录树中生产的 5 个工序鼠标右击→选择【实体仿真】命令→在弹出的实体仿真进程对话框中单击【模拟运行】开始进行动态刀具路径模拟仿真，如图 4-1-39 所示。

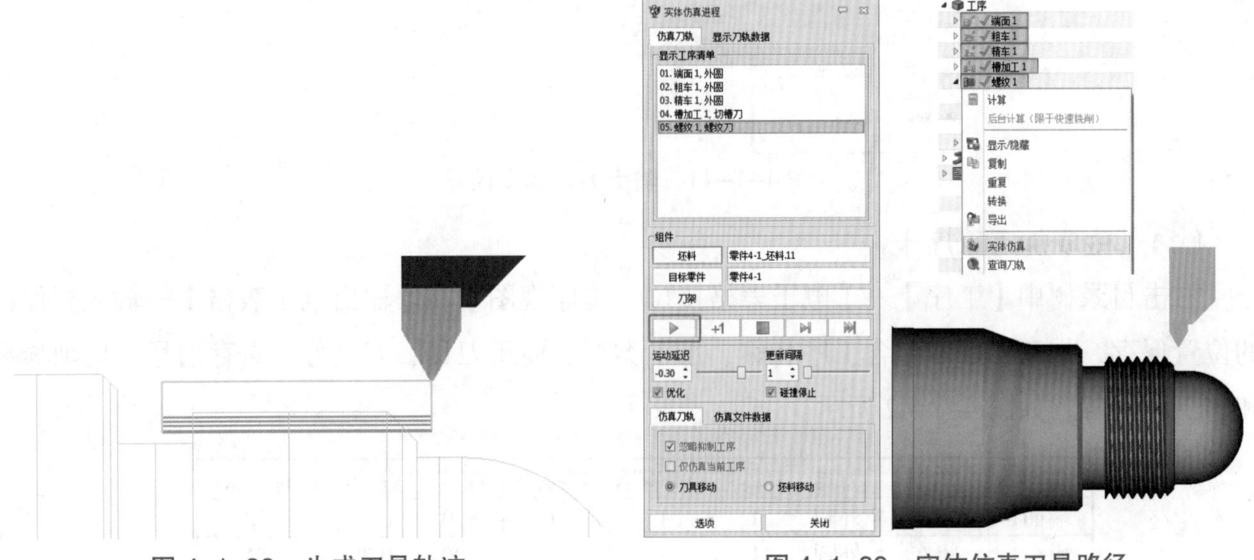

图 4-1-38　生成刀具轨迹　　　　图 4-1-39　实体仿真刀具路径

（10）生成 NC 加工代码

1）设置设备管理器参数

双击管理器目录树【设备】选项→在弹出的设备管理器对话框中单击【后置处理器配置】选项→在弹出的列表中选择对应的加工设备型号→单击【确定】，如图 4-1-40 所示。

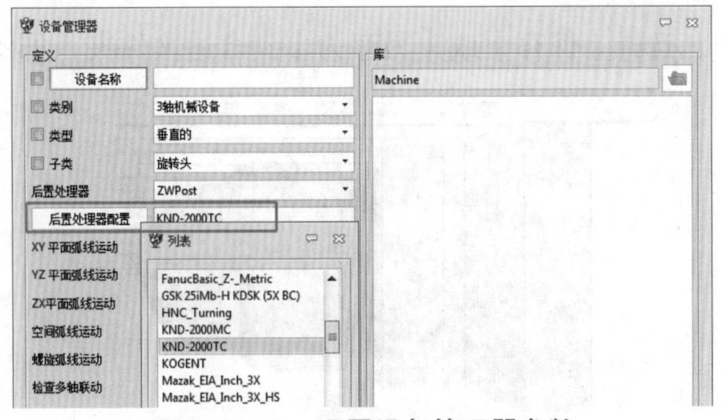

图 4-1-40　设置设备管理器参数

2）输出 NC 加工代码

在工序目录树中鼠标右击要生成的工序→【输出】→【输出所有 NC】→依次生成所有 NC 加工程序→单击【ZW3D 编辑】将加工代码保存到需要的位置，如图 4-1-41 所示。

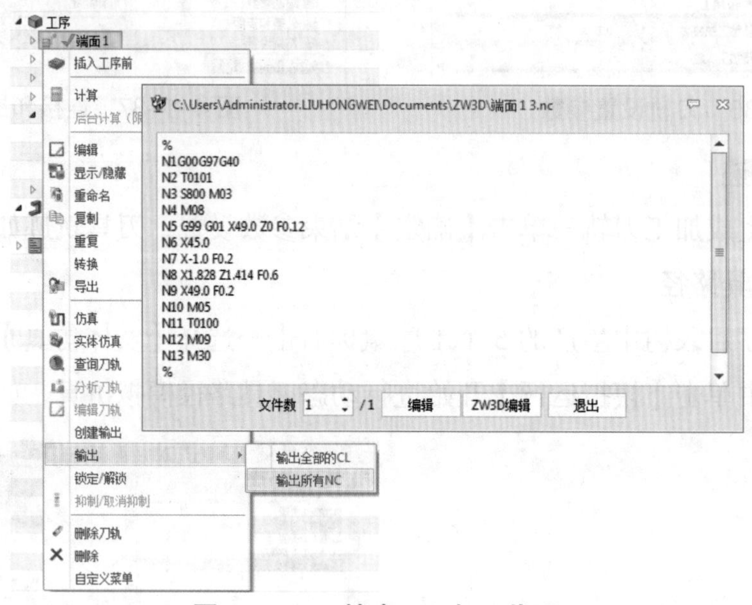

图 4-1-41　输出 NC 加工代码

（11）生成加工工序卡

右击目录树中【工序】→【电子表格接口 - 工序视图】→【输出电子表格】→输入要保存的位置保存，加工工序卡包含工序名称、加工类型、使用刀具、刀具号、寄存器号、切削参数和加工时间等，如图 4-1-42 所示。

工序	类型	刀具	刀具号	D寄存器	H寄存器	速度	进给	总时间(M)
端面1	端面	外圆	1	1	1	800	0.2	0.32
粗车1	粗车	外圆	1	1	1	800	0.2	5.51
精车1	精车	外圆	1	1	1	1 000	0.08	3.47
槽加工1	槽加工	切槽刀	2	2	2	500	0.05	0.98
螺纹1	螺纹	螺纹刀	3	3	3	500		1.25
截断1	截断	切断刀	4	4	4	500	0.05	2.04

图 4-1-42　完成创建并保存

（12）保存文件

单击【文件】指令，选择【保存】或【另存为】到合适文件夹，如图 4-1-43 所示。

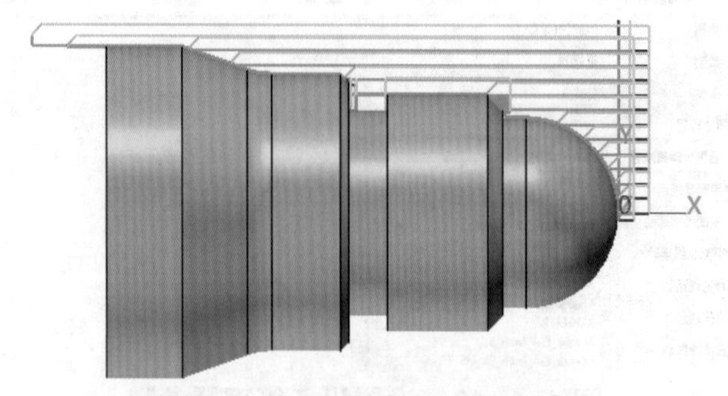

图 4-1-43　完成创建并保存

任务评价

任务评价如表 4–1–2 所示。

表 4–1–2 任务评价

序号	评价内容	分值	自评	师评
1	能够准确识别被加工车削零件的坐标系位置，并进行正确设置	20		
2	能够进入车削加工环境，并对零件的坯料进行正确设置	10		
3	根据零件的实际情况，选择合适的刀具，调整刀具路径参数，对零件进行端面车削加工	10		
4	根据零件的实际情况，选择合适的刀具，调整刀具路径参数，对零件进行粗车加工	10		
5	根据零件的实际情况，选择合适的刀具，调整刀具路径参数，对零件进行精车加工	10		
6	根据零件的实际情况，选择合适的刀具，调整刀具路径参数，对零件进行车削槽加工	10		
7	根据零件的实际情况，选择合适的刀具，调整刀具路径参数，对零件进行车削螺纹加工	10		
8	能够根据实际生产机床进行后处理设置，生成匹配的 NC 代码加工程序	10		
9	能够合理安排车削加工工序，并生产加工工序卡	10		
合计（满分 100 分）		100		

课后反思

您是否掌握了数控车削的加工工序流程安排？加工工序的顺序可以互换吗？请举例说明原因。您认为任务实施工序完整吗？如不完整请补充完整。

任务小结

通过典型车削零件的任务实施操作流程，学会使用软件进行车削零件的坐标、坯料的创建，能够合理地编排车削加工工序，能够正确选择车削刀具调整加工工序参数，完成对零件的端面、粗精加工、槽加工和螺纹加工，并生成相应的 NC 加工代码和加工工序卡。

思考练习（1+X 考核训练）

1. 选择题

（1）某机械厂的一位领导说：“机械工业工艺复杂，技术密集，工程师在图纸上画得再好、再精确，工人操作中如果差那么一毫米，最终出来的就可能是废品。”这段话主要强调（　　）素质的重要性。

A. 专业技能　　B. 思想政治　　C. 职业道德　　D. 身心素质

（2）下列关于职业道德的说法中，你认为正确的是（　　）。

A. 有职业道德的人一定能胜任工作

B. 没有职业道德的人干不好任何工作

C. 职业道德有时起作用，有时不起作用

D. 职业道德无关紧要，可有可无

（3）下列说法中不正确的是（　　）。

A. 职业道德有利于协调职工与领导之间的关系

B. 职业道德有利于协调职工与企业之间的关系

C. 如果企业职工不遵守企业规章制度，是因为规章制度不合理

D. 职业道德是企业文化的重要组成部分

（4）编程人员在编程时使用的，并由编程人员在工件上指定某一固定点为坐标原点所建立的坐标系称为（　　）。

A. 极坐标系　　B. 工件坐标系　　C. 机床坐标系　　D. 绝对坐标系

（5）使用 CAM 软件编程时，必须指定被加工零件、刀具和（　　）。

A. 加工坐标系　　B. 切削参数　　C. 加工余量　　D. 切削公差

（6）调整数控机床的进给速度直接影响到（　　）。

A. 生产效率

B. 加工零件的粗糙度和精度、刀具和机床的寿命、生产效率

C. 刀具和机床的寿命、生产效率

D. 加工零件的粗糙度和精度、刀具和机床的寿命

（7）数控编程时，应首先设定（　　）。

A. 机床原点　　B. 固定参考点　　C. 机床坐标系　　D. 工件坐标系

（8）适应控制机床是一种能随着加工过程中切削条件的变化，自动的调整（　　）实现加工过程最优化的自动控制机床。

A. 主轴转速　　B. 切削用量　　C. 切削过程　　D. 进给用量

（9）工件的一个或几个自由度被不同的定位元件重复限制的定位称为（　　）。

A. 完全定位　　B. 欠定位　　C. 过定位　　D. 不完全定位

（10）工件在夹具中定位的任务是使同一批工件在夹具中占据正确的加工位置，工件的（　　）是夹具设计中首先要解决的问题。

A. 夹紧　　B. 基准重合

C. 定位　　D. 加工误差

2. 练习题

根据给定零件图纸及尺寸，如图 4-1-44 所示，分析加工思路并分别创建零件的各个车削加工工序，生成加工工序卡。

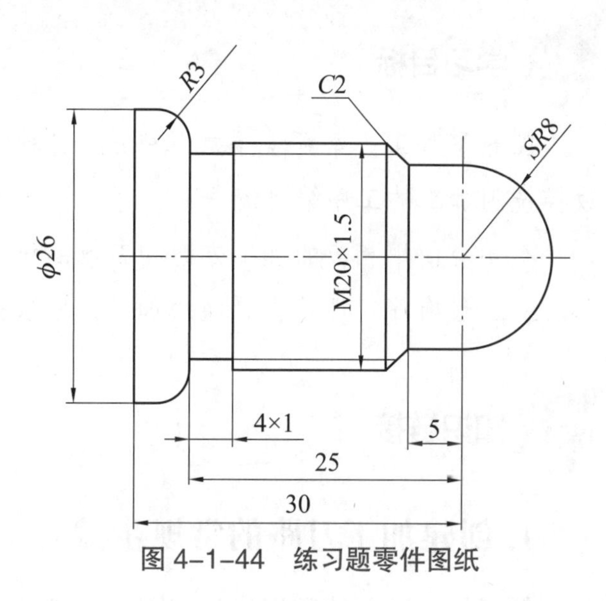

图 4-1-44　练习题零件图纸

任务 2　铣削类零件编程加工

任务描述

企业李师傅接到一个零件铣削加工订单，如图所示 4-2-1，材料为 45 钢，批量为 600 件，零件的毛坯外形尺寸已在型材厂加工到位，您能帮助李师傅编排零件加工工序并生成加工程序吗？

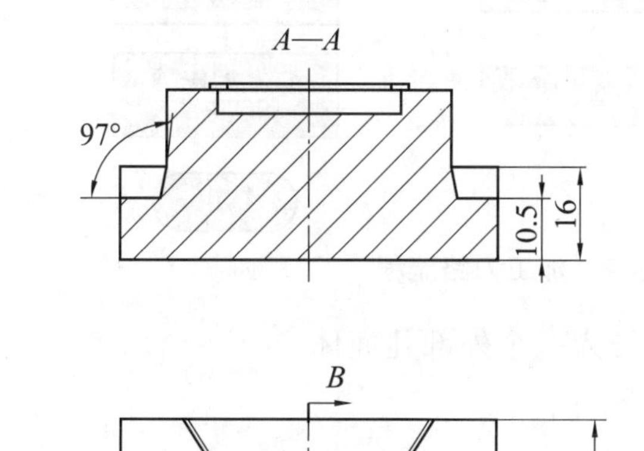

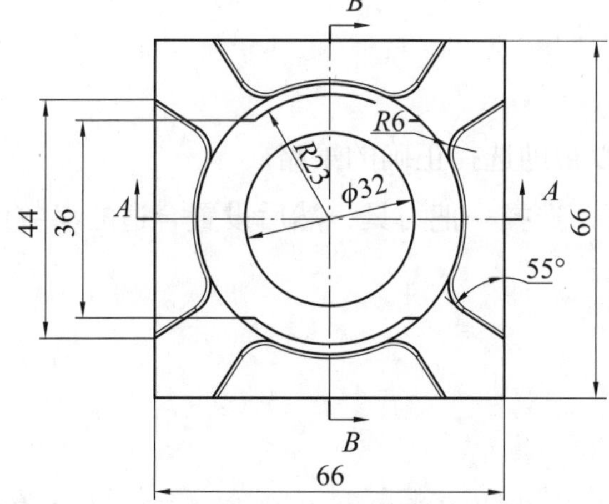

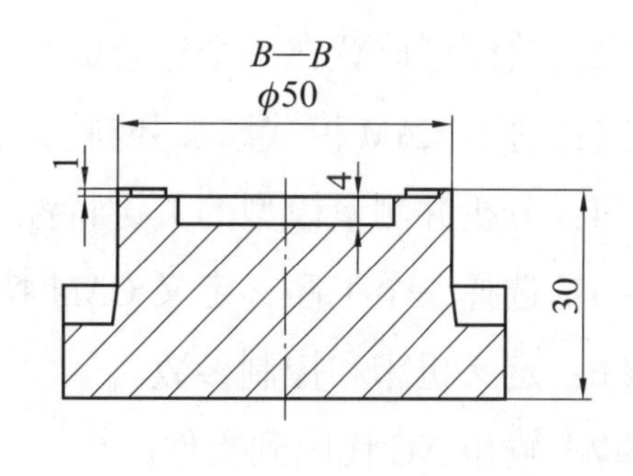

图 4-2-1　固定底座二维图纸

学习目标

1. 熟悉加工方案环境下加工系统、2 轴铣削、3 轴快速铣削典型命令及方案的使用，掌握数控铣削加工的工序编排流程。

2. 学会使用相应的加工方案和参数的设置组合，完成零件或轮廓的粗精铣削加工。

3. 通过有序、规范、严谨的加工方案选择或参数设置，养成严谨认真的良好职业素养。

知识链接

1. 创建加工刀路的常规步骤

创建加工刀路的常规步骤如图 4-2-2 所示。

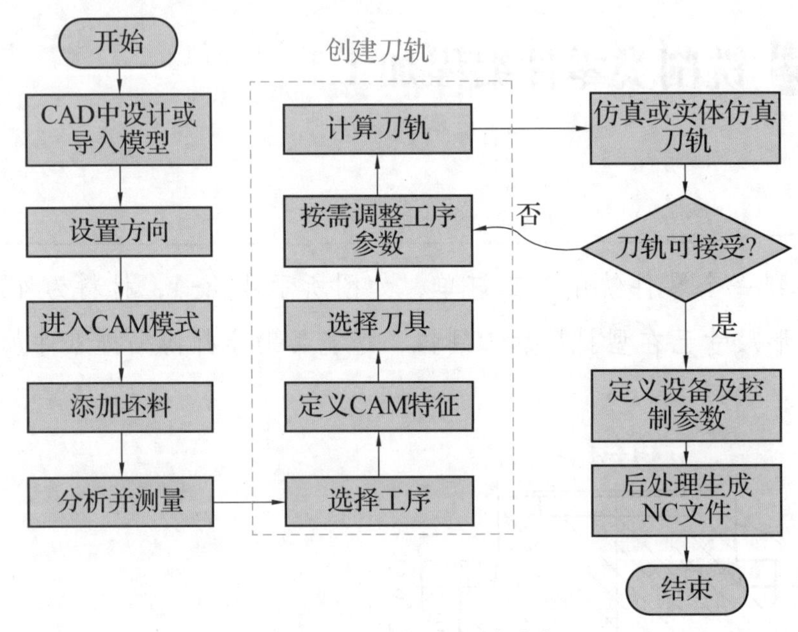

图 4-2-2　加工刀路流程

步骤 1：在 CAD 模块设计好模型或者导入一个外部几何体。

步骤 2：将模型放置在一个适合的加工方向。

步骤 3：进入 CAM 模式添加胚料。

步骤 4：分析并测量模型的关键特性，以帮助选择正确的策略。

步骤 5：选择一个工序，定义 CAM 特征，选择一把刀具，然后设置合适的参数计算刀路。

步骤 6：定义机床和控制参数。

步骤 7：输出 NC 代码到文件。

2. 刀具管理器

可以在刀具管理器中定义刀具或者刀具库，也可以单击 Robbin 栏【刀具】或者在 CAM 管理树中右击【刀具】打开刀具管理器，如图 4-2-3 所示。可以输入参数创建一把刀具或者直接在刀具库中加载一把刀具。

图 4-2-3　刀具管理器

任务实施

1. 思路分析

建模思路如表 4-2-1 所示。

表 4-2-1　铣削零件思路分析

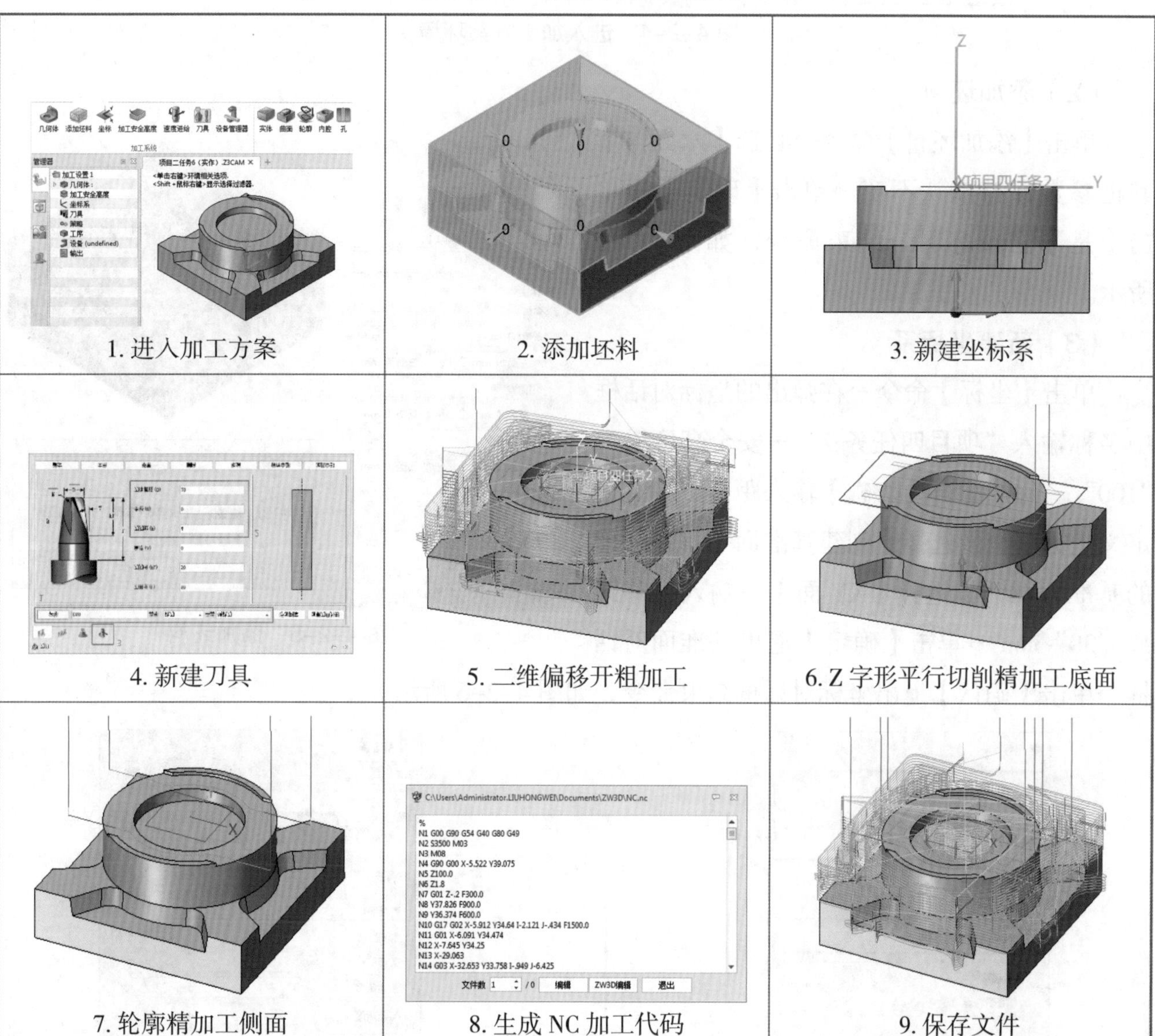

1. 进入加工方案	2. 添加坯料	3. 新建坐标系
4. 新建刀具	5. 二维偏移开粗加工	6. Z 字形平行切削精加工底面
7. 轮廓精加工侧面	8. 生成 NC 加工代码	9. 保存文件

2. 实施步骤

（1）进入加工方案

打开项目四任务 2 零件，在绘图区鼠标右击→在弹出的对话框中选择【加工方案】→选择模板【默认】→单击【确认】进入加工方案环境，如图 4-2-4 所示。

图 4-2-4　进入加工方案环境

（2）添加坯料

单击【添加坯料】命令→必选【六面体】，其他参数保持默认不变→单击【确定】→单击【是】隐藏坯料→结束命令，如图 4-2-5 所示。

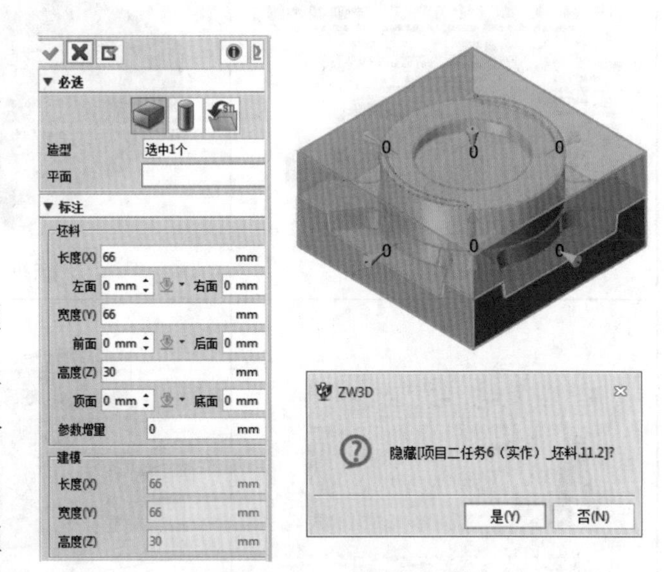

图 4-2-5　添加坯料

（3）新建坐标系

单击【坐标】命令→在弹出的坐标对话框中名称输入“项目四任务 2”→安全高度输入“100”→勾选【自动防碰】输入距离“10”→定义坐标基准面选择【创建基准面】→在弹出的基准面对话框选择【XY 面】→输入偏移距离“30” mm →单击【确定】退出基准面对话框→单击【确认】退出坐标对话框结束命令，如图 4-2-6 所示。

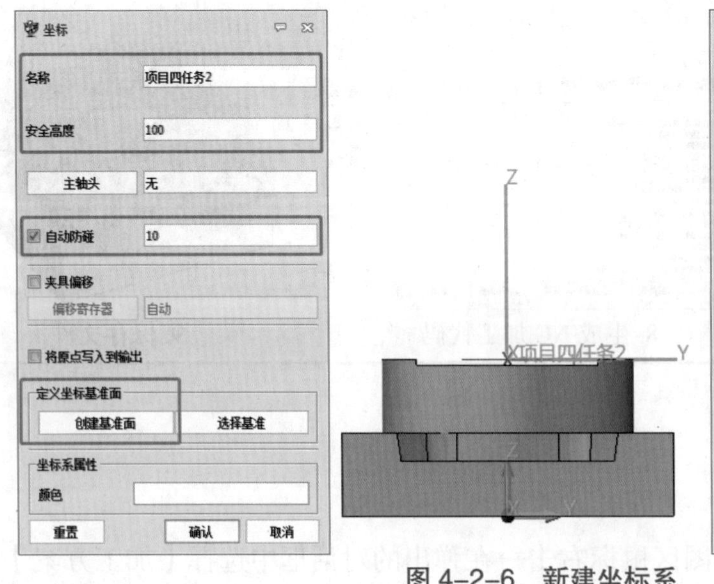

图 4-2-6　新建坐标系

（4）新建刀具

单击【刀具】命令→在弹出的刀具对话框中设置名称“D10”→类型默认【铣刀】→子类默认【端铣刀】→刀刃数默认“4”→半径输入“0”→刀体直径输入“10”→切换到【速度/进给】选项卡→在弹出的对话框主轴速度输入“3500”→进给输入“1500”→单击【确定】结束命令，参数如图 4-2-7 所示。

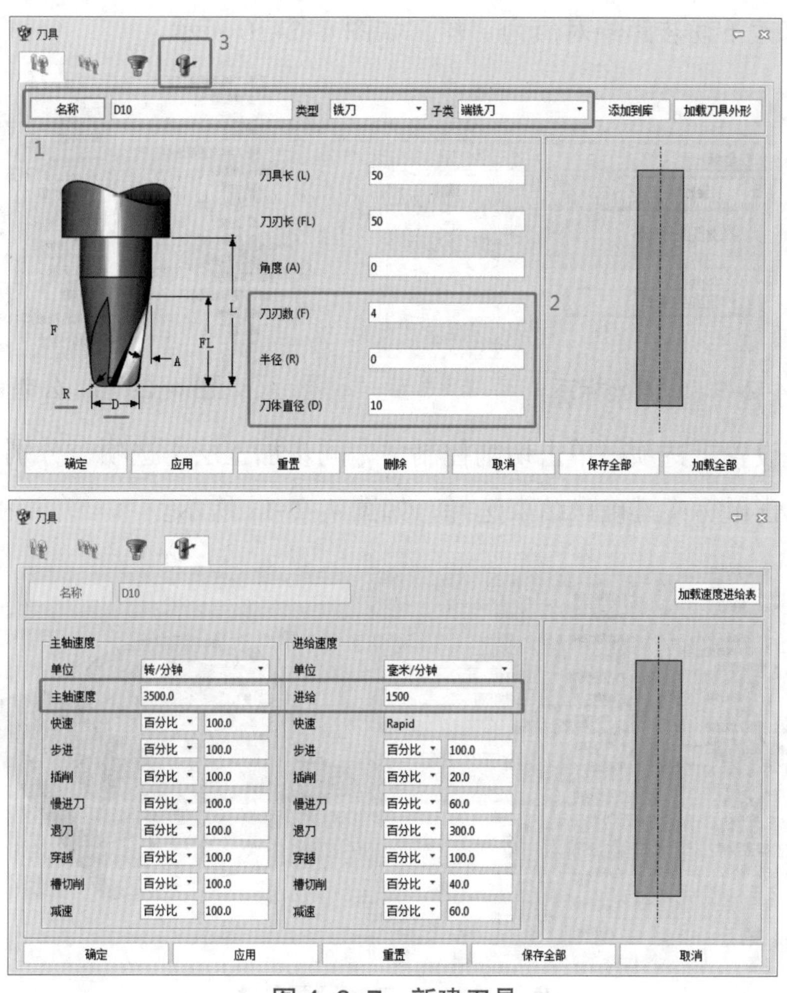

图 4-2-7 新建刀具

（5）二维偏移开粗加工

1）创建二维偏移粗加工工序

选择【3 轴快速铣削】→单击【二维偏移】命令→在弹出的选择特征对话框中按住 Ctrl 键同时选择实体和坯料两个特征→单击【确定】→在弹出的刀具列表对话框中选择之前创建的刀具【D10】→在左侧【管理器】中【工序】目录树下可以看见创建的【二维偏移粗加工 1】，如图 4-2-8 所示。

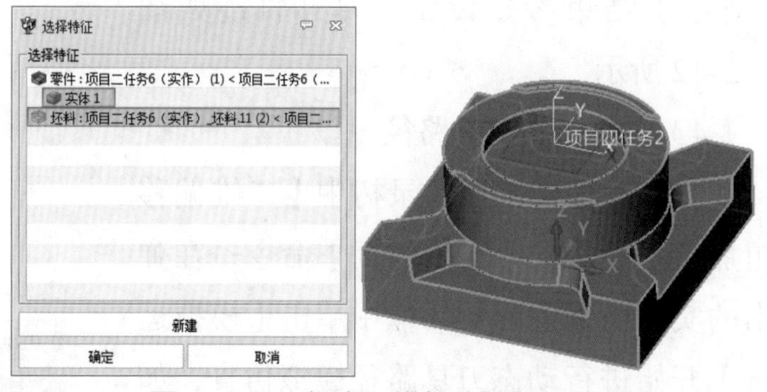

图 4-2-8 创建二维偏移粗加工工序

2）设置基本参数

①双击工序目录树中的【二维偏移粗加工 1】→在弹出的对话框中单击主要参数【坐标】→在弹出的坐标对话框中单击【坐标】→选择前面建好的【项目四任务 2】坐标系，如图 4–2–9 所示。

②单击【公差和步距】选项→修改公差和余量中曲面余量为【侧边】“0.2”→Z 方向余量设置为“0.2”→修改下切步距绝对值为“1”，如图 4–2–10 所示。

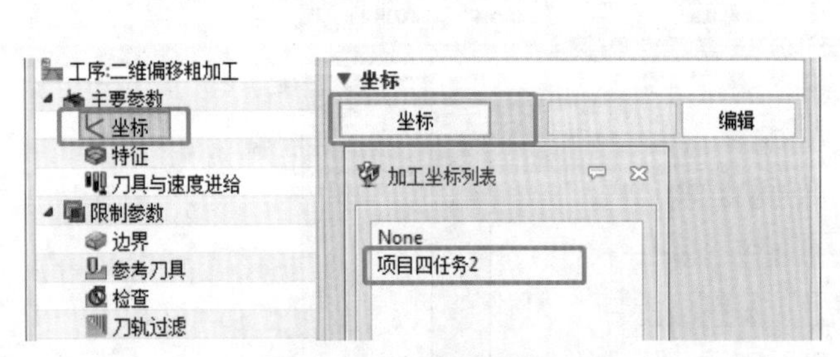

图 4–2–9 设置坐标系

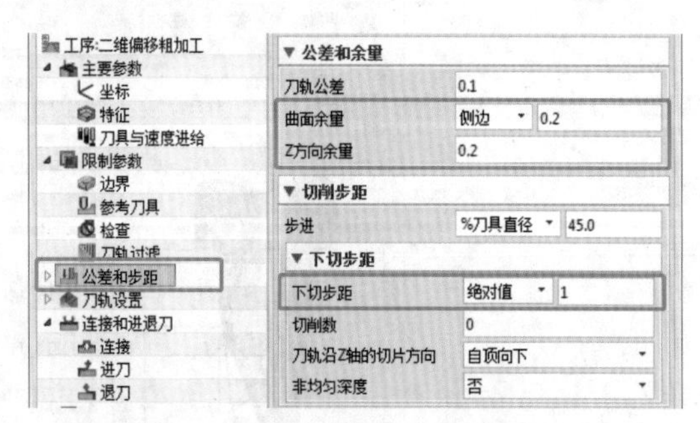

图 4–2–10 公差和步距参数

③单击【刀轨设置】选项→单击切削控制中【同步加工层】选项→分别单击选择加工工件的 5 个高度层→单击鼠标中键确认结束选择，如图 4–2–11 所示。

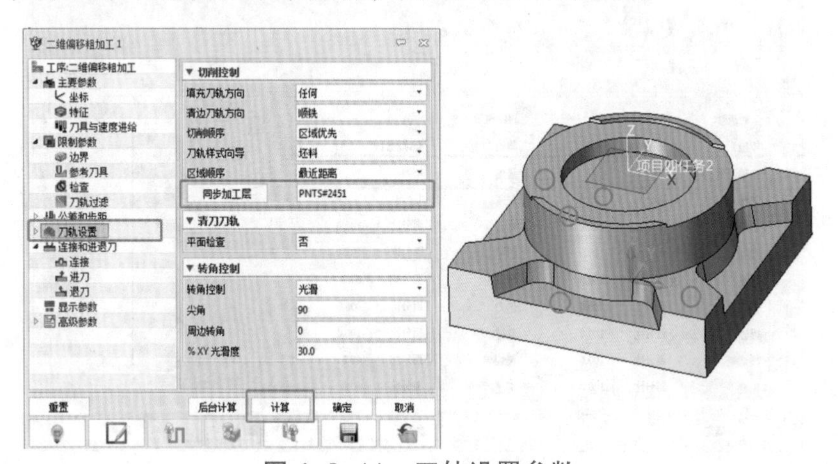

图 4–2–11 刀轨设置参数

3）计算刀具轨迹

单击【计算】生成加工刀轨→单击【确定】结束参数设置，刀具轨迹如图 4–2–12 所示。

4）实体仿真刀具路径

右击管理器工序目录树中【二维偏移粗加工】→单击【实体仿真】命令→在弹出的实体仿真进程对话框中单击【模拟运行】开始进行动态刀具路径模拟仿真，如图 4–2–13 所示。

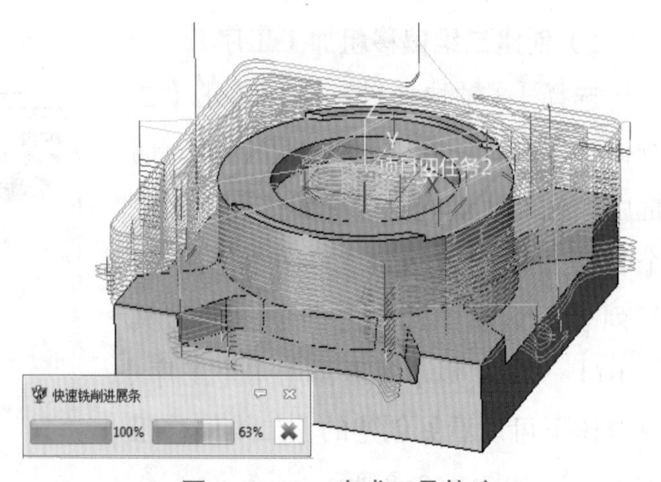

图 4–2–12 生成刀具轨迹

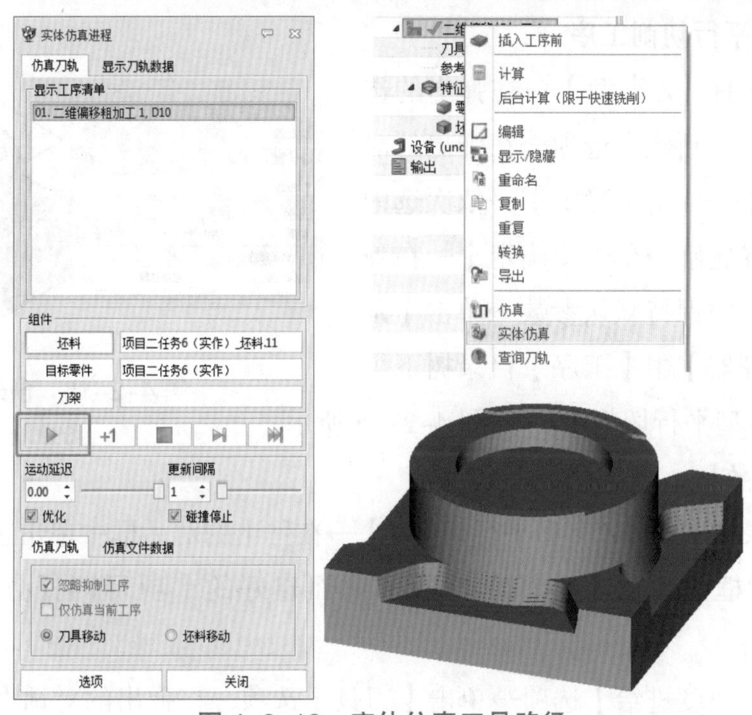

图 4-2-13 实体仿真刀具路径

(6) Z 字型平行切削精加工底面

1) 创建辅助边界草图

单击【草图】命令→拾取工件滑道表面为草图平面→单击【确定】→在草图环境下用【直线】命令创建如图 4-2-14 所示左右两条辅助边界→退出草图，如图 4-2-14 所示。

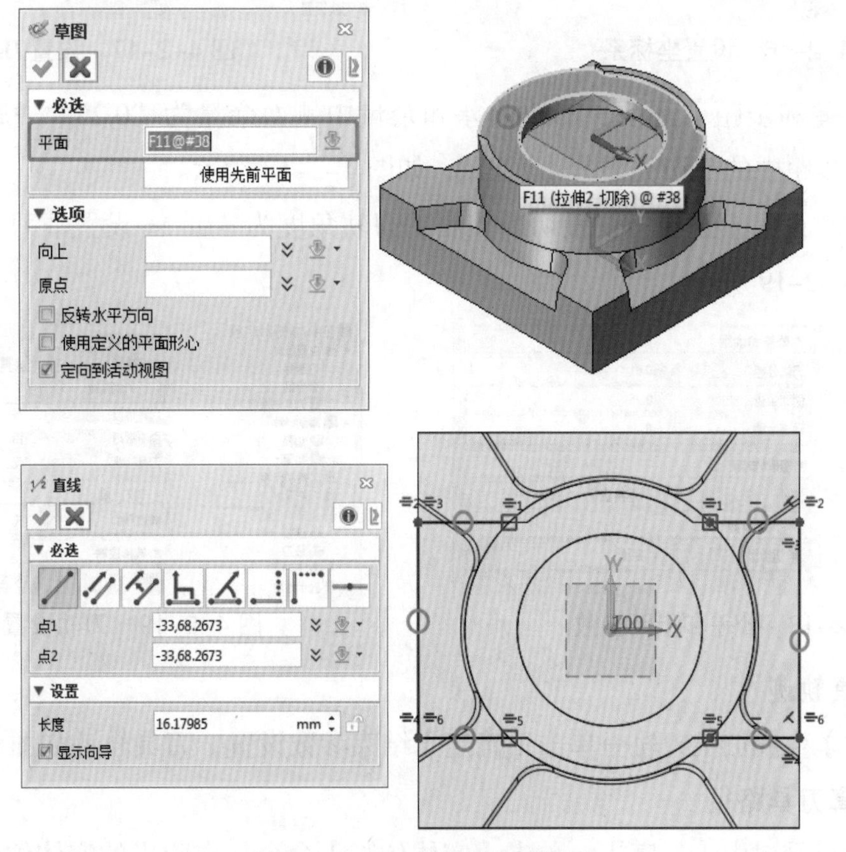

图 4-2-14 创建辅助边界

2）创建 Z 字型平行切削工序

选择 2 轴铣削工序【Z 字型】→在弹出的选择特征对话框中单击【新建】选项→在弹出的对话框中选择【轮廓】→单击【确定】→依次选中要加工的轮廓及边界轮廓→单击【确定】→在弹出的轮廓特征对话框中保持默认参数→单击【确认】→在左侧【管理器】中【工序】目录树下可以看见创建的【Z 字型平行切削 1】，如图 4-2-15 所示。

图 4-2-15　创建辅助边界

3）设置基本参数

①双击工序目录树中的【Z 字型平行切削 1】→在弹出的对话框中单击主要参数【坐标】→在弹出的坐标对话框中单击【坐标】→选择前面建好的【项目四任务 2】坐标系，如图 4-2-16 所示。

②单击【刀具与速度进给】选项→单击【刀具】选项→在弹出的对话框中选择之前创建的刀具【D10】，如图 4-2-17 所示。

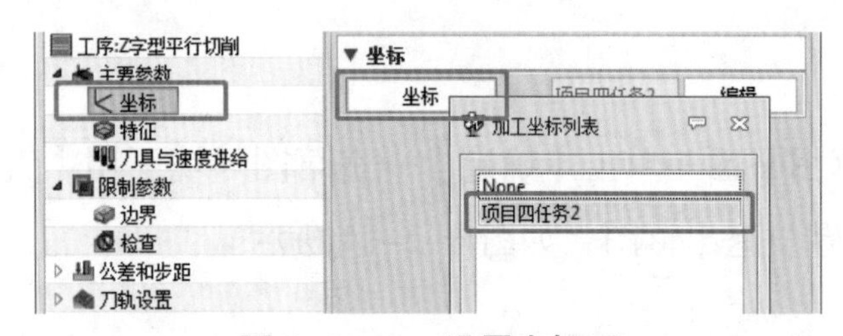

图 4-2-16　设置坐标系

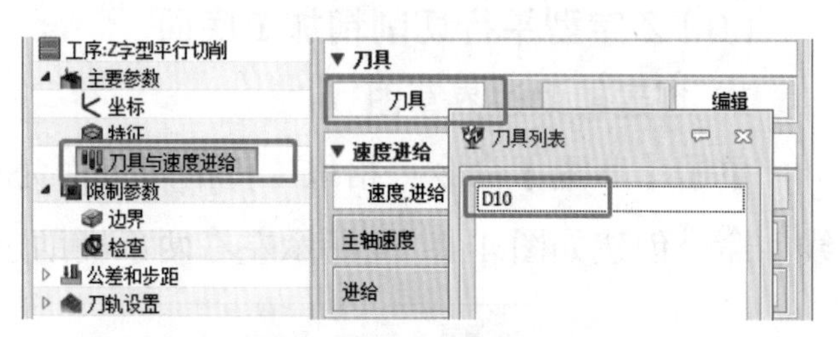

图 4-2-17　设置刀具

③单击【公差和步距】选项→修改公差和余量中侧面余量为“0.25”→底面余量设置为“0”→修改下切步距中的下切类型为【底面】，如图 4-2-18 所示。

④单击【刀轨设置】选项→设置切削控制的刀轨角度为“0”→设置清刀刀轨的清边方式为【无】，如图 4-2-19 所示。

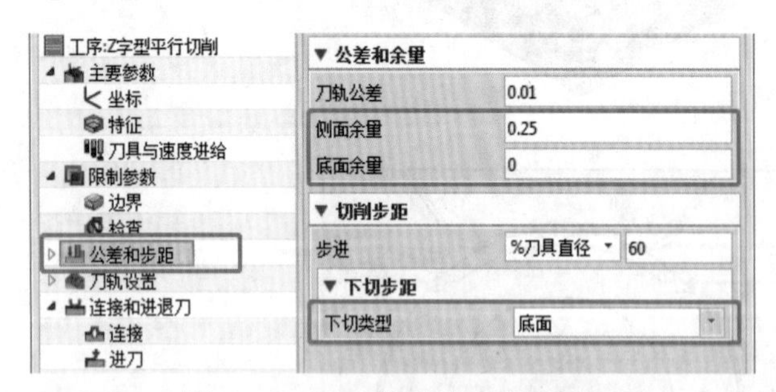

图 4-2-18　公差和步距参数

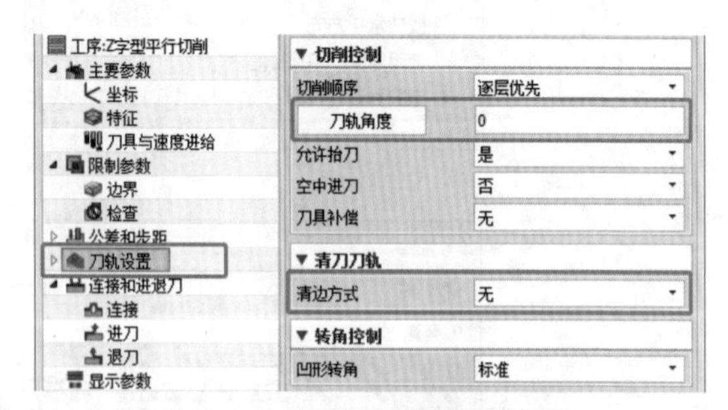

图 4-2-19　刀轨设置参数

4）计算刀具轨迹

单击【计算】生成加工刀轨→单击【确定】结束参数设置，刀具轨迹如图 4-2-20 所示。

5）实体仿真刀具路径

右击管理器目录树中【工序】→单击【实体仿真】命令→在弹出的实体仿真进程对话框中

单击【模拟运行】开始进行动态刀具路径模拟仿真，如图 4-2-21 所示。

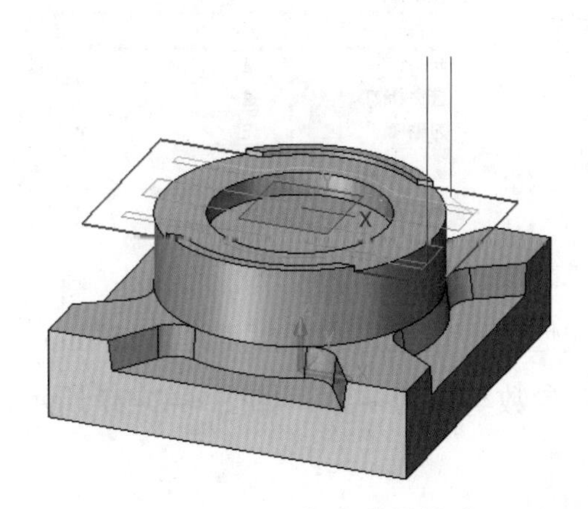

图 4-2-20　生成刀具轨迹

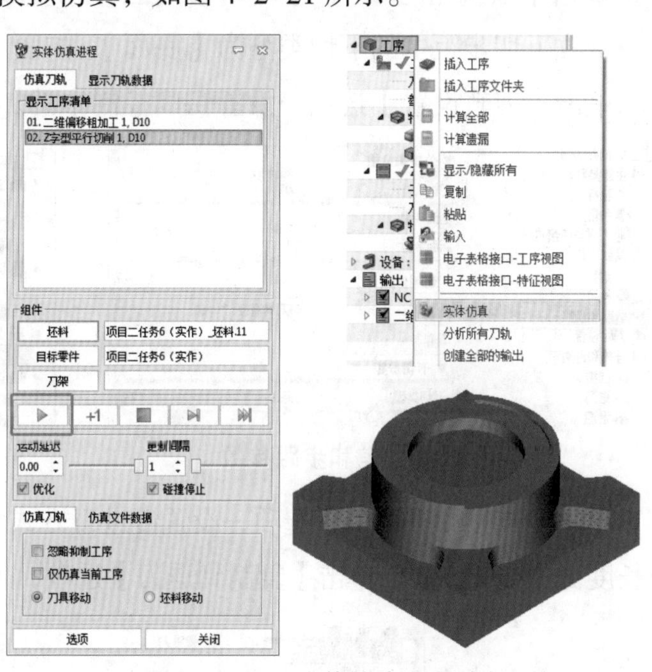

图 4-2-21　实体仿真刀具路径

（7）轮廓精加工侧面

1）创建 Z 字型平行切削工序

选择 2 轴铣削【轮廓】工序→在弹出的选择特征对话框中单击【新建】选项→在弹出的对话框中选择【轮廓】→单击【确定】→逆时针依次选中要加工的两条轮廓边→单击【确定】→在弹出的轮廓特征对话框中保持默认参数→单击【确认】→在左侧【管理器】中【工序】目录树下可以看见创建的【Z 字型平行切削 1】，如图 4-2-22 所示。

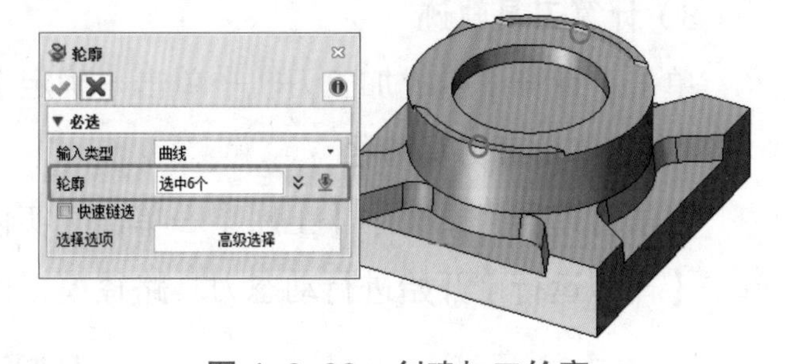

图 4-2-22　创建加工轮廓

2）设置基本参数

①双击工序目录树中的【Z 字型平行切削 1】→在弹出的对话框中单击主要参数【坐标】→在弹出的坐标对话框中单击【坐标】→选择前面建好的【项目四任务 2】坐标系，如图 4-2-23 所示。

②单击【刀具与速度进给】选项→单击【刀具】选项→在弹出的对话框中选择之前创建的刀具【D10】，如图 4-2-24 所示。

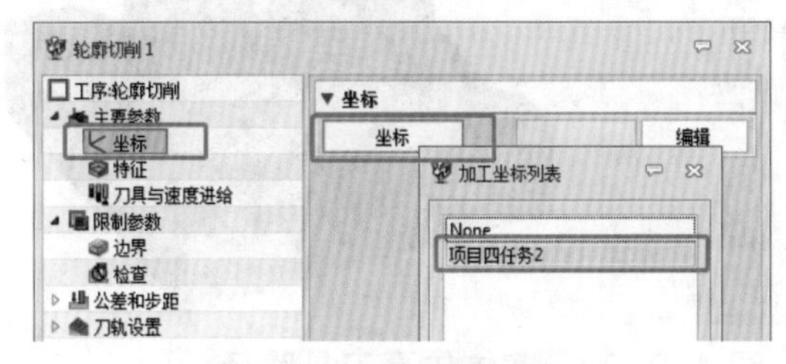

图 4-2-23　设置坐标系

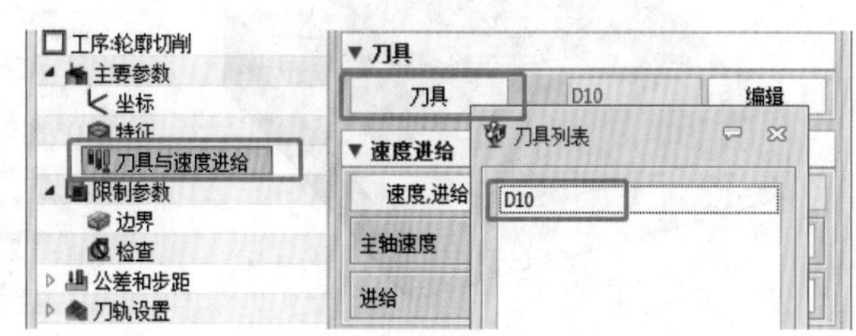

图 4-2-24　设置刀具

③单击【公差和步距】选项→修改公差和余量中侧面余量为“0”→底面余量设置为“0”→修改下切步距中的下切类型为【底面】，如图 4-2-25 所示。

④单击【刀轨设置】选项→设置切削控制中的加工侧为【左，内侧】，如图 4-2-26 所示。

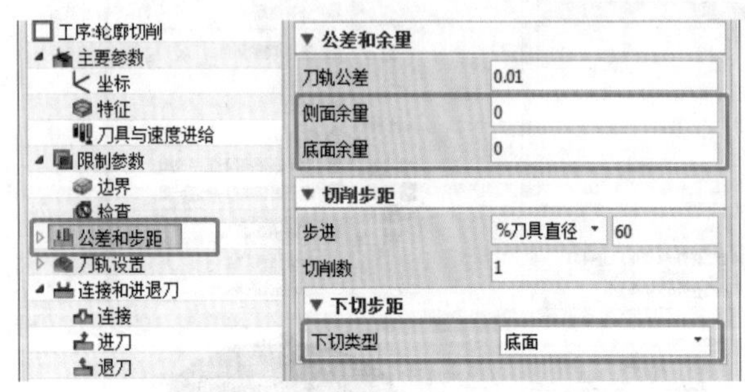

图 4-2-25 公差和步距参数

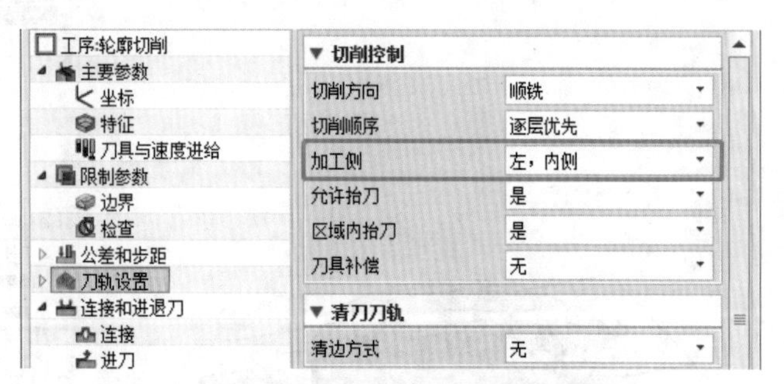

图 4-2-26 刀轨设置参数

⑤单击【连接和进退刀】选项→设置慢进刀方式为【线性】→设置进刀长度 1 为“15”mm→进刀长度 2 为“0”mm→单击【复制到退刀】选项，使退刀参数与进刀一致，如图 4-2-27 所示。

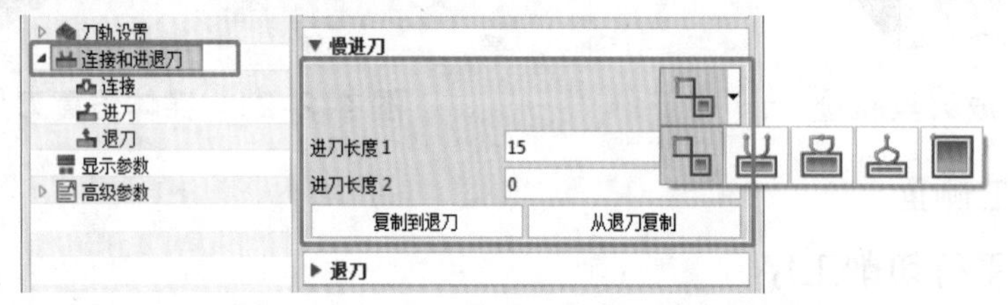

图 4-2-27 连接和进退刀参数

3）计算刀具轨迹

单击【计算】生成加工刀轨→单击【确定】结束参数设置，刀具轨迹如图 4-2-28 所示。

4）实体仿真刀具路径

右击管理器目录树中【工序】→单击【实体仿真】命令→在弹出的实体仿真进程对话框中单击【模拟运行】开始进行动态刀具路径模拟仿真，如图 4-2-29 所示。

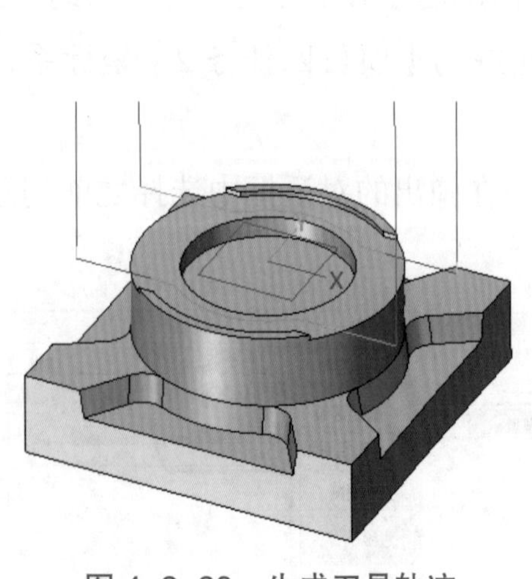

图 4-2-28 生成刀具轨迹

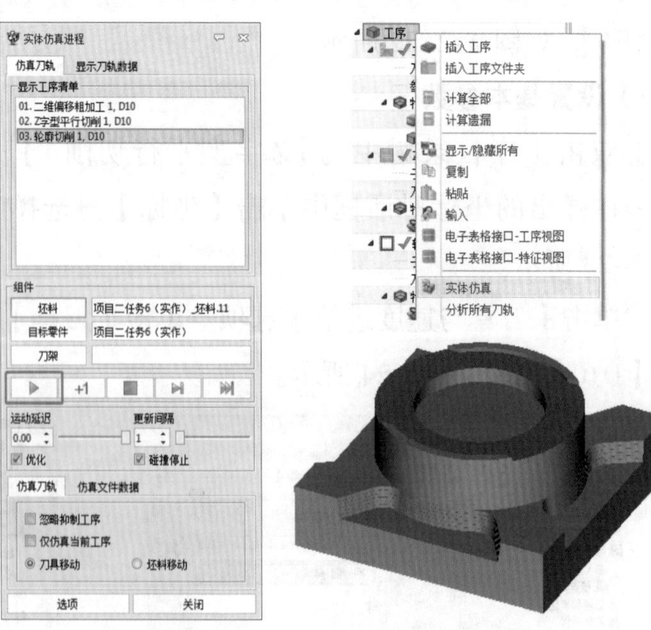

图 4-2-29 实体仿真刀具路径

（8）生成 NC 加工代码

1）设置设备管理器参数

双击管理器目录树【设备】选项→在弹出的设备管理器对话框中单击【后置处理器配置】选项→在弹出的列表中选择对应的加工设备型号→单击【确定】，如图 4-2-30 所示。

2）设置输出设置

双击管理器目录树【输出】选项→双击新生成的下拉菜单中的【NC】选项→在弹出的输出设置对话框中单击【刀轨坐标空间】→在弹出的列表中选择【项目四任务 2】选项→单击【确定】，如图 4-2-31 所示。

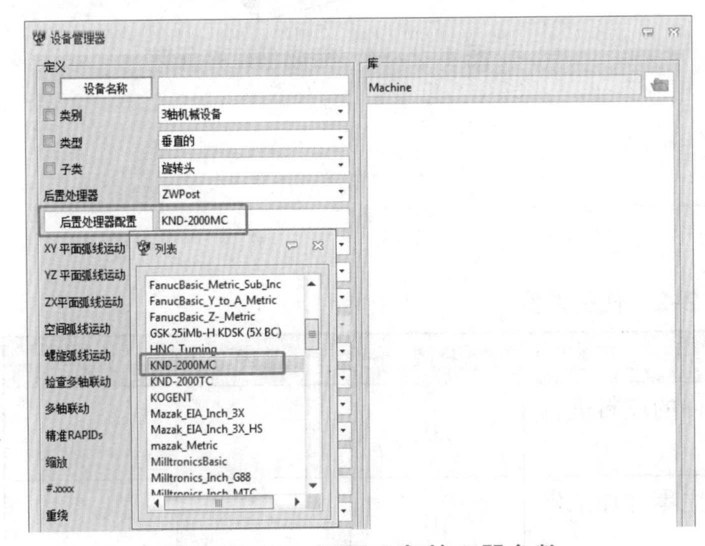

图 4-2-30　设置设备管理器参数

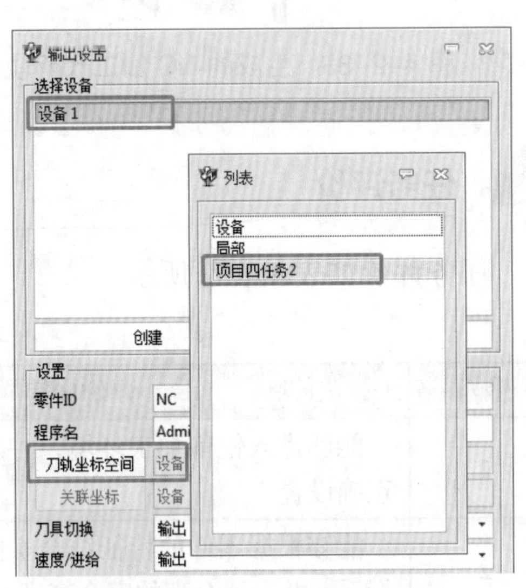

图 4-2-31　设置输出参数

3）输出 NC 加工代码

将要生成的工序（按住 Ctrl 键选中生成的 3 个工序）拖到目录树中【NC】选项上→右击【NC】选项→在弹出的菜单中选择【输出 NC】→生成 NC 加工代码→单击【ZW3D 编辑】将加工代码保存到需要的位置，如图 4-2-32 所示。

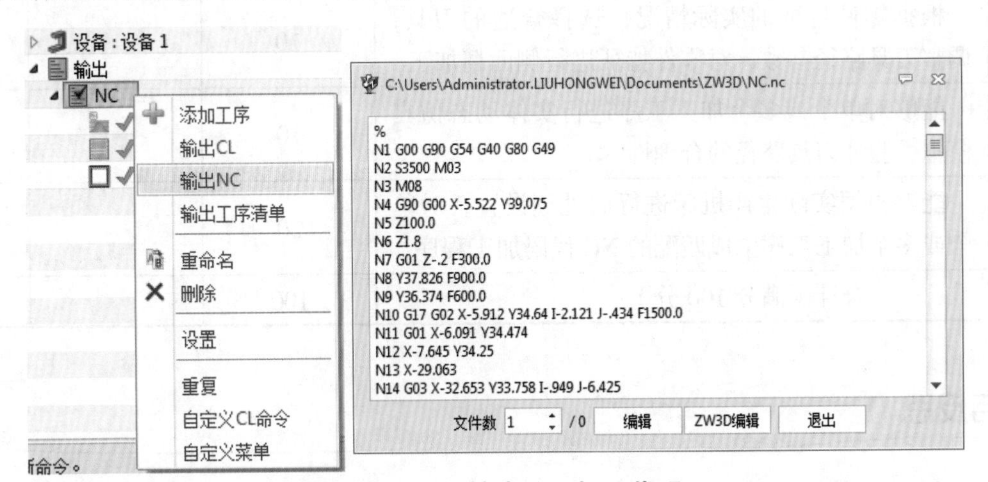

图 4-2-32　输出 NC 加工代码

4）生成的 NC 加工代码

生成的 NC 加工代码刀具路径轨迹，如图 4-2-33 所示。

（9）保存文件

单击【文件】指令，选择【保存】或【另存为】到合适的文件位置，如图 4-2-34 所示。

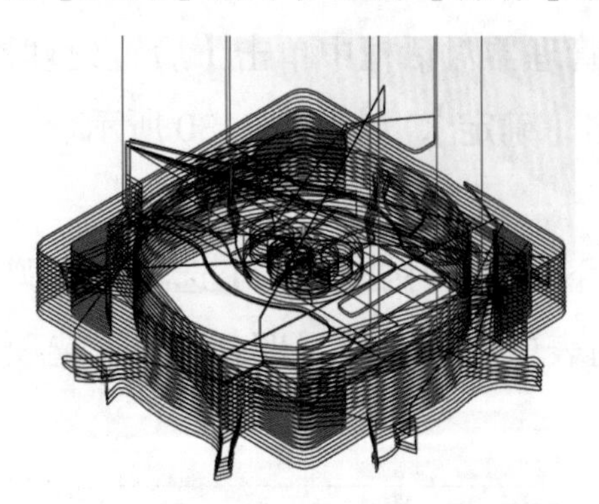

图 4-2-33　生成的 NC 加工代码轨迹

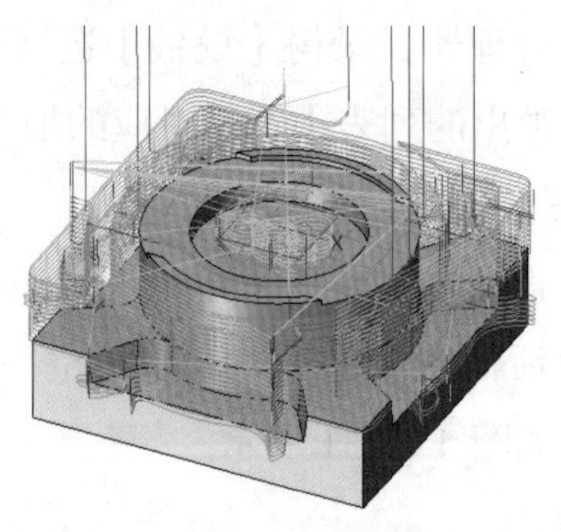

图 4-2-34　完成创建并保存

任务评价

任务评价如表 4-2-2 所示。

表 4-2-2　任务评价

序号	评价内容	分值	自评	师评
1	能够进入铣削加工环境，并对零件的坯料进行正确设置	20		
2	能够根据零件的特征结合实际建立零件加工坐标系，并设置合理的安全高度	10		
3	根据零件的实际情况，选择合适的刀具，调整刀具路径参数，对零件进行开粗加工	10		
4	根据零件特征的实际情况，学会构造辅助边界，选择合适的刀具，调整刀具路径参数，对零件特征进行底面精加工	20		
5	根据零件特征的实际情况，选择合适的刀具，调整刀具路径参数，对零件特征进行侧面精加工	10		
6	能够对单个或多个加工工序进行实体动态仿真模拟，验证刀具路径的合理性	10		
7	能够根据实际生产机床进行后处理设置，对单个或多个加工工序生成匹配的 NC 代码加工程序	20		
合计（满分 100 分）		100		

课后反思

您是否掌握了数控铣削的加工工序流程安排？请问加工工序的顺序可以互换吗？请举例说明原因。您认为任务实施工序完整吗？如不完整请补充完整。

任务小结

通过典型铣削零件的任务实施操作流程，学会使用软件进行铣削零件的坯料、加工坐标系的创建，能够合理地编排铣削加工工序，能够正确选择铣刀调整加工工序参数，完成对零件的开粗、底面和侧面粗精加工，并生成相应的 NC 加工代码。

思考练习（1+X 考核训练）

1. 选择题

（1）世界 500 强企业关于优秀员工的 12 条核心标准：第一条，一个人的工作是他生存的基本权利，有没有权利在这个世界上生存，看他能不能认真对待工作。如果一个人的本职工作做不好，应付工作，最终失去的是信誉，再找别的工作、做其他事情都没有可信度。如果认真做好一个工作，往往还有更好的、更重要的工作等着你去做，这就是良性发展。结合所学知识判断这一条核心准则反映的是职业道德规范要求的（　　）。

A. 办事公道　　B. 爱岗敬业　　C. 诚实守信　　D. 奉献社会

（2）有一次，青岛海尔集团一名职工在送货车发生故障的情况下，为了按时把洗衣机送到用户家中，在 38℃的高温下，自己背着 75 千克重的洗衣机走了近 3 个小时，对此，你的感受是（　　）。

A. 海尔集团的做法很新颖，但我们学不来

B. 海尔集团的做法不符合现代市场经济规则

C. 海尔集团此举只是为了制造广告效应

D. 海尔集团的经营理念对企业长远发展有利

（3）以下关于职业道德的说法中，你认为不正确的是（　　）。

A. 任何职业道德的适用范围都不是普遍的，而是特定的、有限的

B. 职业道德的形式因行业不同而有所不同

C. 职业道德不具有时代性

D. 职业道德主要适用于走上社会岗位的成年人

（4）数控加工编程的步骤是（　　）。

A. 加工工艺分析，数学处理，编写程序清单，程序检验和首件试切，制备控制介质

B. 数学处理，程序检验和首件试切，制备控制介质，编写程序清单

C. 加工工艺分析，编写程序清单，数学处理，制备控制介质，程序检验和首件试切

D. 加工工艺分析，数学处理，编写程序清单，制备控制介质，程序检验和首件试切

（5）对零件图进行工艺分析时，除了对零件的结构和关键技术问题进行分析之外，还应对

零件的（　　）进行分析。

A. 精度和技术　　B. 精度　　C. 技术要求　　D. 基准

（6）工艺系统的组成部分不包括（　　）。

A. 刀具　　B. 夹具　　C. 机床　　D. 量具

（7）百分表测头与被测表面接触时，量杆压缩量为（　　）。

A. 0.3~1 mm　　B. 1~3 mm　　C. 0.5~3 mm　　D. 任意

（8）数控机床首件试切时应使用（　　）键。

A. 空运行　　B. 机床锁住　　C. 跳转　　D. 单段

（9）无论主程序，还是子程序都是由若干（　　）组成。

A. 程序段　　B. 坐标　　C. 图形　　D. 字母

（10）基本尺寸是（　　）的尺寸。

A. 设计时给定　　B. 测量出来　　C. 计算出来　　D. 实际

2. 练习题

根据给定零件图纸及尺寸，如图 4-2-35 所示，分析加工思路并分别创建零件的各个铣削加工工序，生成加工工序卡。

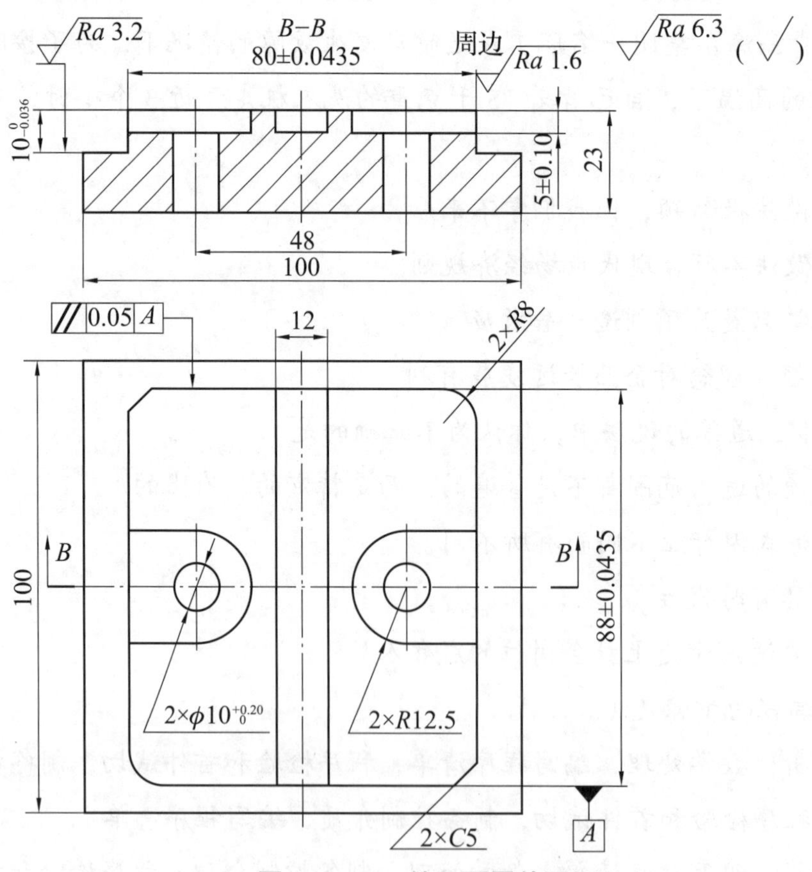

图 4-2-35　练习题零件图纸

参 考 文 献

[1] 李强. 中望 3D 从入门到精通 [M]. 北京: 电子工业出版社, 2021.
[2] 高平生. 中望 3D 建模基础 [M]. 北京: 机械工业出版社, 2017.
[3] 孙琪. 中望 CAD 实用教程 [M]. 北京: 机械工业出版社, 2018.
[4] 凌萃祥, 杨荣祥. 模具 CAD/CAM 实训指导 [M]. 北京: 高等教育出版社, 2009.
[5] 中国工业软件产业白皮书 [R/OL]. 中国工业技术软件化产业联盟, 2021.